図解
JIS Q 9100の完全理解

【第2版】
航空・宇宙・防衛産業の要求事項、APQP/PPAP、AS 13100

岩波好夫

日科技連

第2版発刊にあたって

　航空・宇宙・防衛産業において、AESQ（航空宇宙エンジンサプライヤー品質、aerospace engine supplier quality）から航空エンジン設計・製造組織向けの品質マネジメントシステム要求事項 AS 13100 が発行されました。

　AS 13100 は、JIS Q 9100 および APQP/PPAP の要求事項に対して、具体的に何をどの程度行うべきかを規定したもので、JIS Q 9100 品質マネジメントシステムを構築・運用する組織にとって、非常に役に立つ内容がたくさん含まれています。

　本書の第2版では、これらの AS 13100 の要求事項の解説を取り入れています。

ま え が き

　航空・宇宙・防衛産業の品質マネジメントシステム、JIS Q 9100（AS/EN 9100）認証が進んでいます。JIS Q 9100 規格は、品質マネジメントシステムの国際規格 ISO 9001 を基本規格とし、安全と品質の確保を確実にするための航空・宇宙・防衛産業固有の要求事項が追加されています。

　また最近は欧米の航空機メーカーから、日本の航空・宇宙・防衛産業組織に対して、JIS Q 9100 認証取得だけでなく、航空・宇宙・防衛産業のプロジェクトマネジメントである APQP/PPAP（先行製品品質計画および生産部品承認プロセス）、FMEA（故障モード影響解析）、SPC（統計的工程管理）、MSA（測定システム解析）などの技法にもとづく管理が要求されるようになりました。

　本書は、航空・宇宙・防衛産業に対するこれらの規格や技法について、図解によりわかりやすく解説することを目的としています。

　本書は、第 I 部航空・宇宙・防衛産業規格の概要、第 II 部 JIS Q 9100 要求事項の解説、および第 III 部 APQP/PPAP と関連技法の 3 部で構成されています。

　第 I 部は、次の第 1 章から第 3 章で構成されています。

　第 1 章　JIS Q 9100 の概要

　この章では、JIS Q 9100 とは、JIS Q 9100 関連規格、および JIS Q 9100 の認証制度について解説しています。

　第 2 章　JIS Q 9100 要求事項のポイント

　この章では、JIS Q 9100 の重点事項、リスクベースのプロセスアプローチ、ならびに JIS Q 9100 ファミリー規格である SJAC 9110（整備組織向け）および SJAC 9120（販売業者向け）について解説しています。

　第 3 章　JIS Q 9100 と自動車産業 IATF 16949

　この章では、JIS Q 9100 と同様 ISO 9001 を基本規格とし、安全と品質を重視する自動車産業の IATF 16949 規格と JIS Q 9100 の比較について解説しています。

第Ⅱ部は、次の第4章から第10章で構成されています。これらの項目名は、ISO 9001 規格と同じです。

第4章　組織の状況

この章では、JIS Q 9100 規格箇条4の要求事項について解説しています。

第5章　リーダーシップ

この章では、JIS Q 9100 規格箇条5の要求事項について解説しています。

第6章　計　画

この章では、JIS Q 9100 規格箇条6の要求事項について解説しています。

第7章　支　援

この章では、JIS Q 9100 規格箇条7の要求事項について解説しています。

第8章　運　用

この章では、JIS Q 9100 規格箇条8の要求事項について解説しています。

第9章　パフォーマンス評価

この章では、JIS Q 9100 規格箇条9の要求事項について解説しています。

第10章　改　善

この章では、JIS Q 9100 規格箇条10の要求事項について解説しています。

第Ⅲ部は、次の第11章から第13章で構成されています。

第11章　APQP/PPAP 先行製品品質計画および生産部品承認プロセス

この章では、航空・宇宙・防衛産業で求められている、APQP(先行製品品質計画)および PPAP(生産部品承認プロセス)について解説しています。

第12章　AS 13100

この章では、航空エンジン設計・製造組織向けの品質マネジメントシステム要求事項 AS 13100 について説明しています。AS 13100 は、JIS Q 9100 および APQP/PPAP の要求事項に対して、具体的に何をどの程度行うべきかを規定したものです。

第13章　FMEA、SPC および MSA

この章では、航空・宇宙・防衛産業において用いられている、FMEA(故障モード影響解析)、SPC(統計的工程管理)、および MSA(測定システム解析)の

各技法について説明しています。

　本書は、次のような方々に、読んでいただき活用されることを目的としています。

① 　航空・宇宙・防衛産業の品質マネジメントシステム JIS Q 9100 認証取得を検討中または JIS Q 9100 認証を維持しておられる組織の方々

② 　JIS Q 9100（SJAC 9100）規格およびファミリー規格である SJAC 9110 および SJAC 9120 規格の要求事項を理解したいと考えておられる方々

③ 　航空・宇宙・防衛産業における先行製品品質計画（APQP）、製品承認プロセス（PPAP）、ならびに FMEA、SPC、MSA などの技法を理解したいと考えておられる方々

④ 　JIS Q 9100 と自動車産業の IATF 16949 の両方の認証取得を検討中の組織の方々

　読者のみなさんの会社の JIS Q 9100 認証取得、および JIS Q 9100 システムのレベルアップのために、本書がお役に立つことを期待しています。

謝　辞

　本書の執筆にあたっては、巻末にあげた規格類および書籍を参考にしました。それぞれの内容の詳細については、これらの参考文献をご参照ください。

　最後に本書の出版にあたり、多大のご指導をいただいた日科技連出版社出版部木村修氏に心から感謝いたします。

2021 年 10 月

岩 波 　好 夫

目　　　次

第 2 版発刊にあたって　　3
まえがき　　5

第Ⅰ部　航空・宇宙・防衛産業規格の概要 ···· 13

第 1 章　JIS Q 9100 の概要 ·························· 15

1.1　JIS Q 9100 とは　　16
1.2　JIS Q 9100 関連規格　　18
1.3　JIS Q 9100 の認証制度　　21
1.4　略語集　　29

第 2 章　JIS Q 9100 要求事項のポイント ·········· 31

2.1　JIS Q 9100 の重点事項　　32
2.2　リスクベースのプロセスアプローチ　　63
2.3　JIS Q 9100 ファミリー規格の概要　　69

第 3 章　JIS Q 9100 と自動車産業 IATF 16949 ···· 85

3.1　JIS Q 9100 と IATF 16949 の比較　　86
3.2　IATF 16949 固有の要求事項　　99

第Ⅱ部　JIS Q 9100 要求事項の解説 ········· 107

第 4 章　組織の状況 ································· 109

4.1　組織およびその状況の理解　　110
4.2　利害関係者のニーズおよび期待の理解　　112
4.3　品質マネジメントシステムの適用範囲の決定　　113
4.4　品質マネジメントシステムおよびそのプロセス　　115

目　次

第5章　リーダーシップ················119

5.1　リーダーシップおよびコミットメント　120

5.2　方　針　122

5.3　組織の役割、責任および権限　123

第6章　計　　画················125

6.1　リスクおよび機会への取組み　126

6.2　品質目標およびそれを達成するための計画策定　128

6.3　変更の計画　130

第7章　支　　援················131

7.1　資　源　132

7.2　力　量　139

7.3　認　識　141

7.4　コミュニケーション　143

7.5　文書化した情報　144

第8章　運　　用················149

8.1　運用の計画および管理　150

8.2　製品およびサービスに関する要求事項　163

8.3　製品およびサービスの設計・開発　167

8.4　外部から提供されるプロセス、製品およびサービスの管理　178

8.5　製造およびサービス提供　188

8.6　製品およびサービスのリリース　204

8.7　不適合なアウトプットの管理　206

第9章　パフォーマンス評価················209

9.1　監視、測定、分析および評価　210

9.2　内部監査　215

9.3 マネジメントレビュー　217

第10章 改　善 ……………………………………… 221

10.1 一　般　222

10.2 不適合および是正処置　223

10.3 継続的改善　225

第Ⅲ部 APQP/PPAP、AS 13100 および関連技法 ‥ 227

第11章 APQP/PPAP
先行製品品質計画および生産部品承認プロセス … 229

11.1 APQP とは　230

11.2 APQP のフェーズとアウトプット　234

11.3 APQP の各フェーズにおける実施事項　238

11.4 管理計画（コントロールプラン）　245

11.5 PPAP 要求事項　247

11.6 用語の定義および APQP 成熟度評価表　250

第12章 AS 13100 ……………………………… 257

12.1 AS 13100 とは　258

12.2 JIS Q 9100 に対する AS 13100 要求事項　262

12.3 APQP/PPAPに対する AS 13100 要求事項　286

第13章 FMEA、SPC および MSA …………… 297

13.1 FMEA 故障モード影響解析　298

13.2 SPC 統計的工程管理　313

13.3 MSA 測定システム解析　319

参考文献　329

索　引　331

装丁＝さおとめの事務所

第 I 部

航空・宇宙・防衛産業規格の概要

第Ⅰ部では、JIS Q 9100（AS/EN 9100）の概要、JIS Q 9100要求事項のポイント、およびJIS Q 9100と自動車産業IATF 16949の比較について説明します。

本書では、JIS Q 9100規格の基本となるJIS Q 9001規格を"ISO 9001"規格と表しています。

なお、ゴシック体（太字）で表した箇所は、ISO 9001に対するJIS Q 9100固有の要求事項です。

第Ⅰ部は、次の章で構成されています。

第1章　JIS Q 9100の概要

第2章　JIS Q 9100要求事項のポイント

第3章　JIS Q 9100と自動車産業IATF 16949

第1章

JIS Q 9100 の概要

本章では、JIS Q 9100（AS/EN 9100）の概要について解説します。

この章の項目は、次のようになります。

1.1　　JIS Q 9100 とは

1.2　　JIS Q 9100 関連規格

1.3　　JIS Q 9100 の認証制度

1.4　　略語集

第Ⅰ部　航空・宇宙・防衛産業規格の概要

1.1　JIS Q 9100 とは

　JIS Q 9100 規格は、航空・宇宙・防衛産業における品質マネジメントシステム規格です。航空・宇宙・防衛産業では、顧客満足を保証するために、顧客および適用される法令・規制要求事項を満たす安全性と信頼性のある製品・サービスを提供し継続的に改善することが求められています。このような背景のもと、アメリカ、アジア・太平洋およびヨーロッパの航空・宇宙・防衛産業の代表者で構成される国際航空宇宙品質グループ(IAQG, international aerospace quality group)によって、航空・宇宙・防衛産業の品質マネジメントシステム規格として、9100 規格が制定され、それぞれ、AS 9100(アメリカ)および EN 9100(ヨーロッパ)規格として発行されました。日本では、JIS Q 9100：2016「品質マネジメントシステム－航空、宇宙および防衛分野の組織に対する要求事項」(quality management systems － requirements for aviation, space and defense organizations)として発行されています。JIS Q 9100 規格は、品質マネジメントシステム規格 ISO 9001：2015(JIS Q 9001：2015)に、航空・宇宙・防衛産業固有の品質マネジメントシステム要求事項を追加した日本産業規格です。

　JIS Q 9100 および ISO 9001 の規格(序文)では、規格のねらい(目的)として、次の 2 つをあげています。

　　・顧客要求事項および法令・規制要求事項を満たした製品・サービスの提供
　　・顧客満足の向上

　航空・宇宙・防衛産業で適用される主な法規制には、FAR(米国連邦航空規則)、EASA 欧州規則、日本の航空法、航空機製造事業法などがあります。また、電波法、火薬類取締法、高圧ガス取締法、武器等製造法が適用される場合もあります。

　JIS Q 9100 および ISO 9001 の規格(序文)では、規格の位置付け(役割)について次のように述べています。

　　・この規格の要求事項は、製品・サービスに関する要求事項(例：製品図面、
　　　仕様書)を補完するものである。

　また JIS Q 9100 の目的は、次のように述べることができます。

16

第1章　JIS Q 9100 の概要

・品質・納期パフォーマンスの向上（品質保証・顧客満足）
・サプライチェーン・マネジメント（供給者管理体制強化）
・事故・インシデント（事故などが発生する恐れのある事態、incident）発生
　時の迅速な対応

　航空機は使用される寿命が長く、製品引渡し後の整備および補用品の供給を
専門に引き受ける組織が存在します。航空・宇宙・防衛産業では、一般的な
JIS Q 9100 規格以外に、ファミリー規格として、整備組織向けの規格（SJAC
9110）、および販売業者向けの規格（SJAC 9120）があります（図 1.4、p.19 参照）。

　JIS Q 9100 規格制定の背景と意図を図 1.1 に、JIS Q 9100 のねらいと要求事
項を図 1.2 に、適用範囲を図 1.3 に、関連規格を図 1.4 に示します。

項　目	内　容
JIS Q 9100 規格とは	①　JIS Q 9100 規格は、国際宇宙品質グループ（IAQG）によって制定された、9100 規格をもとに作成された、航空・宇宙・防衛産業の品質マネジメントシステム規格である。 ②　JIS Q 9100 規格は、ISO 9001：2015 に、航空・宇宙・防衛産業固有の要求事項を追加した日本産業規格である。
JIS Q 9100 規格制定の背景	③　航空・宇宙・防衛産業の組織は、顧客満足を保証するために、顧客および適用される法令・規制要求事項を満たす、またはそれを上回る安全性と信頼性のある製品・サービスを提供し、継続的に改善して行く必要がある。 ④　組織は、世界中にわたるサプライチェーン内のあらゆるレベルの供給者から、製品・サービスを購入するという課題に取り組んでいる。 ⑤　一方供給者は、品質に対する異なる要求事項と期待をもつ多様な顧客に、製品・サービスを引渡すという課題に取り組んでいる。
JIS Q 9100 規格の意図	⑥　JIS Q 9100 規格は、航空・宇宙・防衛産業の製品・サービスを、設計・開発・提供する組織が使用することを意図している。 ⑦　また、組織独自の製品・サービスに対する保守（整備）、補用品／材料の提供を含む、引渡し後の活動を行う組織が使用することを意図している。

図 1.1　JIS Q 9100 規格制定の背景と意図

17

第Ⅰ部　航空・宇宙・防衛産業規格の概要

JIS Q 9100 規格のねらい（目的）	要求事項

・品質・納期パフォーマンスの向上
・サプライチェーン・マネジメント
・事故・インシデント発生時の迅速
　な対応

⟷

製品要求事項（例：製品図面・仕様書）
・法令・規制要求事項
・顧客要求事項
・JIS Q 9100 規格要求事項
・組織の追加要求事項

図 1.2　JIS Q 9100 のねらいと要求事項

項　　目	内　　容
JIS Q 9100 規格の適用範囲	①　JIS Q 9100 規格は、世界中のサプライチェーンにおいて使用することができる。 ②　組織独自の要求事項の縮小・排除、品質マネジメントシステムの効果的な実施、優れた慣行の適用範囲の拡大によって、品質、コストおよび納期に関するパフォーマンスの改善をもたらすことができる。 ③　JIS Q 9100 規格は、航空・宇宙・防衛産業向けに作成されているが、他の産業界においても使用することができる。

図 1.3　JIS Q 9100 規格の適用範囲

1.2　JIS Q 9100 関連規格

　JIS Q 9100 の関連規格には、図 1.4 に示すものがあります。これらの規格は IAQG（国際航空宇宙品質グループ、international aerospace quality group）から発行されています。また、JIS Q 9100 規格をサポートするガイダンスとして、IAQG SCMH（サプライチェーン・マネジメントハンドブック（supply chain management handbook）があります（図 1.5 参照）。

　これらの日本語版は、SJAC（（一社）日本航空宇宙工業会、the society of Japanese aerospace companies）から発行されています。

　なお、図 1.4 の区分 B/C/D の各 SJAC 規格は、基本的には適用規格ではなく参考規格です。ただし、顧客が要求する場合は要求事項となります。

第1章　JIS Q 9100 の概要

区分	IAQG	SJAC	規格名称
A	IAQG 9100	JIS Q 9100 SJAC 9100	品質マネジメントシステム－航空、宇宙および防衛分野の組織に対する要求事項
A	IAQG 9110	SJAC 9110	品質マネジメントシステム－航空分野の整備組織に対する要求事項
A	IAQG 9120	SJAC 9120	品質マネジメントシステム－航空、宇宙および防衛分野の販売業者に対する要求事項
B	IAQG 9101	SJAC 9101	航空、宇宙および防衛分野の品質マネジメントシステムの審査実施に対する要求事項
C	IAQG 9115	SJAC 9115	品質マネジメントシステム－航空、宇宙および防衛分野の組織に対する要求事項－納入ソフトウェア（**SJAC 9100 の補足**）
C	IAQG 9068	SJAC 9068	品質マネジメントシステム－航空・宇宙および防衛分野の組織に対する要求事項－強固な **QMS** 構築のための **JIS Q 9100 補足事項**
C	IAQG 9102	SJAC 9102	航空宇宙　初回製品検査要求事項
C	IAQG 9103	SJAC 9103	航空宇宙　キー特性管理
C	IAQG 9107	SJAC 9107	航空宇宙組織におけるダイレクトデリバリ権限に関する手引き
C	IAQG 9114	SJAC 9114	航空宇宙組織におけるダイレクトシップに関する手引き
C	IAQG 9116	SJAC 9116	航空宇宙　変更通知(**NOC**)の要求事項
C	IAQG 9131	SJAC 9131	航空宇宙－品質マネジメントシステム－不適合データの定義および文書
C	IAQG 9134	SJAC 9134	サプライチェーン・リスクマネジメントガイドライン
C	IAQG 9145	SJAC 9145	航空宇宙　先行製品品質計画および生産部品承認プロセスに関する要求事項
C	AS 13100		AESQ 航空エンジン設計・製造組織向けの品質マネジメントシステム要求事項
D	SCMH	SCMH	サプライチェーン・マネジメントハンドブック

［備考］　IAQG：国際航空宇宙品質グループ(international aerospace quality group)
　　　　　SJAC：(一社)日本航空宇宙工業会(the society of Japanese aerospace companies)
　　　　　AESQ：航空宇宙エンジンサプライヤー品質(aerospace engine supplier quality)
　　　　　区分：A　品質マネジメントシステム要求事項、　B　認証審査要求事項、
　　　　　　　　　C　関連規格、　D　参照文書
　　　　　ゴシック体(太字)：本書で解説している規格

図 1.4　JIS Q 9100 関連規格

19

第Ⅰ部 航空・宇宙・防衛産業規格の概要

区　分	項　目	
計画・管理	・先行製品品質計画（APQP） ・生産能力管理、発注および物流 ・企業経営 ・コンプライアンス教育 ・形態管理 ・契約要求事項のレビューおよび管理 ・統合マネジメントシステム（IMS）	・キーパフォーマンス指標（KPI）の定義 ・プロセスマッピングガイド ・プロジェクトマネジメント ・リスクマネジメント ・根本原因分析と問題解決 ・販売・マスタースケジュール・業務の流れ ・作業移管の管理
設計・開発	・SJAC 9115 開発支援文書（ソフトウェア） ・設計・開発における KPI 指標の定義 ・公差解析（GD&T）	・変更通知（NOC） ・特別要求事項およびクリティカルアイテム ・分散感度分析
製　造	・合格表示媒体 ・現場からの意見吸い上げ手順 ・不適合製品の管理 ・模倣品防止 ・初回製品検査（FAI） ・異物による損傷（FOD） ・新製造におけるヒューマンファクターズ ・製品および工程のばらつき管理（SJAC 9103）	・製造における KPI 指標の定義 ・作業指示書 ・測定システム解析（MSA） ・オペレータ自己検証 ・製品安全の認識 ・統計的合否判定基準 ・救済困難なアイテムの管理
購　買	・二次供給者管理 ・供給者管理における KPI 指標の定義	・供給者の選定および能力評価 ・供給者品質マネジメントの基礎
納　入	・適合証明書	・納入に関する KPI 指標の定義
顧客サポート	・顧客サポートにおける KPI 指標の定義	・納入製品のサービス開始

［出典］ IAQG SCMH をもとに著者作成

図 1.5　IAQG SCMH（サプライチェーン・マネジメントハンドブック）

第1章　JIS Q 9100 の概要

1.3　JIS Q 9100 の認証制度

　JIS Q 9100 に関するわが国の統括機関は、SJAC((一社)日本航空宇宙工業会)の下に設置された、JAQG(日本航空宇宙品質センター、Japanese aerospace quality group)で、JIS Q 9100 の認証審査は、SJAC 9101「航空、宇宙および防衛分野の品質マネジメントシステムの審査実施に対する要求事項」(requirements for conducting audits of aviation, space, and defense quality management systems)にもとづいて行われます。SJAC 9101 は、マネジメントシステム認証審査の基本規格である、ISO/IEC 17021-1(JIS Q 17021-1)に、航空・宇宙・防衛産業固有の要求事項を追加した、認証審査(第三者監査)に関する規格です。

　JIS Q 9100 の認証審査には、初回認証審査、サーベイランス審査、再認証審査(更新審査)および特別審査などがありますが、ここでは、初回認証審査について解説します。ISO 9001 の場合は、審査で使用する様式は、各審査機関が準備していますが、JIS Q 9100 の審査では、審査様式は JIS Q 9100 としての標準様式が準備されています。詳しくは SJAC 9101 規格をご参照ください。

　JIS Q 9100 初回認証審査のフローは図1.6のようになります。ISO 9001 と同様、第一段階審査と第二段階審査の2段階で審査が行われます。

　第一段階審査の目的を図 1.7 に、第一段階審査における確認事項を図 1.9 に示します。第一段階審査では、第二段階審査の準備状況が確認されます。

　第二段階審査における確認事項を図 1.11 に示します。第二段階審査は、プロセスアプローチ方式で行われます。したがって審査は部門ごとではなく、基本的に組織の品質マネジメントシステムのプロセスごとに、プロセスアプローチ方式で行われます(図 1.10 参照)。第二段階審査は、適合性と有効性の両方の観点で実施されます(図 1.8 プロセス評価マトリックス参照)。少なくともコアプロセス(製品実現プロセス)に対応するプロセスに関してプロセス有効性評価報告書(PEAR)を作成することを要求しています(図 1.12 参照)。特殊工程はもちろん重要な審査の対象です(図 1.13 参照)。審査が終了すると、審査所見がまとめられ、最終会議で報告されます(図 1.14 参照)。なお認証審査は、JIS Q 9100(製造組織)に加えて、JIS Q 9110(整備組織)および JIS Q 9120(販売業者)に対しても行われます。

21

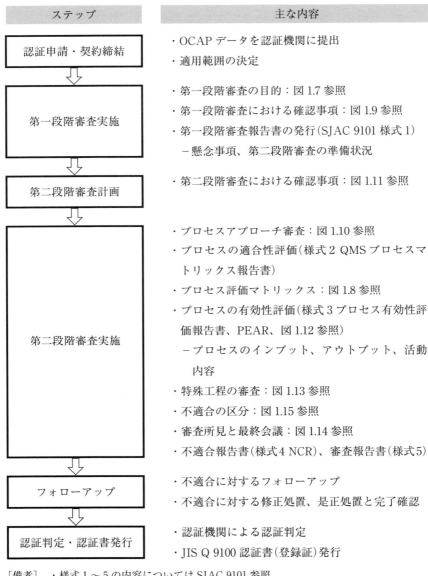

図 1.6　JIS Q 9100 初回認証審査のフロー

第 1 章　JIS Q 9100 の概要

項　目	内　容
第一段階審査の目的	a）　組織のマネジメントシステム文書をレビューする。 b）　第二段階の準備状況を判定する。 c）　規格要求事項に関する依頼者の状況および理解度をレビューする。 d）　マネジメントシステム適用範囲に関する情報を入手する。 e）　第二段階の詳細について依頼者と合意する。 f）　第二段階を計画する上での焦点を明確にする。 g）　内部監査およびマネジメントレビューが計画され、実施されているかどうかを評価する。
第一段階審査の実施場所	・第一段階審査は、依頼者の所在地において実施する。 ・**第一段階審査は、サイトの施設の見学を含む。**

［備考］　ゴシック体は、ISO/IEC 17021-1 に対する SJAC 9101 の追加要求事項を示す。
　　　　　（以下同様）

図 1.7　第一段階審査の目的

プロセスの 実施状況 ＼ プロセスの 目標達成度		プロセスは目標を達成していない。		プロセスは目標を 達成している。
		適切な処置がとられていない。	適切な処置がとられている。	
プロセスは明確である。	計画した活動が完全に実現されている。	2	4	5
	計画した活動が完全には実現されていない。	2	3	4
プロセスが明確でない。	計画した活動が実現されていない。	1	2	3

［出典］　SJAC 9101 をもとに著者作成

図 1.8　プロセス評価マトリックス

23

第Ⅰ部　航空・宇宙・防衛産業規格の概要

項　目	内　容
第一段階審査の確認事項	a）　適用範囲内で適用外と決定された要求事項 b）　品質マネジメントシステムに関する文書化した情報（例：品質マニュアル） c）　品質マネジメントシステムのために確立した組織の文書化した情報が、適用される 9100 シリーズ規格（9100/9110/9120）の要求事項に対応している証拠 d）　申請レビューフェーズにおいて、組織によって示された主要顧客（例：上位 5 社）のレビュー e）　輸出制限・輸出管理（該当する場合）（例：武器の輸出入に関する規制（ITAR）、貿易に関する規制（EAR）） f）　審査工数およびサンプリングの決定に対する認証構造の適格性の評価（例：シングルサイト、マルチプルサイト、キャンパス、セベラルサイト、コンプレックス組織） g）　品質マネジメントシステムの統合レベル
第一段階審査の結論	・第二段階審査で不適合として検出される可能性のある懸念事項を明確にする。 ・第二段階審査の準備状況を明確にする。

図 1.9　第一段階審査における確認事項

項　目	内　容
JIS Q 9100 の要求	・組織の品質マネジメントシステムをプロセスアプローチ方式で審査する。
組織の品質マネジメントシステムの評価方法	・各プロセスに対して、次のような基本的な質問を行う。 a）　プロセスを適切に特定しているか？ b）　責任を割当てているか？ c）　プロセスを適切に実行し、維持しているか？ d）　プロセスは、望まれる結果の達成に効果的であるか？

図 1.10　プロセスアプローチ審査

24

第 1 章　JIS Q 9100 の概要

項　目	内　容
第二段階審査の目的	・組織のマネジメントシステムの実施状況を評価する。 　－有効性を含む。
第二段階審査における確認事項	a）　適用されるマネジメントシステム規格またはその他の基準文書の、すべての要求事項に対する適合についての情報および証拠 b）　主要なパフォーマンスの目的・目標に対するパフォーマンスの監視、測定、報告およびレビュー c）　適用可能な法令・規制および契約上の要求事項を満たすことに関する、組織のマネジメントシステムの能力およびパフォーマンス d）　組織のプロセスの運用管理 e）　内部監査およびマネジメントレビュー f）　組織の方針に対する経営層の責任
現地審査に含める事項（該当する場合）	a）　認証範囲の検証 b）　品質マネジメントシステム、顧客、法令／規制要求事項の変更が実施されていることの検証（前回審査以降の） c）　顧客満足の情報および要請された是正処置と対応 d）　審査の前に提出された OCAP データの検証 e）　トップマネジメントへのインタビュー f）　審査計画で特定した、組織のプロセスの審査 　・パフォーマンスおよび有効性を含む。 g）　品質マネジメントシステムの継続的改善の審査 h）　前回の審査から生じた不適合の状態および是正処置の有効性の検証 注記　　１年で複数回のサーベイランス審査がある場合、上記の活動は、それらの審査に配分してもよい。
特殊工程の審査	・特殊工程の審査 　－図 1.13 特殊工程の審査参照
プロセスの評価	・プロセスの適合性評価 ・プロセスの有効性評価基準 　－図 1.8 プロセス評価マトリックス参照

図 1.11　第二段階審査における確認事項

第Ⅰ部　航空・宇宙・防衛産業規格の概要

認証機関名：	プロセスの有効性評価報告書（PEAR）	
組　織：	サイト：	OIN：
PEAR 番号：	審査報告書番号：	発行日付：

セクション1　プロセスの詳細

プロセス名：	責任・権限所有者（例：プロセスオーナー）：				
AQMS 規格／版	9100 ☐	版	9110 ☐	版	9120 ☐　　版

該当する 9100/9110/9120 規格の箇条

インプット：

活動内容：

アウトプット：

セクション2　プロセスの結果

プロセスの結果判定の裏付けとなる審査員所見・コメント：

	KPI 指標	目標値	実績値	コメント
KPI 1				
KPI 2				
KPI 3				
KPI 4				

セクション3　プロセスの実現

審査証拠の概要およびその根拠：

セクション4　プロセスの有効性

プロセスの有効性レベル：

（プロセス評価マトリックス参照）

審査員：	組織代表者：

［備考］PEAR：process effectiveness assessment report
［出典］SJAC 9101 をもとに著者作成

図 1.12　プロセス有効性評価報告書（PEAR）の例

第 1 章　JIS Q 9100 の概要

項　目	内　容
特殊工程プロセスの妥当性確認・レビュー・評価項目	a）　個々の特殊工程に関連する記録（手順および計画値に対する実績値の比較を含む） b）　特殊工程のサンプル（顧客指定の特殊工程を含む） ・特殊工程で使用している監視機器・測定機器（例：校正、精度）および結果の記録方法の審査 ・特殊工程（例：処理バッチ・チャージの識別）と、結果としての製品・サービス間のトレーサビリティの検証 c）　（アウトソースされた特殊工程） 　　組織の供給者管理プロセスによって当該品目が適切に管理されていることの検証 ・顧客指定の供給者の使用についてのレビュー ・顧客／専門の独立した第三者機関によって、（特殊工程に対する）審査が行われている場合、審査チームは、これらの組織による審査結果を考慮することができる。

図 1.13　特殊工程の審査

項　目	内　容
審査所見	・**審査所見の区分**…図 **1.15** 参照 ・不適合報告書（NCR）（SJAC 9101 様式 4）
初回認証審査の結論	・第一段階・第二段階審査で収集した情報および審査証拠を分析して、審査所見をレビューし、審査結論について合意する。
最終会議	・審査チームの審査結論を依頼者に提示する。 ・最終会議説明には、次の事項が含まれる。 　a）　審査証拠 　b）　審査所見の格付けを含めた報告の方法および期限 　c）　認証機関が不適合を取り扱うプロセス 　d）　不適合の修正・是正処置の計画を提示する期限 　e）　認証機関の審査後の活動 　f）　苦情・異議申立ての処理プロセスに関する情報 ・**組織に提出する文書：NCR（様式 4）、PEAR（様式 3）**

図 1.14　審査所見と最終会議

第Ⅰ部　航空・宇宙・防衛産業規格の概要

　認証審査において、不適合事項が検出されると、不適合報告書が発行されます。図 1.15 に示すように、重大な不適合および軽微な不適合の基準は、ISO 9001 とは異なります。不適合報告書が発行された場合は、組織は、修正処置、不適合の根本原因の究明、および是正処置（再発防止策）を考えて実施し、認証機関に連絡して、承認を得ます。

　なお JIS Q 9100 認証制度では、IAQG OASIS（9100 認証組織登録データベース、online aerospace supplier information system）というデータベースがあります。OASIS には、組織の認証範囲や審査結果などが登録されており、審査機関だけでなく、認証組織や航空・宇宙・防衛産業の顧客も、その内容を見ることができます。

区　分	内　容
重大な不適合 **major** **nonconformity**	・意図した結果（目標）を達成するマネジメントシステムの能力に影響を与える不適合で、下記の例を含む。 　－効果的なプロセス管理が行われているか、または製品・サービスが規定要求事項を満たしているかについて、重大な疑いがある。 　－同一の要求事項または問題に関連する軽微な不適合がいくつかあり、それらがシステムの欠陥であることが実証され、その結果重大な不適合となるもの **－製品・サービスの完全性に対して悪影響を及ぼすと判定される不適合** **－ 9100 シリーズ規格の要求事項、顧客の品質マネジメントシステム要求事項または組織によって定められた文書化した情報を満たすシステムの欠如または完全な崩壊** **－不適合製品・サービスの引渡しという結果になり得る不適合** **－使用目的に対する、製品・サービスの有用性が失われるまたは減少する結果になり得る状態**
軽微な不適合 **minor** **nonconformity**	・意図した結果（目標）を達成するマネジメントシステムの能力に影響を与えない不適合 **・例：9100 シリーズ規格の要求事項、顧客の品質マネジメントシステム要求事項、または組織によって定められた文書化した情報への適合性における単純なシステム上の欠陥／過失の状態**

［出典］　SJAC 9101 をもとに著者作成

図 1.15　不適合の区分：重大な不適合と軽微な不適合

1.4 略語集

本書で使用されている略語を下記に示します。

[略語集]（1/2）

略語	英　語	和　訳
AIAG	automotive industry action group	全米自動車産業協会（IATF）
AMS	aerospace material specifications	航空宇宙材料規格
APQP	advanced product quality planning	先行製品品質計画
AQL	acceptable qality level	合格品質水準
ATP	acceptance test procedure	受入試験手順書
BOM	bill of material	部品表
CARA	common audit report application	共通監査報告書（IATF）
CDR	critical design review	詳細設計審査
CI	critical item	クリティカルアイテム
COTS	commercial-off-the-shelf	民生品
C_{pk}	process capability index	工程能力指数
DFMA	design for manufacturing and assembly	製造・組立を考慮した設計
DFMEA	design failure mode and effects analysis	設計故障モード影響解析
DFMRO	design for maintenance, repair, and overhaul	整備・修理・オーバーホールを考慮した設計
DOA	design of experiment	実験計画法
DPD	digital product definition	デジタル製品定義
EASA	European aviation safety agency	欧州航空安全庁
ECP	engineering change proposal	技術変更提案書
FAA	federal aviation administration	米国連邦航空局
FAI	first article inspection	初回製品検査
FAIR	first article inspection report	初回製品検査報告書
FAR	federal aviation regulations	米国連邦航空規則
FMEA	failure mode and effects analysis	故障モード影響解析
FMECA	failure modes effects and criticality analysis	故障モード影響・致命度解析
GRR	gage repeatability and reproducibility	ゲージ反復性・再現性
IAQG	international aerospace quality group	国際航空宇宙品質グループ
IATF	international automotive task force	国際自動車業界特別委員会
IEEE	institute of electrical and electronic engineers	電気電子技術者協会
JAQG	Japanese aerospace quality group	日本宇宙品質グループ
KC	key characteristic	キー特性
KPI	key performance indicator、key process index	重要業績評価指標、主要プロセス指標
LTPD	lot tolerance percent defective	ロット許容不良率

第Ⅰ部　航空・宇宙・防衛産業規格の概要

[略語集]（2/2）

略語	英　語	和　訳
MIL	military standard	米軍規格
MRO	maintenance, repair, and overhaul	整備・修理・オーバーホール
MSA	measurement systems analysis	測定システム解析
MSDS	material safety data sheet	製品安全データシート
MTBF	mean time between failure	平均故障間隔
MTTR	mean time to repair	平均修理時間
Nadcap	national aerospace and defense contractors accreditation program	航空産業特殊工程国際認証制度、ナドキャップ
NCR	nonconformity report	不適合報告書
OASIS	online aerospace supplier information system	9100 認証組織登録データベース
OCAP	organization certification analysis process	組織認証分析プロセス
OTD	on-time delivery	納期どおりの引渡し
PDCA	plan-do-check-act	計画－実行－チェック－対策
PDP	product development process	製品開発プロセス
PDR	preliminary design review	基本設計審査
PEAR	process effectiveness assessment report	プロセス有効性評価報告書
PFMEA	process failure mode and effects analysis	工程故障モード影響解析
PMA	parts manufacturing approval	部品製造者承認
PMBOK	project management body of knowledge	プロジェクトマネジメント知識体系
PMI	project management institute	プロジェクトマネジメント協会
PPAP	production part approval process	生産部品承認プロセス
P_{pk}	process performance index	工程性能指数
ppm	parts per million	ピーピーエム／100 万分の 1
PRI	performance review institute	米国評価認証機関
PRR	production readiness review	生産準備審査
QML	qualified manufacturers list	認定製造業者表
QPL	qualified parts list	認定品目表
QT	qualification test	認定試験
RPN	risk priority number	致命度ランク、リスク優先数
SAE	society of automotive engineers	米国自動車技術者協会
SCMH	supply chain management handbook	サプライチェーン・マネジメントハンドブック
SJAC	society of Japanese aerospace companies	(一社)日本航空宇宙工業会
SMS	safety management system	安全管理制度
SOW	statement of work	作業指示書
SPC	statistical process control	統計的工程管理
SR	special requirement	特別要求事項

第2章
JIS Q 9100 要求事項のポイント

本章では、JIS Q 9100 要求事項のポイントについて解説します。

2.1 節の各項は、[要求事項] と [管理のポイント] で構成されています。[要求事項] は、JIS Q 9100 規格をもとに、わかりやすく箇条書きにしたものです。詳細については、JIS Q 9100 規格をご参照ください。[要求事項] の左端に記載された、①、②…などの丸で囲んだ番号は、[管理のポイント] で引用するための番号で、JIS Q 9100 規格にはないものです。JIS Q 9100 規格において、要求事項の項目名のない箇所については、（　　）で項目名をつけています。

また本章では、リスクベースのプロセスアプローチについても解説します。

なお、航空・宇宙・防衛産業の品質マネジメントシステム規格には、3種類のファミリー規格があり、基本となる製造組織に対する規格(JIS Q 9100/ SJAC 9100)の他に、整備組織(maintenance organization、SJAC 9110)および販売業者(disiributor、SJAC 9120)に対する規格が準備されています。

この章の項目は、次のようになります。

2.1		JIS Q 9100 の重点事項
	2.1.1	運用リスクマネジメント
	2.1.2	形態管理(コンフィギュレーションマネジメント)
	2.1.3	特別要求事項・クリティカルアイテム・キー特性
	2.1.4	購買管理
	2.1.5	特殊工程の管理および Nadcap 認証
	2.1.6	初回製品検査(FAI)
	2.1.7	模倣品の防止と旧式化・枯渇の防止
	2.1.8	コンプライアンス
	2.1.9	JIS Q 9100 の文書・記録
2.2		リスクベースのプロセスアプローチ
2.3		JIS Q 9100 ファミリー規格の概要
	2.3.1	SJAC 9110　整備組織に対する要求事項
	2.3.2	SJAC 9120　販売業者に対する要求事項

第Ⅰ部　航空・宇宙・防衛産業規格の概要

2.1　JIS Q 9100 の重点事項

2.1.1　運用リスクマネジメント

［要求事項］

8.1.1　運用リスクマネジメント

① 適用される要求事項の達成に向けた運用リスクを管理するため、次の事項を含むプロセスを計画し、実施し、管理する（組織、製品・サービスに応じて適切に）。
　a）　運用リスクマネジメントのための責任の割当て
　b）　リスクアセスメント基準の決定
　　・例：発生確率、影響の程度、リスク受容基準
　c）　運用（箇条 8）を通してリスクの特定、アセスメント、コミュニケーション
　d）　リスク受容基準を超えるリスクを軽減する処置の決定・実施・管理
　e）　リスク軽減処置を実施した後の残留リスクの受容

注記 1　箇条 6.1 では、組織の品質マネジメントシステムの計画を策定する場合のリスクおよび機会に取り組むが、この箇条（8.1.1）は、製品・サービスの提供に必要な運用プロセス（箇条 8）に関連するリスクに限定して適用する。
注記 2　航空・宇宙・防衛産業では、リスクは、一般的に発生確率および結果の重大性の観点で表現される。

8.2.2　製品およびサービスに関する要求事項の明確化

② 顧客に提供する製品・サービスに関する要求事項を明確にするために、次の事項を確実にする。
　a）　製品・サービスの要求事項が定められている。
　b）　提供する製品・サービスに関して主張していることを満たすことができる。
　c）　**製品・サービスに関わる特別要求事項が明確化されている。**
　d）　**運用リスクが特定されている（例：新技術、製造能力、生産能力、短納期）。**

8.4　外部から提供されるプロセス、製品およびサービスの管理
8.4.1　一　般

③ 外部提供者の選定・使用と同様に、プロセス・製品・サービスの外部提供に関連するリスクを特定し、管理する。

8.5.1.3　製造工程の検証

④ その製造工程によって、要求事項を満たす製品を製造できることを確実にするため、製造工程の検証活動を実施する。
注記　これらの活動には、リスクアセスメント、生産能力調査、製造能力調査および管理計画が含まれ得る。

［出典］　JIS Q 9100 をもとに著者作成（以下同様）

第 2 章　JIS Q 9100 要求事項のポイント

[管理のポイント]

ISO 9001（箇条 6.1）では、品質マネジメントシステム全体にわたってリスクマネジメントを行うことを述べていますが、JIS Q 9100（箇条 8.1.1）では特に、運用（製品実現）プロセスにおけるリスクマネジメントを重視しています。

a）運用リスクマネジメントのための責任の割当て	・プロジェクトとりまとめ部門、リスク抽出部門、およびリスク軽減対策実施責任部門の決定
b）リスクアセスメント基準の決定	・リスク発生度（発生確率）、影響度、リスク受容基準（acceptance criteria）の決定 ・発生度（O、occurrence）：リスクの発生度をランク分け（例：3段階、5段階、10段階） ・影響度（重大性、S、severity）：リスクが発生した場合の製品品質、安全、日程への影響度をランク分け（例：3段階、5段階、10段階） ・リスク受容基準：発生度と影響度を考慮した、リスク受容基準（軽減対策を実施しないと判断する基準） ・発生度ランク（O）と影響度ランク（S）を乗じた値（O×S）によって決める
c）リスクの特定、アセスメント、コミュニケーション	・リスクの特定：運用プロセスの各ステップにおいて発生する可能性のあるリスクを特定する（図 2.2 参照）。 ・特定したリスクの発生度（O）、影響度（S）を評価し、関係部門で検討
d）リスク受容基準を超えるリスクを軽減する処置の決定・実施・管理	・受容基準を超えるリスクに対するリスク軽減処置の決定、実施
e）リスク軽減処置を実施した後の残留リスクの受容	・リスク軽減処置実施後の残留リスク（対策後のリスク、residual risk）が受容できるか、あるいはさらなる対策が必要かを評価

図 2.1　運用リスクマネジメントのフロー

上記要求事項①a)～e)は、運用(製品実現)プロセスのリスクマネジメントの手順について述べています(図2.1参照)。

②～④は、運用プロセスの各ステップにおいて考慮すべきリスクの明確化と管理方法について述べています(図2.2参照)。

①注記2では、"航空・宇宙・防衛産業では、リスクは、発生度(発生確率、O、occurence)および影響度(結果の重大性、S、severity)で表現される"と述べています。すなわち、次の式で表すことができます。

リスクの程度＝発生度(O)×影響度(S)

リスク基準とリスクアセスメント(リスク評価)の例を図2.3に示します。

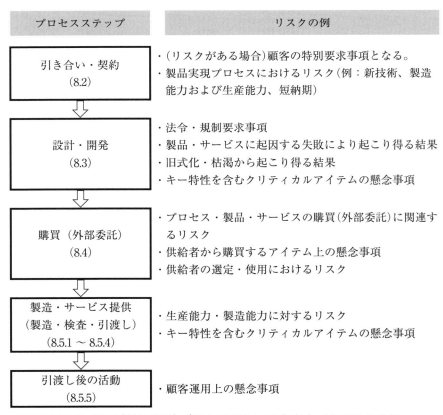

図2.2 運用(製品実現)プロセスにおいて考慮すべきリスクの例

リスク基準

発生度(O)						
5	5	10	15	20	25	大
4	4	8	12	16	20	↑
3	3	6	9	12	15	リスク
2	2	4	6	8	10	↕
1	1	2	3	4	5	↓ 小
	1	2	3	4	5	

影響度(S)

リスク評価

リスクの程度	S × O(影響度×発生度)	リスク軽減対策の要否
大	$15 \leqq S \times O \leqq 25$	軽減対策必要
中	$6 \leqq S \times O \leqq 14$	軽減対策要否の検討
小	$1 \leqq S \times O \leqq 5$	軽減対策不要

図2.3　リスク基準とリスク評価(5段階)の例

　リスクアセスメント(リスク評価)に関して、各産業界でよく使われている方法として、FMEA(故障モード影響解析)があります。FMEAについては、第12章で詳しく説明します。また、運用(製品実現)プロセスの各プロセスに内在するリスク分析は、プロセスのタートル図(turtle chart)を作成して分析する方法があります。プロセスのリスク分析におけるタートル図の利用については、2.2節で詳しく説明します。

第Ⅰ部 航空・宇宙・防衛産業規格の概要

2.1.2 形態管理（コンフィギュレーションマネジメント）

［要求事項］

8.1.2 形態管理（コンフィギュレーションマネジメント）
① 製品ライフサイクルを通じて、物理的・機能的属性の識別・管理を確実にする。そのために、形態管理のプロセスを計画・実施・管理する（組織、製品・サービスに応じて適切に）。 次の事項を実施する。 a） 識別された変更の実施を含む、製品識別および要求事項へのトレーサビリティを管理する。 b） 文書化した情報（例：要求事項、設計、検証、妥当性確認および合否判定に関わる文書類）が、製品・サービスの実態に整合していることを確実にする。
8.3.6 設計・開発の変更
② 設計・開発の変更は、形態管理のプロセス要求事項に従って管理する。
8.5.2 識別およびトレーサビリティ
③ 実際の形態と要求した形態との違いが識別できるように、製品・サービス形態の識別を維持する。 注記 トレーサビリティの要求事項は、次の事項を含み得る。 ・組立品については、その構成部品およびその次段階の組立品を追跡する能力

［用語の定義］

用　語	定　義
形態管理 configuration management	・形態管理は、製品の構成を文書化するもので、製品ライフサイクルの全段階で，識別・トレーサビリティ、その物理的・機能的要求事項の達成状況、および正確な情報へのアクセスをもたらす。 ・製品の識別・トレーサビリティ要求事項を満たすための、文書の改訂版を含む製品の識別をいう。 ・構成管理と同義語

［管理のポイント］

　要求事項①の "製品ライクサイクルを通じて、物理的・機能的属性の識別・管理を確実にするため" は、形態管理（構成管理）の目的です。また、"組織ならびに製品・サービスに応じて適切に、形態管理のプロセスを計画し、実施し、

管理する”は、航空・宇宙・防衛産業組織の業務形態（例：プライム（prime）と呼ばれるボーイング、エアバスなどの航空機メーカー、設計権限を有する組織、設計権限のない組織など）によって、形態管理のレベルが異なることを述べています。　例えば、設計権限を有する組織は、部品番号・図面番号・改訂番号などを文書化しておく必要があります。　一方、設計権限を持たない組織（例：顧客図面や仕様書にもとづいて、製造のみを行っている組織）は、形態の識別は、一般的に顧客指定の形態識別を使用します。① a) は、"識別された変更の実施を含む、製品識別および要求事項へのトレーサビリティ管理"を要求しています。b) は、製品の形態（構成、configuration）が、製造図面、作業指示書、および検査結果の記録で整合性があることを示すことを述べています。

　②は、設計・開発の変更に当たっては、組織が定めた形態管理の実施手順に従って実行することを求めています。設計変更に対する変更管理は、設計権限の有無にかかわらず、変更内容に該当する組織すべてに適用されます。

　③の航空・宇宙・防衛産業製品の識別方法として、部品番号、図面番号、改訂番号などがあります。　③は、形態の識別は組立品の構成部品、上位組立品との親子系列を明確にし、さらに製造ロット、一貫番号と連携して、設計変更・製造変更および不適合・クレーム発生時の影響範囲の特定と処置につなげることを述べています。形態管理は、図 2.4 の 4 つのステップから成ります。

　形態識別の例を図 2.5 に示します。

ステップ	内　容
1.　形態の識別	・部品番号、図面番号、改訂番号など
2.　変更管理	・仕様書、図面などのリリース（発行）以降の変更
3.　形態状況の報告	・製造された部品が、定めた形態仕様に適合していることを、作業記録に記録
4.　形態監査	・製品が、仕様書、図面、改訂版に適合しているかを確認

図 2.4　形態管理のステップ

第Ⅰ部　航空・宇宙・防衛産業規格の概要

製品ベース形態識別の例

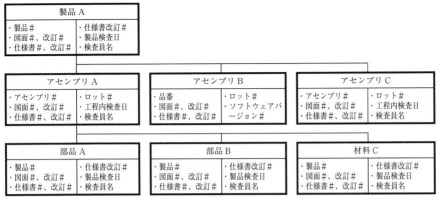

［備考］　#：番号

プロセスベース形態識別の例

図2.5　形態識別の例

第 2 章　JIS Q 9100 要求事項のポイント

2.1.3　特別要求事項・クリティカルアイテム・キー特性

［要求事項］

①	8.1　運用の計画および管理 次の事項を実施する。 　b）　次の事項に関する基準の設定 　　1）　プロセス 　　2）　製品・サービスの合否判定 　注記　次の事項を実施する際に、統計的手法を用いることができる（製品の特性・規定要求事項に応じて）。 　　・工程管理 　　　－キー特性の選定・検証 　f）　クリティカルアイテムを管理するために必要な、プロセスおよび管理の明確化 　　・キー特性が識別されている場合の工程管理を含む。
②	8.1.3　製品安全 製品ライフサイクル全体で製品安全を保証するために必要な、プロセスを計画・実施・管理する（組織・製品に応じて適切に）。 注記　次の事項を含む。 　・安全クリティカルアイテムの管理
③	8.2.2　製品およびサービスに関する要求事項の明確化 顧客に提供する製品・サービスに関する要求事項を明確にするために、次の事項を確実にする。 　c）　製品・サービスに関わる特別要求事項が明確化されている。
④	8.3.5　設計・開発からのアウトプット 設計・開発からのアウトプットが、下記であることを確実にする。 　e）　キー特性を含むクリティカルアイテム、およびそれらのアイテムに対してとられるべき処置を規定する（該当する場合は必ず）。
⑤	8.4.3　外部提供者に対する情報 次の事項に関する要求事項を、外部提供者に伝達する。 　h）　特別要求事項、クリティカルアイテムおよびキー特性
⑥	8.5.1　製造およびサービス提供の管理 製造・サービス提供を、管理された状態で実行する。 管理された状態には次の事項を含める（該当するものは必ず）。 　k）　決められたプロセスに従った、キー特性を含む識別されたクリティカルアイテムを管理・監視する。

39

第Ⅰ部　航空・宇宙・防衛産業規格の概要

［用語の定義］

用　語	定　義
特別要求事項 special requirement	・顧客／組織によって指定された要求事項であり、満たされない可能性が高いリスクを伴うため、運用リスクマネジメントプロセスの対象とし、設計・開発、製造に先立って実現性の検証が必要と識別された要求事項 ・特別要求事項の明確化に用いられる要素は、製品・プロセスの複雑さ、過去の経験、および製品・プロセスの成熟度を含む。 ・特別要求事項の例： 　－顧客が指定した産業界の能力の限界にある性能要求事項 　－組織が技術・プロセス能力の限界にあると判定した要求事項 ・注記　特別要求事項とクリティカルアイテム（キー特性を含む）は、互いに関係している。 　－特別要求事項は、製品に関する要求事項が明確化され、レビューされるときに識別される（箇条 8.2.2、8.2.3 参照）。 　－特別要求事項からクリティカルアイテムの識別が必要となることがある。 　－設計からのアウトプット（箇条 8.3.5 参照）には、適切に管理されていることを確実にするために、特定の処置が要求されるクリティカルアイテムの識別を含めることができる。 　－クリティカルアイテムの中には、ばらつきを管理する必要があるため、さらにキー特性として識別されるものがある。
クリティカルアイテム critical items	・安全性・性能・形状・取付け・機能・製造性・耐用年数などに重大な影響を与えるアイテム（項目） ・適切な管理を確実にするため、特定の処置が必要なアイテム（例：機能、部品、ソフトウェア、特性、プロセス） ・例：安全クリティカルアイテム、破壊クリティカルアイテム、ミッション（mission）クリティカルアイテム、キー特性
キー特性 key characteristic	・"ばらつき" が、製品の取付け、形状、機能、性能、耐用年数または製造性に重大な影響を与え、ばらつきを管理するために特定の処置が必要な属性または特性

［出典］　JIS Q 9100 をもとに著者作成（以下同様）

［管理のポイント］

　特別要求事項は、運用リスクマネジメント対象の要求事項で、製品要求事項の明確化の段階で顧客／組織によって決定され、クリティカルアイテムは、安

全性、性能、形状、取付け、機能、製造性、耐用年数などに影響を与える特性で、設計・開発のアウトプットとして明確化されます。キー特性は、製品の取付け、性能、製造性などに影響を与えるため、ばらつき管理が必要な特性です（図 2.6 参照）。

要求事項① b）注記は、キー特性の管理のために、データ収集、管理図の評価、工程能力指数（C_{pk}）の評価と、それにもとづく管理を行うことを述べています。

航空・宇宙・防衛産業の APQP/PPAP（SJAC 9145）では、C_{pk} は 1.33 以上（または顧客の要求を満たす）ことが必要と述べています（第 11 章参照）。

① f ）は、クリティカルアイテムを管理するために必要なプロセスとその管理方法を明確にすること、クリティカルアイテムにキー特性が含まれている場合はそれを管理すること、②は、製品安全と関連するプロセスを管理すること、製品安全に関するクリティカルアイテムを管理すること、③は、製品要求事項を明確にする際に、特別要求事項を明確にすること、④は、キー特性およびクリティカルアイテムの管理を行う場合に、設計のアウトプットとしての図面や仕様書に、その特性を明記し管理すること、⑤は、特別要求事項、クリティカルアイテムおよびキー特性の管理が要求される製品を購買する場合に（委託製造を含む）、購買情報にそれらの要求事項を含めることを述べています。

⑥は、図面、仕様書で要求されている場合は、キー特性およびクリティカルアイテムに関する工程管理を確立し、実施計画を作成することを述べています。

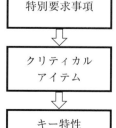

特別要求事項	・製品要求事項の明確化において決定（箇条 8.2.2、8.2.3 参照） ・運用リスクマネジメントプロセスの対象としなければならない要求事項（顧客または組織によって決定）
クリティカルアイテム	・設計・開発のアウトプットとして明確化（箇条 8.3.5 参照） ・安全性、性能、形状、取付け、機能、製造性、耐用年数などに重大な影響を与えるアイテム
キー特性	・製品の取付け、性能、製造性などに重大な影響を与えるため、ばらつきの管理が必要な特性

図 2.6　特別要求事項、クリティカルアイテムおよびキー特性

2.1.4 購買管理

[要求事項]（1/3）

8.4 外部から提供されるプロセス、製品およびサービスの管理

8.4.1 一 般

① 外部から提供されるプロセス・製品・サービスすべての適合に責任を負う。
　　・顧客指定の提供元から提供されるものを含む（要求される場合）。
　顧客指定または承認された外部提供者が使用されていることを確実にする。
　　・工程提供先（例：特殊工程）を含む（要求される場合）。

② 外部提供者の選定・使用と同様に、プロセス・製品・サービスの外部提供に関連するリスクを特定し、管理する。

③ 外部提供者がその直接および下請の外部提供者へ適切な管理を適用することを要求する（要求事項を満たしていることを確実にするために）。

④ プロセス・製品・サービスを提供する外部提供者の能力にもとづいて、外部提供者の評価・選択・パフォーマンスの監視・再評価を行うための基準を決定し、適用する。

⑤ 注記　外部提供者の評価・選定の際、客観的かつ信頼できる外部情報源からの品質データを、組織による評価として使用することができる。
　　・例：認定された品質マネジメントシステム・プロセスの認証機関からの情報、政府当局または顧客からの外部提供者認定
　組織は、外部から提供されるプロセス・製品・サービスが規定された要求事項を満たすことを検証する責任を負う（上記のようなデータを使用する場合でも）。

8.4.1.1 外部提供者の承認状態

⑥ 次の事項を行う。
　a) 承認状態の決定、承認状態の変更および外部提供者の承認状態にもとづき、外部提供者の使用制限を行うための条件について、プロセス、責任・権限を定める。
　b) 承認状態（例：承認、条件付承認、否認）および承認範囲（例：製品の種類、プロセスの分類）を含む外部提供者の登録を維持する。
　c) プロセス・製品・サービスの適合、納期どおりの引渡しを含む、外部提供者のパフォーマンスを定期的にレビューする。
　d) 要求事項を満たさない外部提供者に対してとるべき処置を定める。
　e) 外部提供者によって作成・保持される文書化した情報の管理に対する要求事項を定める。

8.4.2 （購買）管理の方式および程度

⑦ c) 次の事項を考慮する。
　3) 外部提供者のパフォーマンスの定期的なレビュー結果（8.4.1.1-c 参照）

第2章　JIS Q 9100 要求事項のポイント

［要求事項］（2/3）

⑧ 外部から提供されるプロセス・製品・サービスの検証活動は、組織によって特定されたリスクに従って実施する。

⑨ 模倣品のリスクを含め、不適合のリスクが高いとき、検査／定期的試験を含める（該当する場合は必ず）。

⑩ 注記1　サプライチェーンのいかなるレベルで実施された顧客による検証活動も、受入れ可能なプロセス・製品・サービスを提供し、すべての要求事項に適合するという組織の責任を免除するものではない。

⑪ 注記2　検証活動には、次の事項を含み得る。

　a）　外部提供者からのプロセス・製品・サービスの適合に関する客観的証拠のレビュー（例：添付文書、適合証明書、試験文書、設計文書、統計文書、工程管理文書、製造工程の検証、その後の製造工程の変更の評価の結果）

　b）　外部提供先における検査および監査

　c）　要求した文書類の内容確認

　d）　製造部品承認プロセスデータのレビュー

　e）　受領時の製品検査／サービスの検証

　f）　外部提供者に対する製品検証の委譲のレビュー

⑫ 外部から提供される製品が、すべての要求される検証活動の完了前にリリースされる場合、後にその製品が要求事項を満たしていないと判明したときに、回収・交換ができるように識別し、記録する。

⑬ 外部提供者に検証活動を委譲する場合には、委譲についての適用範囲・要求事項を定め、委譲事項の登録を維持する。

⑭ 外部提供者の試験書報告書が、外部から提供される製品を検証するために利用される場合、その製品が要求事項を満たしていることを確認するために、試験報告書のデータを評価するプロセスを実施する。

8.4.3　外部提供者に対する情報

⑮ 次の事項に関する要求事項を、外部提供者に伝達する。

　a）　関連する技術データ（例：仕様書、図面、工程要求書および作業指示書）の識別を含む、提供されるプロセス・製品・サービス

　b）　次の事項についての承認

　　1）　製品・サービス、　2）　方法・プロセス・設備

　　3）　製品・サービスのリリース

　c）　必要な力量（必要な適格性を含む）

　d）　組織と外部提供者との相互作用

　e）　組織が行う、外部提供者のパフォーマンスの管理・監視

　f）　組織・顧客が、外部提供者先での実施する検証・妥当性確認活動

　g）　設計・開発の管理

第Ⅰ部　航空・宇宙・防衛産業規格の概要

［要求事項］（3/3）

⑮　h）　特別要求事項・クリティカルアイテム・キー特性
　　i）　試験、検査および検証（製造工程の検証を含む）
　　j）　製品受入時の統計的手法の使用、および組織が受け入れられるまでの関連する指示事項
　　k）　次の事項に対する必要性
　　　1）　品質マネジメントシステムを実施する。
　　　2）　工程提供元（例：特殊工程）を含む、顧客指定または承認された外部提供者を使用する。
　　　3）　不適合なプロセス・製品・サービスを組織に通知し、それらの処置に対し承認を得る。
　　　4）　模倣の使用を防止する（8.1.4 参照）
　　　5）　プロセス・製品・サービスの変更を組織に通知し、組織の承認を得る（外部提供者が利用する外部提供者／製造場所の変更を含む）。
　　　6）　該当する要求事項を外部提供者まで展開する（顧客要求事項を含む）。
　　　7）　設計の承認、検査・検証、調査または監査の試験供試体を提供する。
　　　8）　保管期間および廃棄の要求事項を含む文書化した情報を保持する。
　　l）　組織、顧客および監督官庁が、施設の該当区域への立入りおよび該当する文書化した情報の閲覧を行う権利
　　　・サプライチェーンのあらゆるレベルにおいて
　　m）　人々が、次の事項を認識することを確実にする。
　　　・製品・サービスの適合に対する自らの貢献
　　　・製品安全に対する自らの貢献　　　・倫理的行動の重要性

9.1.3　分析および評価
⑯　分析の結果は、次の事項を評価するために用いる。
　　f）　外部提供者のパフォーマンス

9.3.2　マネジメントレビューへのインプット
⑰　マネジメントレビューは、次の事項を考慮して計画し、実施する。
　　c）　次に示す傾向を含めた、品質マネジメントシステムのパフォーマンスと有効性に関する情報
　　　7）　外部提供者のパフォーマンス
　　　8）　納期どおりの引渡しに関するパフォーマンス

10.2　不適合および是正処置
10.2.1　（一般）
⑱　不適合が発生した場合、次の事項を行う（顧客苦情を含む）。
　　g）　外部提供者に責任があると判定する場合、外部提供者への是正処置要求を展開する。

第2章　JIS Q 9100 要求事項のポイント

[管理のポイント]

　本書では、JIS Q 9100 規格の外部提供者を供給者、外部から提供されるプロセス・製品・サービスを購買製品と表します。購買管理は、航空・宇宙・防衛産業では重要です。

　要求事項①は、顧客指定の供給者や購買製品(認定供給者・認定製品、顧客に承認された特殊工程)に対しても、品質に関しては、組織の責任であることを述べています。②は、組織が供給者を選定し活用する場合のリスク、および購買製品を発注する場合のリスクの有無を評価し、供給先を管理することを求めています。

　③は、直接の供給者だけでなく、供給者の供給者、すなわちサプライチェーンにわたって適切な管理をするように、供給者に要求することを述べています。

　⑤は、外部提供者の評価・選定に際して、外部情報源からの品質データを使用する場合、組織に責任があることを述べています。

　⑥は、供給者の承認状態(無条件承認、条件付承認、否認)の基準と結果を明確にすること、および供給者の品質、納期などのパフォーマンスを、定期的に評価することなどを求めています。

　⑦は、供給者のパフォーマンスを定期的にレビューすること、⑧は、外部から提供されるプロセス・製品・サービスの検証活動ではリスクを考慮すること、⑨は、不適合のリスクが高いとき(模倣品のリスクを含む)には、検査・定期的な試験の実施を検討することを述べています。

　⑩は、供給者や購買製品に対する検証活動が顧客によって行われた場合でも、責任は顧客ではなく組織にあること、⑪は、供給者や購買製品に対する検証活動では、a)～ f)の事項を含めることを述べています。

　⑬は、検証活動を供給者に移譲する場合について、⑭は、供給者の試験報告書の検証について述べています。⑮は、購買製品に対する注文書・仕様書などの購買情報に含めるべき内容について述べています。

　⑰は、マネジメントレビューのインプットに、供給者のパフォーマンスや、納期どおりの引渡しに関するパフォーマンスを含めることを述べています。

45

第Ⅰ部　航空・宇宙・防衛産業規格の概要

2.1.5　特殊工程の管理および Nadcap 認証

［要求事項］

	8.4　外部から提供されるプロセス、製品およびサービスの管理 8.4.1　一　般
①	顧客指定または承認された外部提供者が使用されていることを確実にする。 ・工程提供先（例：特殊工程）を含む（要求される場合）。
	8.4.3　外部提供者に対する情報
②	次の事項に関する要求事項を、外部提供者に伝達する。 　k）　次の事項に対する必要性 　　2）　工程提供元（例：特殊工程）を含む、顧客指定または承認された外部提供者を使用する。
	8.5.1　製造およびサービス提供の管理
③	f）　製造・サービス提供のプロセスで結果として生じるアウトプットを、それ以降の監視・測定で検証することが不可能な場合には、製造・サービス提供に関するプロセスの、計画した結果（目標）を達成する能力について、妥当性を確認し、定期的に妥当性を再確認する。 注記　このようなプロセスは、特殊工程と呼ばれる（8.5.1.2 参照）
	8.5.1.2　特殊工程の妥当性確認および管理
④	結果として生じるアウトプットが、それ以降の監視・測定で検証することが不可能な場合のプロセスに対して、次の事項を含めた手順を確立する（該当するものは必ず）。 　a）　プロセスのレビュー・承認のための基準の決定 　b）　承認を維持するための条件の明確化 　c）　施設・設備の承認 　d）　人々の適格性認定 　e）　プロセスの実施・監視に対する所定の方法・手順の適用 　f）　保持すべき文書化した情報に対する要求事項

［用語の定義］

用　語	定　義
特殊工程 special process	・製造・サービス提供のプロセスで、結果として生じるアウトプット（すなわち製品）を、それ以降の監視・測定で検証することが不可能なプロセス

第 2 章　JIS Q 9100 要求事項のポイント

［管理のポイント］

　特殊工程は、航空・宇宙・防衛産業では非常に重要です。特殊工程は、ISO 9001 ではプロセスの妥当性確認が必要な工程と呼ばれてるものです。

　例えば、溶接工程による引張り強度や表面処理による耐食性などは、それらのプロセスの実施後の検査では製品の品質が確認できません。その品質特性が要求事項を満足していることを確認するためには破壊試験が必要となります。全数を破壊試験することはできません。また非破壊検査は、通常の外観検査や寸法検査に比べて設備の能力、精度および要員の力量が、製品の判定に影響を及ぼします。そのため、その工程(作業および検査手順)、設備および要員を事前に認定し、その認定された条件で作業を実施すること、および工程パラメータの連続的な監視と管理を行うことによって製品の品質を保証する方法を、特殊工程管理といいます。

　要求事項③は、ISO 9001 の要求事項ですが、特殊工程の定義について述べています。特殊工程は、製造段階で実際に実施する前にそのプロセスの妥当性を確認し、また定期的に妥当性を再確認することが必要です。そして④は、JIS Q 9100 の追加要求事項として、③の内容を補強しています。特殊工程の手順は、図 2.7 のようになります。

```
┌─────────────────────────────────────────┐
│    特殊工程プロセスとその妥当性確認基準の設定    │
└─────────────────────────────────────────┘
                    ⇩
┌─────────────────────────────────────────┐
│ 特殊工程プロセスの妥当性確認の実施(プロセスが妥当であることの事前検証) │
│       ・設備の承認、要員の適格性確認を含む。       │
└─────────────────────────────────────────┘
                    ⇩
┌─────────────────────────────────────────┐
│          特殊工程プロセス(製造)の実行           │
└─────────────────────────────────────────┘
                    ⇩
┌─────────────────────────────────────────┐
│          特殊工程プロセスの妥当性の再確認         │
│     (例：定期的、クレーム発生、製造工程変更)      │
└─────────────────────────────────────────┘
```

図 2.7　特殊工程(プロセスの妥当性確認)のフロー

第Ⅰ部　航空・宇宙・防衛産業規格の概要

　要求事項①は、顧客指定の供給者に特殊工程を委託している場合も、特殊工程の管理を組織が確実に行うことを述べています。②は、特殊工程の供給者として承認された供給者について述べています。この承認された供給者には、以下に述べる、Nadcap(ナドキャップ)認証という認証制度があります。

[Nadcap 認証]

　Nadcap(national aerospace and defense contractors accreditation program)とは、国際航空宇宙産業の特殊工程等の認証制度で、航空・宇宙・産業のプライムメーカーに代わり"特殊工程等"を審査・認証する機関として、アメリカの SAE(米国自動車技術者協会、society of automotive engineers)の組織下に設立された PRI(米国評価認証機関、performance review institute)の管轄で、"特殊工程等"の要求事項の統一化をはかることにより、プライムメーカー各社が、個別に実施していた審査の削減を狙いとして開発された、"特殊工程等"の認証制度です。 Nadcap 認証範囲には、図 2.8 に示すものがあります。

区　分	認証範囲
1.　熱処理	・Al 合金熱処理、ろう付け、加熱成形、浸炭処理、HIP など
2.　化学処理	・アノダイズ処理、ケミカルミーリング、エッチング検査、塗装、化成皮膜処理、メッキ など
3.　コーティング	・溶射、蒸着 など
4.　溶　接	・拡散溶接、電子ビーム溶接、溶融溶接、レーザー溶接 など
5.　複合材成形	・プリプレグ／接着、金属接着、コア処理 など
6.　特殊加工	・電解加工、放電加工、電解研磨、レーザー加工 など
7.　表面改善	・ショットピーニング など
8.　材料試験	・化学的試験、機械的試験、金属組織、腐食 など
9.　非破壊試験	・浸透探傷検査、磁粉探傷検査、超音波検査、X 線検査 など
10.　機械加工	・穴あけ、ブローチ加工 など
11.　測定・検査	・三次元測定、レーザートラッカー など
12.　金属材料製造	・鍛造
その他	

図 2.8　Nadcap 認証範囲の例

2.1.6　初回製品検査(FAI)

　初回製品検査に関する要求事項の規格として、SJAC 9102「航空宇宙初回製品検査要求事項」(FAI、aerospace first article inspection requirement)があります。本項では、その概要について説明します。

　JIS Q 9100 規格では、FAI について次のように述べています。

[**要求事項**]（JIS Q 9100)

> 8.5.1.3　製造工程の検証
> ・**製造工程、製造文書および治工具によって、要求事項を満たす部品・組立品を製造できることを検証する。**
> ・**そのために、新規の部品・組立品の初回製造からの代表品を使用する。**
> ・**この活動は、初回の結果を無効にする変更が生じたとき、繰り返す。**
> 　**一例：設計変更、工程変更、治工具変更**
> ・**この活動は、初回製品検査(FAI)と呼ばれる。**

　SJAC 9102 の適用範囲を図 2.9 に、また FAI の目的と期待される効果を図 2.10 に示します。

項　　目	内　　容
適用組織	・SJAC 9102 規格は、製品の設計特性を作り込む(すなわち、製品実現)責任がある組織に対して適用する。 ・組織は、設計特性を作り込む供給者・製造業者に対し、SJAC 9102 規格の要求事項を展開する。
適用製品	・組立品、サブ組立品および子部品(鋳造品・鍛造品を含む) ・標準カタログ部品または民生品(COTS)の改造製品
適用対象外の製品	・初回製品の部品として見なされない開発・試作部品 ・継続製造されない一品生産品(例：生産終了後に製造する補用品) ・調達した標準カタログ部品・民生品・納入ソフトウェア

図 2.9　SJAC 9102 の適用範囲

第Ⅰ部　航空・宇宙・防衛産業規格の概要

項　目	内　容
FAI のねらい	・FAI は、製品実現プロセスによって、技術的・設計上の要求事項を満たす部品・組立品を製造できることの妥当性を確認することができる。 ・製造プロセスが、適合した製品を製造できる客観的証拠および組織が関連する要求事項を理解し、反映している客観的証拠を提供する。
FAI の目的	・将来の納入後の不適合、リスクおよび総コストを削減する。 ・飛行安全を確実にすることを手助けする。 ・品質・納期・顧客満足を改善する。 ・製品不適合に関連するコストを削減し、製造の遅延を防止する。 ・適合製品を製造できない製品実現プロセスを識別し、是正処置を実施し、妥当性を確認する。
期待される FAI の効果	・製品実現プロセスによって適合製品を製造できるという信頼を与える。 ・製品の製造業者・製造工程請負業者が、要求事項を理解していることを実証する。 ・工程能力の客観的証拠を提供する。 ・製造開始・プロセス変更に関連する潜在的なリスクを削減する。 ・製造開始時・変更後の製品の適合を保証する。

図 2.10　FAI の目的と期待される効果

　SJAC 9102 の要求事項を次ページに示します。

　①〜⑥に記したように、部品要求事項、初回製品検査計画、DPD（デジタル製品定義）要求、評価の実施、FAI の部分的実施／再実施および特性証明などについて述べています。

　なお、附属書Ｂに記載されている次の各様式については、SJAC 9102 規格をご参照ください。

　・様式1　部品番号証明書

　・様式2　製品証明書－材料、特殊工程および機能試験

　・様式3　特性証明、検証および適合性評価書

第2章　JIS Q 9100 要求事項のポイント

[要求事項]（SJAC 9102）（1/2）

	4.1　部品要求事項
①	a）　初回製造出荷部品は、新規製品の初回製造の代表製品で FAI を実施する。 b）　製造工程・製造文書・治工具が、要求事項を満たす製品を製造できる能力を有していることを検証するため、新規製品の初回製造からの代表品を使用する。 c）　組立品は組立図面／ DPD（デジタル製品定義、digital product definition）で規定された特性について、組立品レベルの FAI を実施する。 d）　変更（例：技術変更、製造工程変更、治工具変更）に際して、このプロセスを繰り返す。
	4.2　初回製品検査計画
②	a）　FAI の完了計画のプロセスを持つ。または、初回製造前に FAI 活動を計画する。 b）　FAI 計画には FAI プロセスを通して実行される活動を含める。FAI 計画はこれらの活動のための責任組織を特定する。 c）　FAI 計画において、次の活動を考慮する（ことが望ましい）。また、計画について顧客と調整する（ことが望ましい）（要求される場合）。 　　1）　設計特性検査・最終製品で測定できない特性に対する検査順序を明確にする。 　　2）　公称寸法（nominal dimension）に対する公差を含め、製品実現に必要であるが 2D 図面では完全には定義されていない DPD 設計特性を明確にする。 　　3）　FAIR（初回製品検査報告書、first article inspection report）に含めるべき各設計特性に対する客観的証拠を明確にする。 　　4）　承認された特殊工程、試験所、材料供給者および顧客に要求された供給者を明確にし、製造計画書・工程計画文書・購買文書が、正しい仕様書および関係する供給者を含めていることを明確にする（該当する場合）。 　　5）　キー特性・クリティカルアイテム要求事項を明確にする（該当する場合）。 　　6）　部品特定のゲージ・治工具が要求される場合、それらが識別され、承認され、トレーサブルであることを明確にする（該当する場合）。 　　7）　顧客の FAI レビューに備える（要求される場合）。 　　8）　再 FAI が要求される事象を特定する。
	4.3　DPD 要求
③	a）　設計要求事項が DPD 様式にあり、2D 図面の情報では該当する設計要求事項が明示されていない場合、製品実現に必要な DPD 設計特性を明確にし、検証し、FAIR に含める。 b）　次の事項を実施する。 　　1）　適用される DPD 設計特性を抽出するためのプロセスを設定する。 　　2）　製品実現に必要な DPD 設計特性を抽出する。 　　3）　製造、検査および検証を要求している作業が、DPD 設計特性を満たすために計画されたとおり完了していることを確実にする。
	4.5　評価の実施
④	製品実現の間、設計特性の適合を確実にするため以下を実施する（該当する場合）。 a）　すべての作業が計画どおり完了し、正しい規格、材料の種類・状態が明確になり、承認されていることを確実にするために、製造工程文書（例：工程票、製造／品質計画書、製造作業指示書）を確認する。

[出典] SJAC 9102 をもとに著者作成

第 I 部　航空・宇宙・防衛産業規格の概要

[要求事項]（SJAC 9102）（2/2）

④	b)	FAI に関連する裏付け書類(例：検査データ、試験データ、受入試験手順書、特殊工程の承認・証明書)が完備していることを確認する。
	c)	材料および特殊工程証明書が正しい規格、材料の種類、状態が明確で承認されていることを検証する。
	d)	要求された顧客承認供給者を用いていることを検証する。
	e)	FAIR に含まれている不適合文書が処置されていることを確認する。
	f)	設計された治工具(例：部品固有のゲージ)が使用され、様式 3 に従って文書化されていることを検証する。
	g)	すべての設計特性が網羅され、個別に識別され、その検査結果が、個々の識別に対して確認できる(トレーサブルである)ことを検証する。
	h)	DPD 特性を含め、製造工程のアウトプットである設計特性が適合していることを確認するために、計測・検査・試験・検証されていることを検証する。
	i)	部品のマークが、読みやすく、内容とサイズが正しく、適切な場所に行われたことを、仕様書に従って検証する。

4.6　FAI の部分的実施／再実施

⑤	a)	一度適用した FAI の要求事項は、初回の確認後も継続して適用する。
	b)	変更部分以外のすべての特性が、以前の FAI で確認され当初の製造工程で製造される場合、FAI 要求事項は、基本部品番号からの変更に対処する部分的 FAI によって代用できる。
	c)	部分的 FAI が実施される場合、FAI 様式の中で最低限、影響を受ける欄を完成させる。
	d)	部分的 FAI を実施する場合、改訂レベルを含む "基本部品番号" および部分的 FAI の実施理由を様式 1 に記録する。
	e)	FAI 要求事項は、同一の手段で製造された類似部品の同一特性について実施された以前に承認された FAI によって代用させてもよい。FAI 要求事項(部分的／全体的)をこの方法で満たす場合、様式 1 の "基本部品番号" を識別する。
	f)	下記が発生した場合、全体的 FAI ／影響を受けた特性について部分的 FAI を実施する。
	1)	部品の取付、形状または機能に影響を及ぼす設計特性の変更
	2)	製造元、工程、検査方法、製造場所、治工具または材料の変更
	3)	数値制御(NC)プログラムの変更または他のメディアへの変換
	4)	製造工程に悪影響を及ぼす自然または人工的な事象
	5)	以前の FAI を完了するために必要とされた是正処置の実施
	6)	2 年間の生産中断があった場合、影響を受けるすべての特性を再評価する。
		・この中断期間は、最後の製造作業の完了から実際の生産再開までを示す。

4.7.2　特性証明

⑥	a)	FAI において、すべての設計特性を検証し、その関連する結果を記録する。すべての設計特性には、独自の特性番号を付ける。
	b)	参考特性は、FAI を省略してもよい。
	c)	特性に対して複数行を使用してもよい(必要な場合)。
	d)	最終製品で計測不可能な特性は、以降の作業の影響が及ばない限り、製造工程中にまたは破壊手段によって検証する。子部品レベルで検証された特性は、組立品レベルの FAIR を参照してもよい。

2.1.7　模倣品の防止と旧式化・枯渇の防止

（1）　模倣品の防止

［要求事項］

8.1.4　模倣品の防止
① 模倣品または模倣品の疑いのある製品の使用、およびそれらが顧客へ納入する製品に混入することを防止するプロセスを、計画・実施・管理する。
② 注記　模倣品防止プロセスは次の事項を考慮する（ことが望ましい）。 　a）　該当する人々への模倣品の認識および防止の訓練 　b）　部品の旧式化・枯渇の監視プログラムの適用 　c）　正規製造業者／承認された製造業者、承認された販売業者／他の承認された提供元から外部提供される製品を取得するための管理 　d）　正規製造業者／承認された製造業者に部品・コンポーネントのトレーサビリティを保証するための要求事項 　e）　模倣品を検出するための検証・試験方法 　f）　外部情報源からの模倣品報告の監視 　g）　模倣品の疑いのある製品／検出された模倣品の隔離・報告
8.4.2　（購買）管理の方式および程度
③ 模倣品のリスクを含め、不適合のリスクが高いとき、検査／定期的試験を含める（該当する場合は必ず）。
8.4.3　外部提供者に対する情報
④ 次の事項に関する要求事項を、外部提供者に伝達する。 　k）　次の事項に対する必要性 　　4）　模倣品の使用を防止する（8.1.4 参照）。
8.7　不適合なアウトプットの管理 8.7.1　（一般）
⑤ 模倣品／模倣品の疑いのある部品は、サプライチェーンへの再混入を防止するために管理する。

［用語の定義］

用　語	定　義
模倣品 counterfeit part	・正規製造業者または承認された製造業者の純正指定品として、故意に偽られた無許可の複製品、偽物、代用品または改造部品（例：材料、部品、構成部品（component））。

第Ⅰ部　航空・宇宙・防衛産業規格の概要

［管理のポイント］

　模倣品（counterfeit part）の防止は、模倣品や模倣品の疑いのある材料、製品、構成部品（コンポーネント）は、製品安全に影響を与えるため、外部から提供されるプロセスや製品に、それらが混入することを防止するためのプロセスを計画し、実施し、管理することが必要です。

　模倣品の例としては、マーキング、ラベル貼付、グレード、シリアルナンバー、日付コード、文書類またはパフォーマンス特性の偽の識別などがあります。

　模倣品が、航空・宇宙・防衛産業で広がる背景として、次の2つがあります。

（1）　技術の革新（特に、電子部品性能の急速な進歩）

　　電子部品においては、製造中止となり市場で旧式化・枯渇したことにより代用品として出回るものも模倣品として扱われている（次項の旧式化・枯渇の防止参照）。

（2）　航空・宇宙・防衛分野の材料、部品等の価格（高価格）

　　要求事項①、②は、製品安全に関して模倣品の防止が重要であることを述べています。

　②の"正規製造業者または承認された製造業者の純正指定品"とは、QPL（認定品目表）およびQML（認定製造業者表）に登録されている認定品目および認定業者、あるいはFAA（米国連邦航空局）のPMA（部品製造者承認）による承認業者を意味します。③〜⑤は、購買製品に模倣品が含まれている場合が多いため、それを防止するための管理を求めています。

　③は、購買製品に対して、模倣品のリスクの観点から不適合のリスクが高いと判断する場合には、供給者の検査成績書や品質証明書の点検による受入検証だけではなく、検査や定期的な試験の必要性について検討し、必要と判断した場合は、それらを実施することを要求しています。また④は、供給者に対しては、模倣品の使用防止に関わる具体的な実施事項を、品質保証協定書や仕様書などの契約文書で要求することを述べています。そして⑤は、直接の供給者だけでなく、サプライチェーン全体で、模倣品およびその疑いのある製品は、誤使用されないように、不適合製品として管理することを述べています。

第2章　JIS Q 9100 要求事項のポイント

(2)　旧式化・枯渇の防止

［要求事項］

8.1　運用の計画および管理
①　次のために必要なプロセスを、計画し、実施し、管理する。 　a）　製品・サービスに関する要求事項の明確化 　注記　製品・サービスに対する要求事項の明確化する際に、次の事項に関する考慮を含む（ことが望ましい）。 　f）　製品の旧式化・枯渇
8.1.4　模倣品の防止
②　模倣品または模倣品の疑いのある製品の使用、およびそれらが顧客へ納入する製品に混入することを防止するプロセスを、計画・実施・管理する（組織および製品に応じて適切に）。 　注記　模倣品防止プロセスは次の事項を考慮する（ことが望ましい）。 　b）　部品の旧式化・枯渇の監視プログラムの適用
8.3.3　設計・開発へのインプット
③　設計・開発する特定の種類の製品・サービスに不可欠な要求事項を明確にする。その際に、次の事項を考慮する。 　f）　旧式化・枯渇から起こり得る結果（該当する場合は必ず） 　　・例：材料、プロセス、部品、機器、製品
8.5.5　引渡し後の活動
④　製品・サービスに関連する引渡し後の活動に関する要求事項を満たす。 　要求される引渡し後の活動の程度を決定するにあたって、次の事項を考慮する。 　i）　製品・カスタマーサポート 　　・例：問合せ、訓練、保証、保守（整備）、交換部品、資源、旧式化・枯渇

［用語の定義］

用　語	定　義
旧式化・枯渇 obsolescence	・製造中止後市場で出回る代用品

［管理のポイント］

　旧式化・枯渇は、前項に述べた模倣品と関係があります（図 2.11 参照）。

55

第Ⅰ部　航空・宇宙・防衛産業規格の概要

　旧式化・枯渇する背景には、部品が技術の進歩、特に電子部品などの急速な技術進歩による新規生産設備への切り替えに伴い、旧式化した部品が製造中止になり、枯渇して市場に出回らなくなることなどがあります。

　これは航空・宇宙・防衛産業の製品は寿命が長く、将来保守（整備）のための部品・材料が入手できなくなる可能性があるからです。

　要求事項①～④において、設計・開発プロセスおよび引渡しプロセス主体に、部品の旧式化・枯渇を監視するプログラムを設定することを述べています。①は、製品・サービスの要求事項を明確にする際に、製品の旧式化・枯渇について、すなわち、使用する部品がいつまで生産されるかについて考慮することを述べています。②は、製品安全の観点から、部品の生産・供給状況や旧式化・枯渇の計画を監視することを述べています。

　また③は、製品の設計・開発段階で、部品、材料、機器などの、旧式化・枯渇のスケジュールを検討しておくことを述べています。そして④は、航空・宇宙・防衛産業製品の生産が終わった後の、保守（整備）に必要な交換部品の旧式化・枯渇について考慮することを述べています。

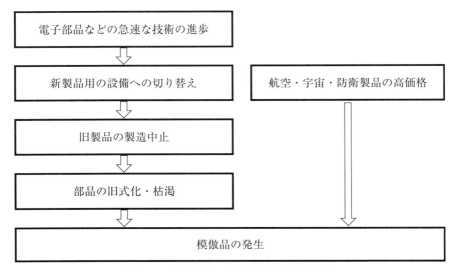

図2.11　旧式化・枯渇と模倣品の発生

2.1.8 コンプライアンス

JIS Q 9100 に関連する規格として、SJAC 9068「品質マネジメントシステム−航空・宇宙・防衛分野の組織に対する要求事項−強固な QMS 構築のための JIS Q 9100 補足事項」があり、コンプライアンス(法令遵守)および倫理的行動について規定しています。コンプライアンス(compliance)とは、"品質に関連して、法令・規制に加えて、社内規則・マニュアル(手順)を遵守すること。企業倫理・社会規範を遵守することを含み得る"と定義されています。

JIS Q 9100 では確実な対応が必要です。

[**要求事項**](SJAC 9068)(1/2)

4.4.1　品質マネジメントシステムおよびそのプロセス 注記　法令・規制上の要求事項を考慮した組織の品質マネジメントシステムは、コンプライアンスを確保するために必須である。
5.1.1　リーダーシップおよびコミットメント／一般 f)…適合の重要性は、製品安全を確保することの大切さおよびコンプライアンスも含めて、製品品質の要求事項をまず満たすことの大切さの観点から伝達する。
6.1.1　リスクおよび機会への取組み 注記　リスクおよび機会の決定には、不祥事未然防止の観点を含む(ことが望ましい)。
6.1.2　リスクおよび機会への取組み 注記3　リスクおよび機会への取組みには、不祥事未然防止の観点を考慮する(ことが望ましい)。
7.1.1　資源／一般 b)…注記　既存の内部資源の実現能力および制約の考慮にあたっては、事業活動実績を考慮した定量的な評価を行う(ことが望ましい)。
7.3　認　識 h)コンプライアンス・倫理的行動の重要性 上記 f)〜h)の取組みとして、それらの教育・啓発活動を繰り返し実施する。 **外部での不祥事について、その事例を教育・啓発活動に含める(必要と判断した場合)。**
7.4　コミュニケーション 注記　…内部からのフィードバックには、製造・サービス提供に関連するプロセスのコミュニケーションの一つとして、規定どおりの作業が困難な場合、契約上の顧客要求事項を満たすことが困難な場合、または不正行為につながる恐れがある場合、現場からの意見を吸い上げて問題解決を図るため、ボトムアップのコミュニケーションを含める(ことが望ましい)。
7.5.3.2　文書化した情報の管理 適合の証拠として保持する文書化した情報(記録)の管理については、**厳格な法令・規制要求事項／顧客の要求事項**に従う。 **記録の重要性・取扱いに関する教育・啓発活動を繰り返し実施する。** 注記　確立した品質マネジメントシステムと信頼される記録によって、顧客の安心を得ることができる。また、万一事故が発生した際に、組織が提供した製品・サービスの適合の説明が可能となる。記録に対する不正行為は、組織・顧客による製品安全の再分析・再評価が必要となり、顧客・市場の信頼を損ねるだけでなく、法令・規制上の罰則の対象となり得る。
8.2.2　製品およびサービスに関する要求事項の明確化 d)運用リスク(例：新技術・製造能力・生産能力(**検査・試験能力**を含む)、短納期、**必要な資源**)を特定する。 **資源の明確化には定量的な判断を用いる。**

[備考]　ゴシック体(太字)は、JIS Q 9100 に対する SJAC 9068 の追加要求事項を示す。
[出典]　SJAC 9068 規格をもとに著者作成

第Ⅰ部　航空・宇宙・防衛産業規格の概要

［要求事項］（SJAC 9068）（2/2）

8.2.4　製品およびサービスに関する要求事項の変更
製品・サービスを顧客に提供することをコミットメントした後、顧客要求事項が満たされない可能性が生じた場合、相互に受入可能な要求事項を顧客と交渉する。

8.4.1.1　外部から提供されるプロセス、製品およびサービスの管理／一般
ｅ）外部提供者によって作成・保持される文書化した情報の管理に対する要求事項を定める。 これには、記録のねつ造・改ざんなどの防止を含む。

8.4.2　管理の方式および程度
注記３　外部提供者先における検査／監査では、製品納入時に外部提供者から提供される成績書・製造部品承認プロセスのデータが、外部提供者の生データと整合していることを確認する（ことが望ましい）。 外部提供者の試験報告書を外部から提供される製品の検証に利用する場合、その製品が要求事項を満たしていることを確認するために、試験報告書のデータを評価するプロセス（例：外部提供者先で試験に立ち会う仕組み、生データで試験報告書の妥当性を確認する仕組み）を実施する。顧客／組織が、材料を重大な運用リスク（例：クリティカルアイテム）として識別する場合、または試験報告書の評価結果に疑わしい兆候（例：同一内容の連続）を認識した場合は、試験報告書の正確さの妥当性確認を行うプロセスを実施する。

8.4.3　外部提供者に対する情報
ｋ）次の事項に対する必要性 　－保管期間・廃棄の要求事項を含む文書化した情報を保持する。 注記　これには、生データも含める（ことが望ましい）。 ｍ）人々が、次の事項を認識することを確実にする。（例：教育・啓発活動の繰り返し実施） 　－コンプライアンス・倫理的行動の重要性（記録の重要性・取扱に関する事項を含む）

8.5.1　製造およびサービス提供の管理
ｃ）…組織が決定した監視・測定活動は、省略することなくすべて確実に実施する。 注記１　製品・サービス提供を実施する人は、自らの作業責任を自覚し、製品が要求事項に適合していることを自主的に確認する（ことが望ましい）（設備・工程で保証される作業を除く）。 注記２　監視・測定対象のプロセス／製品・サービスの合否判定基準の特性に応じて、監視・測定する部門・機能は、監査・測定される部門・機能から独立している（ことが望ましい）。部門・機能が独立していない場合は、作業の実施と監視・測定活動の実施を同一の人が行わない（ことが望ましい）。 1）試験用　生データは記録との整合性・妥当性が確保できるように管理し、意図しない改変から保護する（ことが望ましい）。生データを保持することが困難な場合は、記録方法やトレーサビリティについて、記録の整合性・妥当性の根拠が説明できるような方法を定める（ことが望ましい）。 注記２　生データ・記録は、意図的に改変できないような仕組み（例：自動化・責任者の承認なしに修正できない仕組み）を取り入れる（ことが望ましい）。 注記３　監視・測定活動の記録／生データをねつ造することは、重大なコンプライアンス違反となり得る。

8.5.6　変更の管理
監視・測定活動を変更（例：検査の省略）する場合は、権限をもつ責任者の承認、および（該当する場合）顧客の承認を得る。

8.6　製品およびサービスのリリース
注記　顧客要求事項への適合の証拠において、生データと記録の整合性を確保する（ことが望ましい）。

8.7.1　不適合なアウトプットの管理
注記２　不適合製品を意図的に適合品として顧客へ引き渡すことは不正行為であり、顧客の信頼を損ねるのみならず法令・規制上の罰則の対象となり得る。 ｄ）…不適合製品の受入のためのそのまま使用または修理の処置は、その契約／製品単位のみを対象とし、後続する製品において同様の不適合が発生した場合は、権限を持つ者および（該当する場合）顧客の了承がある場合を除き、改めて一連の処置を行う。 注記　特別採用として一度承認された処置が、顧客の事前の了解なくその後の同様の不適合の処置に適用されていないことを確認する手段を定める（ことが望ましい）。

9.2.2　内部監査
ｂ）…監査範囲には、顧客へ流出した不適合に対してとった是正処置の結果として、品質マネジメントシステムのプロセスを修正／改善した場合に、そのプロセスを含める。特別な理由がある場合（例：顧客と調整中、情報開示の制限）を除き、内部での不正行為が確認された場合は、これを踏まえた監査項目を含める（ことが望ましい）。 注記１　外部での不祥事について、（必要と判断した場合は）その事例も踏まえた監査項目を含める（ことが望ましい）。 注記２　生データ・記録が改ざんされていないことの確認および意図的に改変できないような仕組みが取り入れられているかの確認を監査項目に含める（ことが望ましい）。 ｆ）…注記２　製品安全（飛行安全を含む）に影響を及ぼす不適合／重大なヒヤリハットが発生した場合、現場の実態確認を含む臨時監査を実施する（ことが望ましい）。

9.3.2　マネジメントレビューへのインプット
ｆ）…注記　マネジメントレビューへのインプットには、5.1.1-f)で実施した重要性の伝達を含める（ことが望ましい）。

2.1.9 JIS Q 9100 の文書・記録

JIS Q 9100 の基本規格である ISO 9001 規格では、文書・記録の要求事項を次のように表現しています。

　・文書化した情報を維持する…文書の要求

　・文書化した情報を保持する…記録の要求

JIS Q 9100 規格で文書の作成・維持・管理を要求しているもの、および記録の作成・保持・管理を要求しているものは、それぞれ次のとおりです。ここで、明朝体は ISO 9001 要求事項、ゴシック体は JIS Q 9100 の追加要求事項を表します。

[JIS Q 9100 における文書の要求]（1/3）

箇条番号	文書の作成・管理の要求
4.3	品質マネジメントシステムの適用範囲は、文書化した情報として利用可能な状態にし、維持する。
4.4.2	次の事項を行う。 ａ）　プロセスの運用を支援するための文書化した情報を維持する。
4.4.2	**次の事項を含む、文書化した情報を作成し、維持する。** **・密接に関係する利害関係者の記述（4.2-a 参照）** **・品質マネジメントシステムの適用範囲－境界・適用可能性を含む（4.3 参照）** **・マネジメントシステムのプロセスと組織の部門との関係** **・プロセスの順序および相互関係** **・プロセスに関する責任・権限の明確化** **注記　品質マネジメントシステムに関する上記の記述は、文書化した情報として、品質マニュアルに含める。**
5.2.2	品質方針は、次に示す事項を満たすようにする。 ａ）　文書化した情報として利用可能な状態にされ、維持される。
6.2.1	品質目標に関する文書化した情報を維持する。
7.5.1	品質マネジメントシステムは、次の事項を含む。 ａ）　この規格が要求する文書化した情報 ｂ）　品質マネジメントシステムの有効性のために必要であると組織が決定した、文書化した情報
7.5.2	文書化した情報を作成および更新する際、次の事項を確実にする。 ａ）　適切な識別および記述（例：タイトル、日付、作成者、参照番号） ｂ）　適切な形式（例：言語、ソフトウェアの版、図表）および媒体（例：紙、電子媒体） ｃ）　適切性および妥当性に関する、適切なレビューおよび承認

第Ⅰ部　航空・宇宙・防衛産業規格の概要

［JIS Q 9100 における文書の要求］（2/3）

箇条番号	文書の作成・管理の要求
7.5.3.1	品質マネジメントシステムおよびこの規格で要求されている文書化した情報は、次の事項を確実にするために管理する。 a）　文書化した情報が、必要なときに、必要なところで、入手可能かつ利用に適した状態である。 b）　文書化した情報が十分に保護されている（例：機密性の喪失、不適切な使用および完全性の喪失からの保護）。
7.5.3.2	品質マネジメントシステムの計画・運用のために組織が必要と決定した外部からの文書化した情報は、必要に応じて、特定し、管理する。
8.1	次の事項を実施する。 e）　次の目的のために必要な程度の、文書化した情報の明確化、維持 　1）　プロセスが計画どおりに実施されたという確信をもつ。 　2）　製品・サービスの要求事項への適合を実証する。 注記　…特定の製品・サービス、プロジェクトまたは契約に適用される、品質マネジメントシステムのプロセスおよび資源を管理する文書化した情報は、品質計画書と呼ばれる。
8.2.4	製品・サービスに関する要求事項が変更されたときには、関連する文書化した情報を変更することを確実にする。
8.3.4.1	検証・妥当性確認に試験が必要な場合には、これらの試験は、次の事項を確実にし、立証するために計画し、レビューし、文書化する。 a）　試験計画書・仕様書には、試験対象品および使用される資源を特定し、試験の目的・条件、記録するパラメータおよび関連する合否判定基準を明確にする。 b）　試験手順には、使用される試験方法、試験の実施方法と結果の記録の方法を記載する。 c）　正しい形態で、試験対象品を試験に供する。 d）　試験計画・試験手順の要求事項を遵守する。　e）　合否判定基準を満たす。
8.5.1	a）　次の事項を定めた文書化した情報を利用できるようにする。 　1）　製造する製品、提供するサービス、または実施する活動の特性 　2）　達成すべき結果 注記1　製品・サービスの特性を定める文書には、デジタル製品定義（DPD）データ、図面、部品リスト、材料および工程仕様書などがある。 注記2　実施する活動および達成すべき結果についての文書には、製造工程表、管理計画、製造文書（例：製造計画書、トラベラー、ルーター、作業指示書、工程カード）および検証文書などがある。
8.5.1	c-1）　製品・サービスの合否判定のための監視・測定活動についての文書は、次の事項を含むことを確実にする。 ・合格・不合格の基準 ・検証作業を実施すべき工程順序 ・保持（記録）すべき測定結果（最低限、合格または不合格の表示） ・要求される特定の監視・測定機器、およびにそれらの使用指示書

第2章　JIS Q 9100 要求事項のポイント

［JIS Q 9100 における文書の要求］（3/3）

箇条番号	文書の作成・管理の要求
8.5.1.2	結果として生じるアウトプットが、それ以降の監視・測定で検証することが不可能な場合のプロセスに対して、…次の事項を含めた手順を確立する。 　f）　保持すべき文書化した情報に対する要求事項
8.7.1	不適合管理プロセスは、次の事項を含む文書化した情報として維持する。 　・不適合なアウトプットの内容確認および処置判定に対する責任・権限、およびこれらの決定を行う人々の承認手順を規定する。 　・他のプロセス・製品・サービスに及ぼす不適合の影響を封じ込めるために必要な処置をとる。 　・顧客および密接に関係する利害関係者に引き渡された製品・サービスに影響を及ぼす不適合の適時な報告 　・不適合の影響に応じて適切に、引渡し後に検出された不適合製品・サービスに対する是正処置を決定する（10.2 参照）。
10.2.1	不適合および是正処置の管理プロセスを定める、文書化した情報を維持する。

［JIS Q 9100 における記録の要求］（1/2）

箇条番号	記録の作成・管理の要求
4.4.2	b）　プロセスが計画どおりに実施されたと確信するための文書化した情報を保持する。
7.1.5.1	監視・測定のための資源が目的と合致している証拠として、適切な文書化した情報を保持する。
7.1.5.2	a）　…校正または検証に用いたよりどころを、文書化した情報として保持する。
7.2	d）　力量の証拠として、適切な文書化した情報を保持する。
7.5.3.2	適合の証拠として保持する文書化した情報は、意図しない改変から保護する。
8.1	e）　次の目的のために必要な程度の、文書化した情報の明確化、維持および保管 　1）　プロセスが計画どおりに実施されたという確信をもつ。 　2）　製品・サービスの要求事項への適合を実証する。
8.2.3.2	次の事項に関する文書化した情報を保持する。 　a）　レビューの結果、　b）　製品・サービスに関する新たな要求事項
8.3.2	j）　設計・開発の要求事項を満たしていることを実証する必要な文書化した情報
8.3.3	設計・開発へのインプットに関する文書化した情報を保持する。
8.3.4	次の事項を確実にするために、設計・開発プロセスの管理を適用する。 　f）　これらの活動についての文書化した情報を保持する。
8.3.5	設計・開発からのアウトプットについて、文書化した情報を保持する。
8.3.6	次の事項に関する文書化した情報を保持する。

第Ⅰ部　航空・宇宙・防衛産業規格の概要

［JIS Q 9100 における記録の要求］（2/2）

箇条番号	記録の作成・管理の要求
8.3.6	a）　設計・開発の変更　　　b）レビューの結果 c）　変更の許可 d）　悪影響を防止するための処置
8.4.1	外部提供者の評価、選択、パフォーマンスの監視、および再評価を行うための基準を決定し、適用する。これらの活動およびその評価によって生じる必要な処置について、文書化した情報を保持する。
8.4.2	外部から提供される製品が、すべての要求される検証活動の完了前に使用するためリリースされる場合、後にその製品が要求事項を満たしていないと判明したときに、回収および交換ができるように識別し、記録する。
8.4.3	次の事項に関する要求事項を、外部提供者に伝達する。 k）　次の事項に対する必要性 ・保管期間および廃棄の要求事項を含む文書化した情報を保持する。
8.5.1	q）　製品が要求事項を満たさないことが後で判明したときに回収・交換を行うため、後工程の製造で使用する目的ですべての要求される測定・監視活動の完了前に、リリースされた製品であることを識別し、記録する。
8.5.1.3	製造工程検証の結果に関する文書化した情報を保持する。
8.5.2	トレーサビリティを可能とするために必要な文書化した情報を保持する。
8.5.3	顧客もしくは外部提供者の所有物を紛失もしくは損傷した場合…発生した事柄について文書化した情報を保持する。
8.5.6	変更のレビューの結果、変更を正式に許可した人およびレビューから生じた必要な処置を記載した、文書化した情報を保持する。
8.6	製品・サービスのリリースについて文書化した情報を保持する。
8.6	製品認定の実証が要求された場合、保持する文書化した情報によって製品が定められた要求事項を満たしている証拠を提供することを確実にする。 製品・サービスに添付することを要求されたすべての文書化した情報が出荷時に存在することを確実にする。
8.7.2	次の事項を満たす文書化した情報を保持する。 a）　不適合が記載されている。　　　b）　とった処置が記載されている。 c）　取得した特別採用が記載されている。 d）　不適合に関する処置について決定する権限をもつ者を特定している。
9.1.1	品質マネジメントシステムのパフォーマンスおよび有効性を評価する。この結果の証拠として、適切な文書化した情報を保持する。
9.2.2	f）　監査プログラムの実施および監査結果の証拠として文書化した情報を保持する。
9.3.3	マネジメントレビューの結果の証拠として、文書化した情報を保持する。
10.2.2	次に示す事項の証拠として、文書化した情報を保持する。 a）　不適合の性質およびそれに対してとったあらゆる処置 b）　是正処置の結果

第 2 章　JIS Q 9100 要求事項のポイント

2.2　リスクベースのプロセスアプローチ

（1）　プロセスアプローチ

JIS Q 9100 の基本規格である ISO 9001 規格（序文）では、プロセスアプローチについて、次のように述べています。

" プロセスアプローチに不可欠な要求事項を箇条 4.4 に規定している "

すなわち、図 4.6（p.118）の a ）〜 h ）に示すように、組織の各プロセスをPDCA 改善サイクルで運用することがプロセスアプローチと考えることができます。これらの a ）〜 h ）を別の図で表すと、図 2.14 に示すようなプロセス分析図として表すことができます。この図は、タートル図（turtle chart、turtle model）とも呼ばれています。タートル図は、プロセス名称とプロセスオーナー、インプット、アウトプット、プロセスの運用のための物的資源（設備・システム・情報）、人的資源（要員・力量）、プロセスの運用方法（手順・技法）、およびプロセスの評価指標（監視・測定項目と目標値、KPI（key performance indicator）の各要素で構成されています。また、品質管理手法として、5M（man、machine、material、method、measurement）管理がありますが、タートル図の要素は、この 5M 要素に相当すると考えることもできます。

ISO 9001（箇条 4.4、箇条 6.1）では、品質マネジメントシステムのプロセスの計画を策定する際に、リスクを考慮することを述べています。すなわち、従来の予防処置に対応するリスクを考慮した計画を作成することになり、プロセスの実施手順は、PDCA から RPDCA（risk リスク分析 − plan 計画 − do 実行 − check 検証 − act 改善）に変わったと考えるとよいでしょう（図 2.12 参照）。

（2）　品質マネジメントシステムのプロセス

品質マネジメントシステムのプロセス（組織の個々の業務・活動）は、例えば、運用（製品実現）プロセス、支援プロセスおよびマネジメントプロセスのように大きく 3 つに分類することができます。これらは、例えば図 2.13 のプロセスマップの例に示すようなプロセスで構成されます。

第Ⅰ部 航空・宇宙・防衛産業規格の概要

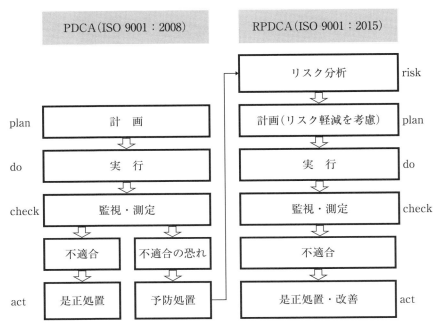

［備考］ RPDCA：risk リスク分析 – plan 計画 – do 実行 – check 検証 – act 改善

図2.12　PDCAからRPDCAへ

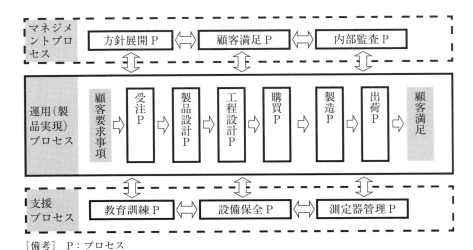

［備考］ P：プロセス

図2.13　プロセスマップの例

(3) プロセスのタートル図

製品設計・開発プロセスのタートル図の例を図2.17(a)(p.68)に示します。タートル図は、プロセスのリスク分析、JIS Q 9100規格箇条8.1で述べるプロジェクトマネジメント、および箇条9.2で述べる有効性の内部監査などで活用することができます。タートル図のインプットには、前のプロセスから入ってくるものの他、プロセスに対する要求事項があります。

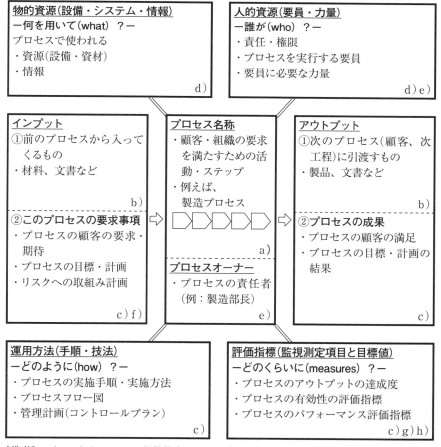

[備考] a)～h)はISO 9001規格箇条4.4.1のa)～h)を表す。

図2.14　プロセス分析図(タートル図)

(4) リスクマトリックス

リスクマネジメントの基本規格である ISO 31000 で述べているリスクマトリックス(リスクの4領域)を、図 2.15 に示します。

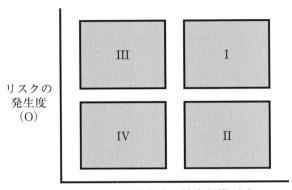

領域	リスクのレベルと対策	対応区分
I	・顕在化した場合の被害も大きく、発生度(発生確率)も大きいリスクの領域 ・最優先事項として被害影響の軽減対策を実施する領域	リスクの軽減・回避
II	・発生度は相対的に小さいが、顕在化した場合の被害が大きい領域 ・発生度がある値以下では、保有/移転という対策となるが、組織としての対策の優先順位が、領域 III よりも高い場合が多い。	リスクの軽減・移転(共有)
III	・発生度は大きいが、被害が小さい領域 ・被害額が一定の値より小さい場合、保有してよい領域	リスクの軽減・保有
IV	・発生度が小さく、被害も小さい領域 ・組織としてリスクを受容してもよい領域	リスクの受容

図 2.15　リスクマトリックス(リスクの4領域)

図 2.15 に示したリスクマトリックスでは、リスクを、リスクが発生した場合の被害規模(影響度S、severity)と、リスクが発生する確率(発生度O、occurence)に関して、4つに分類しています。リスクが最も大きいのが領域Iで、領域IVがリスクが最も低い領域です。この図のリスクの発生度(O)および被害規模(S)は、本書の 2.1.1 項で述べた、JIS Q 9100 で述べているリスクの発生度および影響度に相当します。

(5) プロセスのリスク分析

　プロセスに内在するリスク分析は、プロセスのタートル図を作成して分析すると効果的です。プロセスのタートル図の各要素およびインタフェースに、どのようリスクがあるかを検討します(図 2.16 参照)。プロセスのタートル図の各要素と潜在的リスクの例を図 2.17(b)に示します。

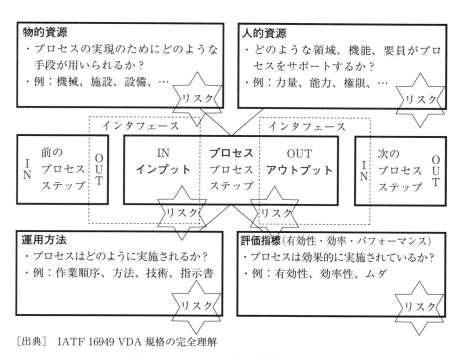

[出典] IATF 16949 VDA 規格の完全理解

図 2.16　タートル図の要素とリスク

第Ⅰ部　航空・宇宙・防衛産業規格の概要

（a）　プロセスのタートル図の例

物的資源（設備・システム・情報）
・CAD・CAE ツール
・試作品製作設備
・試作品検査・試験器

人的資源（要員・力量）
・製品設計責任者、製品設計チーム
・CAD・シミュレーション技法
・品質技法（FMEA、実験計画法、SPC）

インプット
① 前のプロセスから
・顧客要求事項
・信頼性目標

② このプロセスの要求事項
・設計計画期限達成率目標
・製造コスト見込

プロセス
製品設計・開発プロセス

プロセスオーナー
設計部長

アウトプット
① 次のプロセスへ
・製品図面
・設計仕様書

② プロセスの成果
・設計計画期限達成率
・製造コスト結果

運用方法（手順・技法）
・製品設計管理規定
・デザインレビュー規定
・試作品評価要領
・製品設計プロセスフロー図
・製品設計プロセスタートル図
・FMEA、SPC 技法

評価指標（監視・測定項目と目標値）
・設計計画期限達成率
・初回設計成功率、試作回数対計画達成度
・設計レビュー回数対計画達成度
・設計コスト対計画達成度
・製造コスト見込対計画達成度
・製造リードタイム見込対計画達成度

タートル図の6つの要素の
潜在的リスクを考慮

（b）　プロセスの潜在的リスクの例

物的資源（設備・システム・情報）
・使用する設備の妥当性確認が行われているか？
・設備の保守計画は、リスク分析にもとづいているか？
・設備は、計画どおりに保守点検されているか？
・設備でどのようなトラブルが発生しているか？

人的資源（要員・力量）
・要員に必要な力量が明確になっているか？
・必要な教育・訓練が計画され、実施されているか？
・必要な力量が確保されている証拠は何か？
・力量不足でどのような問題が発生しているか？

インプット
① 前のプロセスから
・顧客要求事項・信頼性目標に対するフィージビリティ分析が行われているか？

② このプロセスの要求事項
・設計期限目標・製造コスト見込に対する適切性が確認されているか？

プロセス
製品設計・開発プロセス

プロセスオーナー
設計部長

アウトプット
① 次のプロセスへ
・製品図面・設計仕様書内容の適切性は確認されているか？

② プロセスの成果
・設計期限達成率・製造コスト結果は、目標を達成しているか？

運用方法（手順・技法）
・規定類の内容の適切性は検証されているか？
・規定どおりに行われたことの証拠は何か？
・設計の結果、どのような問題が発生しているか？
・FMEA で品質クレームを防止できない理由は何か？

評価指標（監視・測定項目と目標値）
・評価指標が適切であるとなぜ言えるか？
・各評価指標の目標設定の適切性を立証できるか？
・評価指標に対する結果（実績は）はどうか？
・目標未達の原因は何か？

図 2.17　プロセスのタートル図の各要素と潜在的リスクの例

第2章 JIS Q 9100 要求事項のポイント

2.3　JIS Q 9100 ファミリー規格の概要

2.3.1　SJAC 9110　整備組織に対する要求事項

［要求事項］（1/10）

4　組織の状況 4.4　品質マネジメントシステムおよびそのプロセス／ 4.4.1　（一般） 品質マネジメントシステムは、顧客および適用される法令・規制上の品質マネジメントシステム要求事項も取り扱う。 **要求事項には、承認、認証、限定（格付け、rating）、ケイパビリティリスト（能力リスト、capability list）およびライセンス（使用権、license）を含む。**
4.4.2　（文書化） **ｃ）　権限のある当局の要求に応じて、文書化した情報を作成し、維持する。** 次の事項を含む、文書化した情報を作成し維持する。 　**・それぞれの品目／製品について、実施した作業の文書化した情報を維持し、保持するために使用するシステムの詳細**
5　リーダーシップ 5.1　リーダーシップおよびコミットメント／ 5.1.1　一般 トップマネジメントは、次に示す事項によって、品質マネジメントシステムに関するリーダーシップおよびコミットメントを実証する。
①　**ｋ）　安全方針・安全目標が設定されていることを確実にする。** 　**ｌ）　是正処置が期限内に実施されることを確実にする（特に監査結果）。**
5.2.3　安全方針の設定・伝達 ②　**安全方針は下記を満たす。** 　**ａ）　安全目標設定の枠組みを与える。** 　**ｂ）　安全報告を奨励し、懲戒的にならないことを確実にする記述を含む。** 　**ｃ）　安全マネジメントの継続的改善へのコミットメントを含む。** **安全方針は、文書化した情報として保持する。** **注記　品質と安全が一つになっている場合、品質・安全方針と呼ばれる。**
5.3　組織の役割、責任および権限 ③　**権限のある当局によって要求される場合、様々な重要な管理責任者を任命する。**
5.3.1　アカウンタブルマネージャ（認定事業場の最高責任者） ④　**アカウンタブルマネージャ（accountable manager）は、承認範囲に対して財務・経営全般に責任をもつ最高経営幹部である。**

［備考］　ゴシック体（太字）は、JIS Q 9100 に対する SJAC 9110 の追加要求事項を示す。
［出典］　SJAC 9110 をもとに著者作成

69

第Ⅰ部　航空・宇宙・防衛産業規格の概要

［要求事項］（2/10）

④　アカウンタブルマネージャは、整備活動を含む必要な継続的な耐空性活動のすべてが、資金提供され、適用される基準に応じて実施されることを確実にする。アカウンタブルマネージャが最高経営幹部でない場合、最高経営幹部に直接接触できるようにする。
5.3.2　クオリティマネージャ ⑤　品質マネジメントシステムを監視することに責任をもつ者を任命する。 クオリティマネージャ（品質責任者、quality manager）は、独立した監査プログラム、およびアカウンタブルマネージャへの品質フィードバック報告システムを構築する。 アカウンタブルマネージャが品質・コンプライアンス問題に関する情報を受けることを確実にするため、クオリティマネージャはアカウンタブルマネージャに直接接触できるようにする。
5.3.3　その他の責任者 ⑥　顧客および権限のある当局の要求事項に従って、必要な運用の活動が実施されることを保証する責任者を任命する（必要な場合）。 組織の規模・複雑さに応じて、主要な活動区域（例：製造ライン）ごとの稼働状況を監視するために、複数の責任者を任命してもよい。 この責任者は、最終的にアカウンタブルマネージャに対して責任をもつ。 注記　任命された責任者は、継続的な耐空性に関わる活動の管理・監督について指名された役職の担当者であってもよい。
6　計　画 6.3　変更の計画 組織は、次の事項を考慮する。 e）　移行期間中のリスクおよび軽減活動（6.1.1、8.1参照）
7　支　援 7.1　資　源 7.1.1　一　般 次の事項を考慮する。 c）　活動を安全に完了するために、作業を実施する時点で、治工具、装置、整備データ、設備、材料、および必要な能力を保証された人々を利用できる。
7.1.3　インフラストラクチャ 注記　インフラストラクチャには、次の事項が含まれ得る。 e）　品目・製品を分離する手段（例：使用可・不可、航空用・非航空用）（必要に応じて）
7.2　力　量 次の事項を行う。

第2章　JIS Q 9100要求事項のポイント

［要求事項］（3/10）

⑦　e）　継続的な耐空性管理／整備活動を行う人は、権限のある当局の要求事項に従って、明確にされ、能力を保証され、認められていることを確実にする。 f）　出荷承認できるスタッフを含む、継続的な耐空性管理／整備活動を行う人が、手順、人的要因（human factors）、専門知識、OJT教育および権限のある当局の要求事項の観点から、最新の情報を持っていることを確実にするために、評価・訓練プログラム（初回・維持（recurrent）訓練）によって、技術・知識をもつ者の力量を構築し、維持する（該当する場合は必ず）。 g）　継続的な耐空性管理／整備活動を行う人の文書化した情報を作成し、維持する（権限のある当局の要求に応じて）。 h）　能力を保証されていない人が監督なしで作業をする場合、整備データを理解し、整備活動を遂行する能力を評価するための評価プロセスを確立する。
7.3　認　識 組織の管理下で働く人が、次の事項に関して認識をもつことを確実にする。 i）　製品に関連する安全方針・安全目標 j）　整備活動における人的要因およびそれによって起こり得る結果
7.4　コミュニケーション 注記2　コミュニケーションには、製品安全情報（例：安全上重要な情報、手順が実行／変更される理由）の普及促進を含む（ことが望ましい）。
7.5　文書化した情報 7.5.1　一　般 品質マネジメントシステムには、次の事項を含む。 c）　製品安全マネジメントの有効性のために必要であると組織が決定した、文書化した情報
7.5.3.2　（文書管理） 整備データのいかなる不正確／不完全／曖昧な情報についても、文書化した情報として保持し、整備データの作成者へ適時通知する。
8　運用 8.1　運用の計画および管理 次に示す事項の実施によって、製品・サービスの提供に関する要求事項を満たすため、および箇条6で決定した取組みを実施するために必要なプロセスを、計画し、実施し、管理する。 a）　製品・サービスに関する要求事項の明確化 注記　製品・サービスに対する要求事項の明確化には、次の事項に関する考慮を含む（ことが望ましい）。 　・異物の混入および製品の汚染の防止・検出・除去 　・定められた場所以外で実施される作業

第Ⅰ部　航空・宇宙・防衛産業規格の概要

［要求事項］（4/10）

j）　顧客または型式証明保持者によって重要であると識別された、整備作業を管理するための適切なプロセスの設定・実施・維持
8.1.2　形態管理（コンフィギュレーションマネジメント） 製品を承認された状態で出荷することを確実にするためのプロセスを計画し、実施し、管理する。 このプロセスでは、型式証明保持者、権限のある当局、顧客または航空機運用者によって指定された製品、設計および運用特性に対する要求事項へのトレーサビリティを管理する（該当する場合は必ず）。
8.1.3　製品安全 製品ライフサイクル全体で製品安全を保証するために必要なプロセスを計画し、実施し、管理する（組織および製品に応じて適切に）。 注記　これらのプロセスは、次の事項を含むことがある。 ・事後的方法（reactive method）・予防的方法（proactive method）の使用を含むハザード識別（hazard identification） ・明確化されたハザード（hazards）に関連する安全リスクの分析、アセスメントおよび管理（8.1.1 参照） ・製品安全に影響を与える可能性のある変更の明確化・管理（8.5.6 参照） ・安全管理プロセスの有効性の評価（9.1.3、10.1 参照） ・関係する人々に対する製品安全の責任に関する訓練の実施（7.2、7.3 参照） ・安全上重要な情報、安全に関わる事象および安全手順の変更を含む、製品安全情報の伝達（該当する場合は必ず）（7.3 および 7.4 参照） ・顧客・規制要求事項に従い、顧客、当局および型式証明保持者に対する安全に関わる事象の報告（8.7 参照）
8.1.4　模倣品の防止 模倣品／模倣品の疑いのある製品の使用、およびそれらが顧客へ納入する製品に混入することを防止するプロセスを、計画し、実施し、管理する（組織および製品に応じて適切に）。 注記　これは箇条 8.1.5 で規定しているプロセスで満たしてもよい。
8.1.5　不正品の疑いがある部品の防止 ⑧ 組織とその適用業務に対して適切に、不正品および不正品の疑いがある部品を特定し、使用を防止するプロセスを、計画し、実施し、管理する。 注記　不正品の疑いがある部品の防止プロセスは、次の事項を考慮する（ことが望ましい）。 ・該当する人への不正品の疑いがある部品の識別・特定の訓練 ・承認された提供元までの部品・コンポーネント（構成部品）のトレーサビリティを保証するための調達要求事項

第 2 章　JIS Q 9100 要求事項のポイント

［要求事項］（5/10）

⑧	・不正品の疑いがある部品を検出するための検査プロセス ・外部情報源からの不正品の疑いがある部品の報告の監視 ・権限のある当局または顧客から適用される要求事項に従い、不正品の疑いがある部品の隔離・報告
	8.1.6　正規品の取付け
⑨	正規品について、次の事項を確実にするプロセスを設定し、実施・維持する。 　a）　取付先の製品または品目に対して適切に、正しく識別する。 　b）　権限のある当局／顧客の要求事項に従い、製品／物品への取付けについて承認される。 　c）　良好な状態にあり、耐空性が確認され、耐空性改善通報が実施されている（使用する場合）。 　d）　(寿命期限がある場合)使用期限を越えておらず、すべての関連する文書化した情報がある。 　e）　事故／インシデント(事故などが発生する恐れのある事態、incident)があった航空機から取り外す場合、取付け前にその部品の耐空性を確実にするために必要と思われる、特定の作業指示(検査・修理を含む)に従って処置する。 　注記　その作業指示について、権限のある当局および顧客が認知した情報源からの技術資料・データを必要とすることがある。 　f）　解体されたものである場合、下記が管理されている。 　1）　必要な承認を保持する。 　2）　環境への影響に関係する適用される要求事項に適合する。 　3）　必要な文書化した情報を管理できる。
	8.2　製品およびサービスに関する要求事項 8.2.3　製品およびサービスに関する要求事項のレビュー 8.2.3.1　（一般） レビューにおいて、顧客要求が満たされない、または部分的にしか満たされないと組織が判定する場合、相互に受入可能な要求事項を顧客と交渉する。 **契約で指定された版、または指定されていない場合は、最新の版の技術資料・データを使用する。** **契約プロセスには、整備中に発見された契約範囲外の欠陥処置の規定を含める。**
	8.3　製品およびサービスの設計・開発 8.3.1　一　般 **権限のある当局によって承認されている場合、技術資料・データの作成に対して適切なプロセスを確立し、実施し、維持する。** **注記　修理データを作成する際、次の事項を規定する(ことが望ましい)。** **・修理の分類(軽微、重大)**

73

第Ⅰ部　航空・宇宙・防衛産業規格の概要

［要求事項］（6/10）

・修理に関する記述 ・承認の証拠 機体整備プログラムを開発する場合、継続的な耐空性を管理する組織は、航空機およびエンジンの状態の管理およびアベイラビリティ、ならびに作業指示書の準備を確実にするプロセスを確立し、実施し、維持する。 注記　機体整備プログラムを開発・変更する場合、機体運航者の特定のニーズを考慮して、型式証明保持者、（および該当する場合は必ず）追加型式証明保持者によって作成された整備スケジュール（整備計画データ）を使用する（ことが望ましい）。
8.3.2　設計・開発の計画 JIS Q 9100 の要求事項のうち、ISO 9001 規定事項のみを適用する。
8.3.3　設計・開発へのインプット JIS Q 9100 の要求事項のうち、ISO 9001 規定事項のみを適用するとともに、次の事項を適用する。 設計・開発へのインプット間の相反は、解決する。 **継続的な耐空性のすべての要求事項が評価されることを確実にする（該当する場合は必ず）。**
8.3.4　設計・開発の管理 JIS Q 9100 の要求事項のうち、ISO 9001 要求事項のみを適用する。
8.3.5　設計・開発からのアウトプット 設計・開発からのアウトプットが、次のとおりであることを確実にする。 製品の**使用および保守（整備）**を行うために必要なデータを明確にする。 注記　データには、次の事項を含み得る。 ・耐空性改善通報の評価および記録 **機体整備プログラムを開発する場合、継続的な耐空性を管理する組織は、アウトプットが作業指示書に組み込まれることを確実にする。**
8.4　外部から提供されるプロセス、製品およびサービスの管理 8.4.1　一　般 **顧客によって特定された提供元を含む、外部提供者の選定および使用と同様に、**プロセス・製品・サービスの外部提供に関連するリスクを特定し、管理する。
8.4.1.1　（外部提供者の承認状態） 組織は、次の事項を行う。 **f）　関連する製品安全原則が外部提供者に展開されることを確実にする。**
8.4.2　（購買）管理の方式および程度 **顧客要求事項を満たすために必要な承認および認証を外部提供者がもつことを確実にする。**

74

第2章　JIS Q 9100 要求事項のポイント

［要求事項］（7/10）

未認定外部提供者の能力を確認し監督する方法を決定する。
外部から提供されるプロセス・製品・サービスの検証活動は、組織によって特定されたリスクに従って実施する。

8.4.3　外部提供者に対する情報

次の事項に関する要求事項を、外部提供者に伝達する。

g）　次の事項に対する必要性

・**不正品**の使用を防止する（8.1.5 参照）

h）　組織、その顧客および監督官庁が、施設の該当区域への立入りおよび該当する文書化した情報の閲覧を行う権利

j）　当局および顧客による特定の要求事項

k）　外部提供者が出荷する際の文書一式の書式および内容

l）　製品の機能不良、欠陥および耐空性のない状態を、利害関係者に報告する条件

8.5　製造およびサービス提供

8.5.1　製造およびサービス提供の管理

管理された状態には、次の事項を含める（該当するものは必ず）。

a）　次の事項を定めた文書化した情報を利用できるようにする。

注記　実施する活動および達成すべき結果についての文書化した情報には、**耐久性改善通報の評価を含む、継続的な耐空性管理の指示**が含まれ得る。

f）　製造・サービス提供のプロセスで結果として生じるアウトプットを、それ以降の監視または測定で検証することが不可能な場合には、製造・サービス提供に関するプロセスの計画した結果（目標）を達成する能力について、妥当性を確認し、定期的に妥当性を再確認する。

注記　このようなプロセスは、特殊工程と呼ばれる（8.5.1.2 参照）。

特殊工程は、型式証明保持者が発行した、または権限のある当局が受入可能な該当する技術資料・データの要求事項に適合している。

j）　すべての製造および検査・検証作業が、**適用される技術資料・データに従って、顧客によって計画され、もしくは指示されたとおり**、または文書化され、承認された他の方法のとおりに実施された証拠を利用できるようにする。

k）　異物の混入防止・検出・除去を規定する（例：治工具、ハードウェア）。

l）　**作業引継を行う間、情報の連続性が失われることを防止する規定がある。**

n）　**参照規格、品質計画書、型式証明保持者および追加型式証明保持者からの推奨指示、顧客の仕様書、および文書化した手順に適合する。**

o）　**承認された整備作業能力**（maintenance capabilities）**または限定（格付け、ratings）に関する文書化した情報を管理する。**

75

第Ⅰ部　航空・宇宙・防衛産業規格の概要

[要求事項]（8/10）

p）　整備作業が、指示された作業範囲外で品目の耐空性に悪影響を及ぼさないことを保証する。 q）　外部で行う作業を管理する（例：組織の施設以外の場所での作業）。
8.5.1.1　設備、治工具およびソフトウェアプログラムの管理 使用する設備、治工具およびプログラムは、技術資料・データによって定められたもの、または使用前に同等性が実証されたものである。 実施する作業を承認するために使用される整備施設、治工具およびプログラムは、承認された方法・スケジュールに従って管理する（例：校正されている）。
8.5.1.2　特殊工程の妥当性確認および管理 注記　外部委託した特殊工程について、外部提供者管理プロセスは、これらの事項を適宜取り扱い、顧客指定の提供元の利用をレビューする（ことが望ましい）（要求される場合）。
8.5.1.3　製造工程の検証 （適用しない）
8.5.1.4　新しい整備作業能力の評価 初回品目または製品を整備する前に、文書類、能力を保証された人および治工具に対する評価を行う。 ケイパビリティリストを更新するために、評価の結果を権限のある当局に提出する（要求される場合）。 整備工程の最初の適用（例：新しい修理作業能力）は、評価し、検証し、文書化する。 承認または情報通知のために権限のある当局に提出する（要求される場合）。 新しい整備作業能力の評価の結果に関する文書化した情報を保持する。
8.5.3　顧客または外部提供者の所有物 注記　顧客の所有物には、整備活動を支援するために顧客から提供された他のアイテム（例：交換ハードウェア、治工具、コンテナ、保護器具）に加えて、整備する品目も含まれ得る。
8.5.4　保　存 アウトプットの保存には、仕様書および適用される法令・規制要求事項に従って、次の事項も含める（該当するものは必ず）。 g）　適切な輸送または出荷用コンテナの使用
8.5.5　引渡し後の活動 要求される引渡し後の活動の程度を決定するに当たって、次の事項を考慮する。JIS Q 9100 の要求事項のうち、a）～e）のみ適用する。 f）　製品・カスタマーサポート（例：問合せ、保証、オカレンスレポート（occurrence report）調査）

[要求事項]（9/10）

8.5.6　変更の管理 JIS Q 9100 の要求事項を適用する。ただし、注記は適用しない。
8.6　製品およびサービスのリリース **製品・サービスをリリースするために、組織によって特別な権限を与えられた人は、すべての整備および関連する検査・検証の作業が、予定どおりに、顧客契約／指示要求事項、および適用される技術資料・データに従って、飛行安全を危険にさらす既知の不適合がない状態で完了したことが検証されたとき、関連するリリース文書に署名する。** 製品・サービスに添付することを要求されたすべての文書化した情報が出荷時に存在することを確実にする。 **それらの文書類の準備・完成は、手順どおりに実施する。**
8.7　不適合なアウトプットの管理 8.7.1　（一般） 不適合管理プロセスは、次の事項を含む文書化した情報として維持する。 注記　不適合製品・サービスの通知を要する利害関係者には、外部提供者、組織、顧客、販売業者、型式証明保持者、運用者、権限のある当局が含まれ得る。 **不適合製品は、"そのまま使用"と判定されるか、使用可能な状態に修復されるか、顧客へ返却されるか、救済できないと宣言されるまで、識別し、管理する。救済できない部品・模倣品は、修復を防止するために、物理的に使用できなくなるまで、明確に、かつ永久的な印を付けるか、または確実に管理する。**
9　パフォーマンス評価 9.1　監視、測定、分析および評価 9.1.1　一　般 品質マネジメントシステムのパフォーマンスおよび有効性を評価する。 **製品・サービスに関する安全パフォーマンスを評価する。**
9.1.2　顧客満足 顧客満足を評価するために、監視・使用する情報には、製品・サービスの適合、納期どおりの引渡しに関するパフォーマンス、顧客からの苦情および是正処置要求を含める（ただしこれらに限定しない）。これらの評価によって特定された課題に対して、顧客満足の改善計画を作成・実施し、その有効性を評価する。 **これらの改善計画は、組織の製品安全方針および製品安全目標との矛盾があってはならない（該当する場合は必ず）。**
9.1.3　分析および評価 分析の結果は、次の事項を評価するために用いる。 **h)　製品安全マネジメントに関する改善の必要性** **i)　整備エラーの防止の機会**

第Ⅰ部　航空・宇宙・防衛産業規格の概要

［要求事項］（10/10）

9.3　マネジメントレビュー 9.3.1　一　般 **レビューには、安全方針・安全目標の変更の必要性も含める。**
9.3.2　マネジメントレビューへのインプット マネジメントレビューは、次の事項を考慮して計画し、実施する。 　**g）　安全パフォーマンスの監視（製品安全）** 　**h）　教育訓練プログラムの妥当性、達成度および有効性** 　**i）　組織に影響を及ぼす可能性のある、権限のある当局および顧客要求事項の** 　　**将来の変更**
10　改　善 10.1　一　般 これには、次の事項を含める。 　**d）　安全管理のパフォーマンスおよび有効性の改善**

［用語の定義］（1/2）

用　　語	定　　義
耐空性 airworthy	・品目／製品が型式の設計に適合し、安全な運用ができる状況にある状態
品　目 article	・設計組織によって製品への組込・取付けが適格なものとして指定された、または当局が承認した、設計データに含まれた、材料、部品、構成品、組立品、装置
能力を認められた人 certified person	・特殊作業を実施するために、能力を保証され権限が与えられた人（例：限定整備士有資格者（等級整備士）、非破壊試験認定作業者）
出荷承認できるスタッフ certifying staff	・整備後の品目／製品の出荷適合証明書に署名するために、整備組織によって権限を付与された人
権限のある当局 competent authority	・型式認定所持者、製造業者、航空機所有者・運用者、整備組織、継続的な耐空性管理組織に対して管轄権を持つ航空当局（民間／防衛）
継続的な耐空性管理 continuing airworthiness management	・運用寿命中は常時、航空機が有効な耐空性の要求事項に適合し、安全な運用ができる状態にあることを確実にする活動

［出典］　SJAC 9110 をもとに著者作成

第2章　JIS Q 9100 要求事項のポイント

［用語の定義］（2/2）

用　語	定　義
寿命制限がある部品 life limited part	・型式の設計で必須交換期限が指定されている部品
整　備 maintenance	・製品／品目の継続的な耐空性を確実にするための作業 　例：オーバーホール、分解、洗浄、検査、試験、交換、欠陥の修正、改造、修理
整備データ maintenance data	・整備サービスを完遂するために使用する方法、技術および手順(how-to 指示) 　例：機体整備マニュアル(AMM)、構造修理マニュアル(SRM)、装備品整備マニュアル(CMM)、オーバーホール・マニュアル、修理マニュアル、その他の耐空性維持指示書(ICA)、サービスレター、サービスブリテン、耐空性改善通報、型式証明保有者の技術作業指示
能力を保証された人 qualified person	・認可が必要なレベルの作業を実施するための、訓練、知識および技能の要求事項を満足した人
安全方針 safety policy	・製品安全に対してトップマネジメントが正式に表明したコミットメント。安全管理に関する思想、および求められる安全性を達成するために組織が使用する方法の概要を示す。
不正品の疑いがある部品 suspected unapproved part	・不正品または模倣品の可能性を示す客観的で信頼できる証拠のある部品。例： 　－顧客に直接出荷する権限を承認された製造組織から得ていない外部提供者によって、エンドユーザに出荷された品目 　－承認された設計・データに適合しない、新しい品目 　－承認された提供元によって製造／整備されなかった品目 　－意図的に偽られた品目(模倣品を含む) 　－文書類が不完全／不適切な品目
技術資料・データ technical data	・航空機・関連する運用・緊急装置の継続的な耐空性が保証されている状態で、品目／製品が整備され得ることを確実にするために必要なデータ。権限のある当局に受入れ可能か、承認されることが必要(該当する場合は必ず)
型式証明 type certificate	・航空機の型式(かたしき)が安全性・環境適合性の基準を満たしていることを証明するもの
不正品 unapproved part	・承認または受け入れ可能な設計データおよび適用される法令・規制および顧客要求事項に従って製造／整備されなかった部品

第 I 部　航空・宇宙・防衛産業規格の概要

[要求事項のポイント]

(1)　安全方針の設定

　要求事項①は、品質方針と品質目標に加えて、安全方針と安全目標を設定すること、②は、安全方針の内容について述べています。

(2)　種々の管理責任者の任命

　③～⑥は、次の各種管理責任者を任命することを述べています。

- a ）　アカウンタブルマネージャ（accountable manager）：承認範囲に対して財務・経営全般に責任をもつ最高経営幹部
- b ）　クオリティマネージャ（品質責任者、quality manager）：品質マネジメントシステムを監視する責任者
- c ）　その他の責任者（必要な場合）
  - 1 ）　顧客および権限のある当局の要求事項に従って、必要な運用の活動が実施されることを保証する責任者（顧客対応責任者）
  - 2 ）　組織の規模・複雑さに応じて、主要な活動区域（例：製造ライン）ごとの稼働状況を監視するための責任者（現場責任者）

(3)　力量

　⑦は、各要員に必要な力量について述べています。

- e ）　継続的な耐空性管理／整備活動を行う人：権限のある当局の要求事項に従って、任命にされ、能力が保証されていること
- f ）　出荷承認できるスタッフおよび継続的な耐空性管理／整備活動を行う人：手順、人的要因（human factors）、専門知識、OJT 教育および権限のある当局の要求事項の観点から、最新の情報を持っていること

(4)　不正品の防止

　⑧は不正品の疑いがある部品の防止、⑨は正規品の取付けについて述べています。これらは、模倣品の防止および旧式化・枯渇の防止と関連しています。

2.3.2　SJAC 9120　販売業者に対する要求事項

［要求事項］（1/3）

7　支　援 7.1　資　源／7.1.5　監視および測定のための資源 7.1.5.2　測定のトレーサビリティ JIS Q 9100 の要求事項を適用する。ただし、注記を次に置き換える。 注記　監視機器・測定機器には、**製品・サービスの適合の証拠を与えるために用いる、個人所有・顧客支給の機器**が含まれる。
7.5.3　文書化した情報の管理／7.5.3.2　（文書管理） ① 文書化した情報を電子的に管理する場合、データ保護プロセスを定める。 **製品の由来、適合および出荷の証拠を提供する文書化した情報を保持する。** 注記　保持される文書化した情報（記録）の例： 　・製造業者、販売業者およびリペアステーションの試験および検査報告書 　・注文書・契約書 　・適合証明書（製造業者、下請け販売業者）、出荷適合証明書のコピー 　・不適合、特設採用および是正処置 　・ロット／バッチのトレーサビリティの文書化した情報 　・保管、保存または保管期限の条件の文書化した情報（例：時間、温度、湿度）
8　運　用 8.1　運用の計画および管理 ② a）　製品・サービスに関する要求事項の明確化 注記　次の事項を含む（ことが望ましい）。 　・**アベイラビリティおよび検査性**
8.1.1　運用リスクマネジメント （適用しない）
8.1.3　製品安全 （適用しない）
8.1.5　不正品の疑いがある部品の防止 ③ **不正品および不正品の疑いがある部品を特定し、リリースを防止するプロセスを、計画し、実施し、管理する（組織・製品に対して適切に）。** **注記　不正品の疑いがある部品の防止は、下記を考慮する（ことが望ましい）。** 　・**該当する人々への不正品の疑いがある部品の識別および特定の訓練** 　・**承認された提供元までの部品およびコンポーネント（構成部品、component）のトレーサビリティを保証するための要求事項**

［備考］　ゴシック体（太字）は、JIS Q 9100 に対する SJAC 9120 の追加要求事項を示す。
［出典］　SJAC 9120 をもとに著者作成

第Ⅰ部　航空・宇宙・防衛産業規格の概要

［要求事項］（2/3）

③	・不正品の疑いがある部品を検出するための検査プロセス ・外部情報源からの不正品の疑いがある部品の報告の監視 ・権限のある当局または顧客から適用される要求事項に従い、不正品の疑いがある部品の隔離および報告（要求に応じて）
	8.3　製品およびサービスの設計・開発 **注記**　箇条 8.3 の適用については、箇条 4.3（品質マネジメントシステムの適用範囲の決定）および附属書 A.5（適用可能性）に従って決定する（とよい）。
	8.4　外部から提供されるプロセス、製品およびサービスの管理 8.4.1　一　般 8.4.1.1　（外部提供者の承認状態） 次の事項を行う。 　ｂ）　承認状態（例：承認、条件付承認、否認）、承認範囲（例：製品の種類、プロセスの分類、**販売することの正式な承認**）を含む、外部提供者の登録を維持する。
④	8.4.3　外部提供者に対する情報 次の事項に関する要求事項を、外部提供者に伝達する。 　ｉ）　次の事項に対する必要性 　・**不正品の疑いがある部品、不正品および模倣品の使用を防止する**（8.1.4、8.1.5 参照） 　・適合証明書、試験報告書または出荷適合証明書を提出する（該当する場合は必ず）。
⑤	8.5　製造およびサービス提供 8.5.1　製造およびサービス提供の管理 管理された状態には、次の事項を含める（該当する場合は必ず）。 　ｎ）　**旧式化・枯渇の結果（例：材料、部品、機器、製品）**
⑥	8.5.2　識別およびトレーサビリティ **使用不可能な製品は管理し、使用可能製品から物理的に隔離する。** 注記　トレーサビリティの要求事項は、次の事項を含み得る。 　・在庫製品の状態の識別（例：新造品、オーバーホール品、修理品、改造品、再生品） 　・受領時から分割、保管、包装、保存業務の間および引渡しまで、適切な手段によって、製品の識別・トレーサビリティを維持する（例：ラベル、バーコード）。 　　ーこれには外部提供者に外部委託される取扱いまたは包装業務を含む。 分割された製品を引き渡す際には、次の情報を保持する。 　・外部提供者から受領した量と引き渡す量の比較

第2章　JIS Q 9100 要求事項のポイント

［要求事項］（3/3）

⑥	・注文書番号 ・顧客名
	8.6　製品およびサービスのリリース
⑦	注記　組織によって保持されトレーサブルな、正規製造業者の適合証明書および文書化した情報を参照する、組織が作成した証明書類を納入することができる（顧客との合意がある場合）。 その証明書類は、規定要求事項が組織のプロセスで満たされていることを示す。
	8.7　不適合なアウトプットの管理 8.7.1　（一般） 注記　不適合なアウトプットには、内部で発生した、外部提供者から受領したまたは顧客によって特定された、**不正品の疑いがある製品、不正品、模倣品および不適合な製品・サービスを含む。**
⑧	**不適合製品の処置は下記に限定する。** 　**・廃棄** 　**・不合格とし、外部提供者へ返却** 　**・不合格とし、製造業者による妥当性の再確認** 　**・" そのまま使用 " の処置をとるための、顧客／設計権限者への申請（該当する場合は必ず）**

［用語の定義］

用　語	定　義
出荷適合証明書 authorized release certificate	・使用するための製品の出荷を証明し、実施された活動および達成された結果が、組織・規制・顧客の要求事項に適合していることを証明する文書
適合証明書 certificate conformity	・製品の適合を証明する文書化した情報。設定されたプロセス・設計・仕様書要求事項への適合
アベイラビリティ availability	・可用性。製品・部品を使いたいときに使えるように準備すること
リリース release	・プロセスの次の段階または次のプロセスに進めることを認めること
特別採用 concession	・要求事項に適合していない製品・サービスの使用／リリースを認めること

［出典］　SJAC 9120 をもとに著者作成

第Ⅰ部　航空・宇宙・防衛産業規格の概要

［要求事項のポイント］

　航空・宇宙・防衛産業の製品は寿命が長いため、これらの要求事項は、販売業者にとって重要な項目です。

(1)　アベイラビリティ、検査性

　②のアベイラビリティは、製品・部品を使いたいときに使えるように準備すること、そして検査性は、容易に検査できることです。

　航空・宇宙・防衛製品の販売業者にとって、アベイラビリティは重要です。

(2)　不正品の防止

　③、④は、不正品の疑いがある部品の防止について述べています。

　⑤は、不正品の原因となる旧式化・枯渇について述べています。

　そして⑧は、不適合製品の管理について述べています。なお、"そのまま使用の処置"は、特別採用、すなわち不適合製品を顧客などの承認のもとに、手直し・修正をせずにそのまま使用することです。

　航空・宇宙・防衛製品の課題である、模倣品や不正品の防止は、販売業者にとって重要です。

(3)　識別、形態管理、トレーサビリティ

　⑥は、識別およびトレーサビリティの管理について述べています。

　識別およびトレーサビリティの管理は、製造組織だけでなく、航空・宇宙・防衛製品の販売業者にとっても重要です。

(4)　記録の管理

　①、⑦は、販売業者として保持すべき記録について述べています。

第3章
JIS Q 9100と自動車産業 IATF 16949

　航空・宇宙・防衛産業のJIS Q 9100と同様、ISO 9001を基本規格とし、安全と品質を重視する品質マネジメントシステム規格に、自動車産業のIATF 16949(IATF：international automotive task force)があります。

　いずれの規格も、安全と品質を重視する規格であるため、ISO 9001に対して多くの共通の追加要求事項もありますが、異なる内容の要求事項も多く含まれています。

　本章では、JIS Q 9100とIATF 16949の固有の要求事項を中心に説明します。

　JIS Q 9100とIATF 16949の両方の認証取得を計画またはシステム構築を検討中の組織の方々のご参考になれば幸いです。

　この章の項目は、次のようになります。

　　3.1　　　JIS Q 9100とIATF 16949の比較
　　3.2　　　IATF 16949固有の要求事項

第Ⅰ部　航空・宇宙・防衛産業規格の概要

3.1　JIS Q 9100 と IATF 16949 の比較

　本節では、JIS Q 9100 と IATF 16949 の相違点に関して、製品を取り巻く環境、適用範囲、安全とリスクマネジメント、設計・開発、購買管理、製造・検査、保守・整備および販売、内部監査、第二者監査および認証審査について比較しましょう（図 3.1 ～図 3.8 参照）。

（1）　製品を取り巻く環境

区　分		航空・宇宙・防衛産業 JIS Q 9100	自動車産業 IATF 16949
規格のねらい	①	安全・品質	安全・品質 ＋生産性・効率
製品寿命	②	長寿命（30 年以上）	中寿命（10 年余）
生産数量	③	少量生産	大量生産

図 3.1　JIS Q 9100 と IATF 16949 の比較－製品を取り巻く環境

［管理のポイント］

　規格のねらいは、航空・宇宙・防衛産業および自動車産業ともに、安全と品質が中心ですが、自動車ではさらに生産性や効率も要求事項となっています。

　製品寿命に関して、航空・宇宙・防衛産業では 30 年以上の長寿命が要求されているのに対して、自動車では 10 年余です。また生産数量に関して、航空・宇宙・防衛産業では少量生産であるのに対して、自動車は大量生産です（上記①～③）。その結果、航空・宇宙・防衛産業製品の製造工程は手作業が多いのに対して、自動車産業製品の製造工程は機械化が進んでいます。

　航空・宇宙・防衛産業製品が長寿命であるために、旧式化や枯渇が発生し、模倣品の増加にもつながっています。一方自動車産業製品は、大量生産のために、品質だけでなく生産性を考慮した設計・開発と生産が求められています。

第3章 JIS Q 9100 と自動車産業 IATF 16949

(2) 適用範囲

区　分		JIS Q 9100	IATF 16949
認証対象製品	①	航空・宇宙・防衛産業以外の製品にも適用可能	自動車メーカー向けの製品（部品・材料）に限定
認証審査対象組織	②	基本的に組織ごと	すべての部門を含む（海外の設計部門も含む）
ファミリー規格	③	JIS Q 9100（製造組織） SJAC 9110（整備組織） SJAC 9120（販売業者）	IATF 16949（製造組織）のみ

図3.2　JIS Q 9100 と IATF 16949 の比較－適用範囲

［管理のポイント］

　認証対象製品に関して、JIS Q 9100 規格は、航空・宇宙・防衛産業製品用に開発されましたが、それ以外の製品にも適用することができます。一方 IATF 16949 は、自動車メーカー（サプライチェーンを含む）向けの製品（部品・材料を含む）以外は、IATF 16949 認証の対象とはなりません（上記①）。また、自動車部品でもアフターマーケット製品（自動車メーカーが調達・リリースする製品でないもの）は認証の対象外です。

　認証審査における対象組織は、JIS Q 9100 は基本的に ISO 9001 と同様、組織単位となるのに対して、IATF 16949 では、製品実現に関係するすべての組織が含まれます。特に設計・開発は、製品設計が顧客によって行われた場合以外は、海外の組織によって行われた場合やアウトソースされた場合も、認証範囲すなわち審査対象に含まれます（上記②）。

　航空・宇宙・防衛産業の品質マネジメントシステム規格には、製造組織向けの JIS Q 9100 以外に、ファミリー規格として、整備（保守・修理）組織向けの SJAC 9110 規格と、販売業者向けの SJAC 9120 規格が準備されているのに対して、IATF 16949 は製品の製造組織向けの規格のみです。整備組織や販売業者は、単独で IATF 16949 認証を取得することはでません（上記③）。

87

第Ⅰ部　航空・宇宙・防衛産業規格の概要

(3)　安全とリスクマネジメント

区　分		JIS Q 9100	IATF 16949
リスクマネジメント	①	運用リスクマネジメント 製品実現プロセスに特化	要求事項全般にわたって、 リスク分析と対応の要求
リスク評価基準	②	影響度(S)×発生度(O)	処置優先度(AP) (S/O/D の重み付け)
リスク受容基準	③	リスク受容基準(S×O)を設定	リスク受容基準を決めない。 リスクは継続的改善が必要
製品安全	④	製品安全の要求	製品安全の要求
識別・トレーサビリティ	⑤	識別管理を強化した形態管理 (構成管理)	識別・トレーサビリティ要求 事項を強化
模倣品の防止	⑥	模倣品の防止 旧式化・枯渇防止	特になし
アベイラビリティ、保全性	⑦	アベイラビリティ 保全性(整備性)	特になし
緊急事態対応計画	⑧	特になし	顧客への製品供給継続のための緊急事態対応計画

図3.3　JIS Q 9100 と IATF 16949 の比較－安全とリスクマネジメント

[**管理のポイント**]

　リスクマネジメントに関して、JIS Q 9100 では運用(製品実現)プロセスに特化した運用リスクマネジメントを求めていますが、IATF 16949 では要求事項全般にわたって、約30箇所でリスク分析と対応を求めています(上記①)。

　リスク評価基準として、JIS Q 9100 では"影響度(S)×発生度(O)"であるのに対して、IATF 16949 の FMEA では、影響度(S)、発生度(O)および検出度(D)の重み付けを考慮した"処置優先度(AP)"(action priority、第12章参照)を使用しています(上記②)。

　JIS Q 9100 ではリスク受容基準(S×O)を設定するのに対して、IATF 16949 では、リスク受容基準を設定しません。リスクは継続的改善が必要です(上記③)。

　製品安全に関して、JIS Q 9100、IATF 16949 ともに、製品の安全性確保の

第3章　JIS Q 9100 と自動車産業 IATF 16949

要求事項があります(上記④)。識別・トレーサビリティに関して、JIS Q 9100
では識別管理を強化した形態管理(構成管理)の要求事項があります。航空・宇
宙・防衛産業では、形態管理は、事故が発生した場合のトレーサビリティや、
保守(整備)でも必要なものです。一方 IATF 16949 では、ISO 9001 の識別・
トレーサのビリティの要求事項を強化しています。自動車産業では、リコール
の際にトレーサビリティが必要となります(上記⑤)。

　JIS Q 9100 には、模倣品の防止、および模倣品の原因となり得る旧式化・
枯渇防止という要求事項があります。航空・宇宙・防衛産業製品の寿命が長い
ために、製造設備が古くなったり、利益を確保できなくなって、生産が終了す
るために起こります。また模倣品の発生は、旧式化・枯渇と、航空・宇宙・防
衛産業製品の高価格が原因といわれています(上記⑥)。

　JIS Q 9100 では、アベイラビリティ(availability)、保全性(整備性)の要求事
項があります。アベイラビリティとは、使用したいときに使えるように部品を
確保するというもので、航空・宇宙・防衛産業製品の長寿命や、旧式化・枯渇
と関連しています(上記⑦)。

　IATF 16949 では、顧客への供給継続のための緊急事態対応計画
(contingency plan)という要求事項があります。これは、企業が、災害、シス
テム障害や不祥事といった危機的状況下に置かれた場合でも、重要な業務が継
続できる方策を準備し、存続することができるようにするための事業継続計画
(BCP、business continuity plan)とは異なり、対象は組織自体というより、顧
客(への製品の安定供給)です(上記⑧)。

(4)　設計・開発

区　分		JIS Q 9100	IATF 16949
設計・開発の対象	①	主として製品設計	製品設計 ＋工程設計
設計・開発で考慮 すべきこと	②	特性・品質	特性・品質 ＋生産性・製造コスト

図 3.4　JIS Q 9100 と IATF 16949 の比較－設計・開発(1/2)

区　分		JIS Q 9100	IATF 16949
作りやすさを考慮した設計	③	製造性、検査性、保守(整備)性の要求	製造設計(DFM) 組立設計(DFA)
設計・開発の方法	④	設計・開発のステップと管理方法の明確化	設計・開発のインプット／アウトプットの明確化
製造フィージビリティ	⑤	製品要求事項のレビュー(箇条 8.2.3)	製品の設計・開発段階で、工程能力を含めた検討
重要特性	⑥	クリティカルアイテム、キー特性	特殊特性(製品特性、プロセス特性)
規格における関連技法の引用	⑦	APQP、PPAP などの技法が明確に引用されていない。	APQP、PPAP、FMEA などの技法の適用(要求事項)
プロジェクトマネジメント	⑧	自動車産業の APQP/PPAP をもとに、航空・宇宙用の SJAC 9145 規格発行	APQP(先行製品品質計画)の適用
ソフトウェア	⑨	ソフトウェアに関する規格 SJAC 9115	A-SPICE、CMMI などのソフトウェアプロセスの適用

図 3.4　JIS Q 9100 と IATF 16949 の比較－設計・開発 (2/2)

[管理のポイント]

JIS Q 9100 では、設計・開発要求事項の対象は、ISO 9001 と同様、主として製品の設計・開発ですが、IATF 16949 では、製造工程にも設計・開発要求事項(箇条 8.3)が適用されます。製造工程設計は適用除外できません(上記①)。

設計・開発で考慮する事項として、JIS Q 9100 では、必要な特性・品質であるのに対して、IATF 16949 では、さらに生産性と製造コストも含まれます(上記②)。

作りやすさを考慮した設計に関して、JIS Q 9100 では製造性、検査性および保守(整備)性を考慮した設計が求められていますが、IATF 16949 では、設計段階での製造設計(DFM、design for manufacturing)と組立設計(DFA、design for assembly)が求められています(上記③)。

設計・開発の方法に関して、JIS Q 9100 では、設計・開発のステップを明確にし、それぞれ確実な管理を行うことを求めていますが、IATF 16949 では、設計・開発のインプット／アウトプットを詳細に規定しています(上記④)。

第3章　JIS Q 9100 と自動車産業 IATF 16949

IATF 16949 では、製品の設計・開発段階で、生産性や製造工程能力を含めた検討（製造フィージビリティ、feasibility）を行うことを求めています（上記⑤）。

特別な管理を要する重要特性として、JIS Q 9100 ではクリティカルアイテムとキー特性が、IATF 16949 では特殊特性（製品／プロセス）があります。特殊特性は、自動車の安全性や生産性に重大な影響を与える特性です（上記⑥）。

JIS Q 9100 では、APQP/PPAP（先行製品品質計画／生産部品承認プロセス）や FMEA などの技法の適用を要求している顧客があり、APQP/PPAP に関する SJAC 9145 規格が発行されています。SJAC 9145 規格では、FMEA、SPC、MSA などが含まれていますが、JIS Q 9100 規格ではこれらの技法は明確には引用されていません。一方 IATF 16949 では、規格本文において、APQP/PPAP、FMEA、SPC、MSA などのコアツールを明確に引用しており、これらの参照マニュアルの（またはそれに準じた）適用が求められています（上記⑦）。

プロジェクトマネジメント技法として、IATF 16949 では APQP が適用されており、JIS Q 9100 でも自動車産業の APQP/PPAP をもとに、航空・宇宙用の APQP/PPAP（SJAC 9145 規格）が発行されています（上記⑧）。

ソフトウェアに関して、航空機も自動車もソフトウェアを組み込んだコンピュータで制御されています。JIS Q 9100 では、JIS Q 9100 規格を補強するソフトウェアに関する規格 SJAC 9115 があり、IATF 16949 では、ソフトウェアの開発には、A-SPICE、CMMI などのソフトウェア専用の品質保証プロセスを適用することを求めています（上記⑨）。

(5)　購買管理

区　分		JIS Q 9100	IATF 16949
IATF 16949 認証取得要求	①	特になし	供給者への ISO 9001/IATF 16949 認証取得の要求
顧客指定の供給者	②	顧客指定の供給者でも管理を緩めることはできない。	顧客指定の供給者でも管理を緩めることはできない。

図 3.5　JIS Q 9100 と IATF 16949 の比較－購買管理（1/2）

91

第Ⅰ部　航空・宇宙・防衛産業規格の概要

区　　分		JIS Q 9100	IATF 16949
供給者の承認状態	③	供給者承認状態を、承認、条件付承認、否認に区分	特になし
承認供給者	④	Nadcap など承認供給者の使用	特になし
供給者パフォーマンスの評価	⑤	供給者パフォーマンスの定期的レビュー	供給者パフォーマンスの監視・レビュー
購買製品の法規制への適合	⑥	特になし	購買製品の受入国・出荷国・仕向国の法規制への適合
購買製品の検証	⑦	購買製品検証(受入検査)の確実な実施	ISO 9001 と同等レベルの受入検査または監査
第二者監査員の力量	⑧	特になし	第二者監査要求事項および監査員の力量を規定
供給者への PPAP の適用	⑨	特になし	供給者に対する PPAP(生産部品承認プロセス)の要求

図 3.5　JIS Q 9100 と IATF 16949 の比較－購買管理(2/2)

［管理のポイント］

　購買管理に関して、JIS Q 9100、IATF 16949 ともに、ISO 9001 に対する多くの追加要求事項があります。また直接の供給者だけでなく、サプライチェーン全体での管理を求めています。

　IATF 16949 では、自動車部品・材料の供給者に対して ISO 9001/IATF 16949 認証取得を要求することを要求しています(上記①)。JIS Q 9100、IATF 16949 ともに、顧客指定の供給者であっても、管理を緩めることはできません(上記②)。

　JIS Q 9100 では、供給者の承認状態を、承認、条件付承認、否認に区分し、それぞれ必要な管理を行うことを述べています(上記③)。

　供給者に関して JIS Q 9100 では、Nadcap 認証供給者など各種の承認供給者の使用を求めています(上記④)。

　供給者のパフォーマンスの監視・評価に関して、JIS Q 9100、IATF 16949 ともに、同様の要求事項があります(上記⑤)。

第 3 章　JIS Q 9100 と自動車産業 IATF 16949

　購買製品の法規制への適合に関して、IATF 16949 では、購買製品の受入国・出荷国・仕向国の法規制への適合という要求事項があります（上記⑥）。

　購買製品の受入検査方法に関して、JIS Q 9100 では、購買製品検証（受入検査）の確実な実施を求めているのに対して、IATF 16949 では、ISO 9001 と同等レベルの受入検査または監査の実施でよいことになっています（上記⑦）。

　IATF 16949 では、供給者に対する第二者監査の実施、第二者監査員の力量などの要求事項があります（上記⑧）。

　また IATF 16949 では、供給者に対する製品承認プロセス（PPAP）の適用要求あります（上記⑨）。

(6)　製造・検査

区　　分		JIS Q 9100	IATF 16949
製　　造	①	製造と検査の独立	製造工程での作り込み 製品監査の要求
検　　査	②	ISO 9001 に対する検査の追加要求事項が多い。	ISO 9001 に対する検査の追加要求事項は少ない。
	③	FAI（初回製品検査）	レイアウト検査・機能試験
製造方法	④	少量生産、個別生産方式 手作業	大量生産、機械化 予防保全・予知保全
製造性・検査性	⑤	製造性 検査性	製造・組立設計（DFMA） 検査性：特になし
継続的改善	⑥	具体的になし	製造工程のばらつきと無駄 （C_{pk}、不良率）の改善
生産性	⑦	オンタイム納入	リーン生産（カンバン方式） TPM、JIT
工程能力と検査	⑧	$C_{pk} > 1.33$ かつ検査必要	安定し能力のある製造工程 $C_{pk} > 1.67$ の場合は検査不要
特殊工程の管理	⑨	顧客指定の供給者の使用 Nadcap 認証制度	事前の妥当性確認 定期的な再確認

図 3.6　JIS Q 9100 と IATF 16949 の比較ー製造・検査（1/2）

第Ⅰ部　航空・宇宙・防衛産業規格の概要

区　分		JIS Q 9100	IATF 16949
変更管理	⑩	形態管理 型式証明	有効性の妥当性確認、 変更影響のリスク分析
ヒューマンエラー 対応	⑪	ヒューマンエラー対策として M-SHEL モデルで対応	ポカヨケ(機械化) 機械の故障監視

図 3.6　JIS Q 9100 と IATF 16949 の比較－製造・検査(2/2)

[管理のポイント]

　JIS Q 9100 では、製造と検査の独立性が求められているのに対して、IATF 16949 では、製造工程での作り込みに重点が置かれており、検査の独立性の要求事項はありませんが、内部監査として製品監査の要求事項があります(上記①)。

　検査に関して、JIS Q 9100 では、初回製品検査(FAI)や、多くの検査に関する追加要求事項があるのに対して、IATF 16949 では、検査の追加要求事項は、定期的なレイアウト検査(全寸法検査)・機能試験以外はありません(上記②、③)。

　製造方法に関して、JIS Q 9100 では少量生産であるため、従来の個別生産方式で行われており、手作業が多いのに対して、IATF 16949 では大量生産のため、機械化の要求事項が存在します、機械化に関連して、設備の予防保全、予知保全の要求事項があります(上記④)。

　製造性・検査性に関して、JIS Q 9100 では製造性および検査性の要求事項があり、IATF 16949 では、製造・組立設計(DFMA)という要求事項はありますが、検査性の要求事項は特にありません(上記⑤)。

　継続的改善に関して、IATF 16949 では、製造工程のばらつきと無駄、すなわち C_{pk} と不良率の継続的な改善を求めているのに対して、JIS Q 9100 では具体的な要求事項はありません(上記⑥)。

　生産性に関して、JIS Q 9100 ではオンタイム納入の要求事項がありますが、IATF 16949 では、生産性の良いリーン生産方式(カンバン方式)を主体とし、TPM(生産保全活動、total poductive maintenance)、JIT(納期どおりの納入、just in time)などの要求事項があります(上記⑦)。

94

第3章　JIS Q 9100 と自動車産業 IATF 16949

　工程能力と検査に関して、JIS Q 9100 では、APQP(先行製品品質計画)に
おいて、"$C_{pk} > 1.33$、かつ検査が必要"であるのに対して、IATF 16949 では、
安定し、能力のある製造工程が求められており、PPAP(生産部品承認プロセ
ス)において、特殊特性など重要な特性に対しては、"$C_{pk} > 1.67$"が要求され
ており、そしてその場合は、製品の選別検査は要求されていません(上記⑧)。

　特殊工程は、JIS Q 9100 では重要な工程であり、顧客指定／顧客承認の特
殊工程供給者使用の要求や Nadcap 認証制度がありますが、IATF 16949 では、
ISO 9001 と同様、事前の妥当性確認と定期的な再確認の要求事項です(上記
⑨)。

　変更管理に関して、JIS Q 9100 では、識別管理を強化した形態管理、型式
承認などが求められているのに対して、IATF 16949 では、変更の妥当性確認
と変更による影響のリスク分析と対応など多くの要求事項があります(上記⑩)。

　ヒーマンエラー対策として、JIS Q 9100 では作業者の責任とするではなく、
ヒューマンエラーが発生した環境、すなわち M-SHEL(管理者 management、
作業文書 software、設備 hardware、作業環境 environment、作業者
liveware)モデルで対応することを述べているのに対して、IATF 16949 では、
機械化(ポカヨケ)で人的要因を排除することを求めています。なお、機械化す
ればヒューマンエラーはなくなりますが、機械も故障する可能性があるため、
機械が故障していないことを監視することを求めています(上記⑪)。

(7)　保守・整備および販売

区　分		JIS Q 9100	IATF 16949
保守(整備)	①	保守(整備)の要求事項が多い	サービスステーションの要求事項
	②	整備組織に対する規格 SJAC 9110	特になし 単独組織での認証対象外
販　売	③	販売業者に対する規格 SJAC 9120	特になし 単独組織での認証対象外

図 3.7　JIS Q 9100 と IATF 16949 の比較－販売・保守・整備

95

第Ⅰ部　航空・宇宙・防衛産業規格の概要

［管理のポイント］

　品質マネジメントシステム規格に関して、JIS Q 9100ではファミリー規格として、整備組織に対するSJAC 9110や、販売業者に対するSJAC 9120が準備されており、これらの組織も整備組織および販売業者としての品質マネジメントシステム認証を取得することができます。一方IATF 16949では、自動車関連製品の製造業者でないとIATF 16949認証を取得することはできません（上記②、③）。

　なおIATF 16949規格には、サービスステーション（修理工場）に対する要求事項が含まれています（上記①）。

(8)　内部監査、第二者監査および認証審査

区　　分		JIS Q 9100	IATF 16949
内部監査の視点	①	適合性・有効性	適合性・有効性 ＋効率
内部監査の方法	②	プロセスアプローチ（PDCA方式）	自動車産業プロセスアプローチ（CAPDo方式）
品質マネジメントシステム監査	③	品質マネジメントシステムの適合性と有効性を監査	IATF 16949要求事項および顧客固有の要求事項への適合性と有効性を監査
製造工程監査	④	特になし	製造工程の有効性と効率を監査
製品監査	⑤	特になし	製品要求事項への適合性を監査
内部監査員の力量	⑥	資格認定 監査員の力量の規定なし	IATF 16949規格において監査員の力量を規定
第二者監査員の力量	⑦	特になし	IATF 16949規格において監査員の力量を規定
認証審査規格	⑧	SJAC 9101	IATF承認取得ルール
審査データベース	⑨	IAQG OASIS：9100認証組織登録データベース	IATF CARA：共通監査報告書

図3.8　JIS Q 9100とIATF 16949の比較－内部監査、第二者監査および認証審査

第3章　JIS Q 9100と自動車産業IATF 16949

[管理のポイント]

　内部監査の視点は、JIS Q 9100では、ISO 9001と同様"適合性"と"有効性"ですが、IATF 16949では、"効率"が追加されています(上記①)。

　JIS Q 9100では、品質マネジメントシステム監査のみであるのに対して、IATF 16949では、品質マネジメントシステム監査以外に、製造工程監査と製品監査があります。IATF 16949の品質マネジメントシステム監査の目的は、IATF 16949規格要求事項および顧客固有要求事項への適合性と有効性の監査であり、製造工程監査の目的は、製造工程の有効性と効率の監査です。そして製品監査の目的は、製品要求事項への適合性の監査です(上記③〜⑤)。

　品質マネジメントシステム監査に関して、JIS Q 9100ではプロセスアプローチ式監査(PDCA)であるのに対して、IATF 16949では自動車産業プロセスアプローチ式監査(CAPDo)が求められています。自動車産業プロセスアプローチ監査については、拙著『図解IATF 16949要求事項の詳細解説』を参照ください(上記②)。

　JIS Q 9100では、監査員の力量は具体的に規定していませんが、IATF 16949では、監査員に必要な力量を明確に規定しています(上記⑥、⑦)。

　認証審査規格として、JIS Q 9100ではSJAC 9101があり、IATF 16949ではIATF承認取得ルールがあります(上記⑧)。

　また審査データベースとして、JIS Q 9100ではIAQG OASIS(9100認証組織登録データベース)があり、IATF 16949ではIATF CARA(共通監査報告書)があります(上記⑨)。

(9)　まとめ

　"(1)製品を取り巻く環境"において、規格のねらいは、JIS Q 9100、IATF 16949ともに安全と品質が中心ですが、自動車では生産性や効率も重要であること、JIS Q 9100では、30年以上の長寿命が要求されているのに対して、IATF 16949では10年余であること、JIS Q 9100が少量生産であるのに対して、IATF 16949は大量生産であることを述べました。

　JIS Q 9100では、少量生産のために手作業、その結果としてヒューマンエラーが多く、また長寿命であるために旧式化・枯渇防止があり、また高価格で

あるために、模倣品が生じることになり、認定供給者や正規部品の使用が求められており、そして検査で不良を検出することが重視されます。

一方IATF 16949では、大量生産および低価格対応のために、設計・開発は、生産性を考慮した製品設計と、不良発生防止のための工程設計が行われ、機械化、リーン生産、TPMなどの要求事項につながっています。そして、製造工程での作り込みのための工程管理が重視されています。なお、IATF 16949の生産性重視とは、生産性を上げて品質を落とすというのではなく、工程能力の高い製造工程で、生産性と品質の両方を向上させるというものです。

これらを総合すると、品質管理方式は、JIS Q 9100は欧米式品質管理（品質第一、検査重視）、IATF 16949は日本式品質管理（作り込みの品質、生産性重視）ということができ、またJIS Q 9100は継続の文化、IATF 16949は改善の文化ということができます（図3.9参照）。

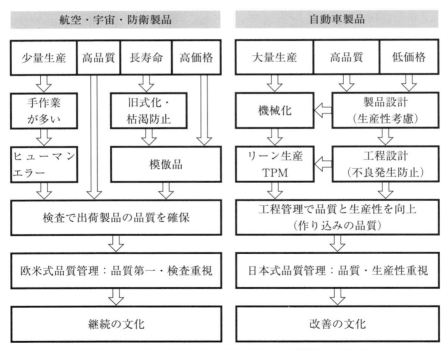

図3.9　JIS Q 9100とIATF 16949の比較－まとめ

第3章　JIS Q 9100と自動車産業 IATF 16949

3.2　IATF 16949 固有の要求事項

　自動車産業の品質マネジメントシステム規格 IATF 16949 の要求事項のうち、航空・宇宙・防衛産業の品質マネジメントシステム規格 JIS Q 9100 には含まれていない主な要求事項について以下に説明します。

［IATF 16949 固有の要求事項］（1/7）

項　　目	IATF 16949 固有の要求事項	項番
組織の状況（箇条4）		
適用範囲	・支援部門も適用範囲に含める。－遠隔地にある場合でも ・適用除外となるのは、顧客が製品の設計・開発を行っている場合の、製品の設計・開発の要求事項だけである。 ・製造工程の設計・開発は適用除外できない。	4.3.1
製品安全	・製品安全の文書化したプロセスには下記を含める。 　－製品安全に関係する法令・規制要求事項の特定 　－設計 FMEA、プロセス FMEA に対する特別承認 　（以下省略）	4.4.1.2
リーダーシップ（箇条5）		
企業責任	・企業責任方針を定め実施する。贈賄防止方針、従業員行動規範、倫理的上申方針(内部告発方針)を含める。	5.1.1.1
プロセスの有効性と効率	・品質マネジメントシステムとプロセスの有効性と効率をレビューする。	5.1.1.2
計　　画（箇条6）		
リスク分析	・リスク分析には下記を含める(最低限)。 　－製品のリコールから学んだ教訓　　　－製品監査の結果 　－市場で起きた回収・修理データ、顧客の苦情 　－製造工程におけるスクラップ・手直し	6.1.2.1
緊急事態対応計画	・次のような事態において、供給継続のための緊急事態対応計画を作成する。 　－主要設備の故障　　　－自然災害、火事 　（以下省略） ・緊急事態対応計画の有効性を定期的にテストする。	6.1.2.3
資　　源（箇条7）		
工場・施設・設備の計画	・工場・施設・設備の計画には、リスク特定・リスク緩和の方法を含める。 ・工場レイアウトを設計する際は、下記を考慮する。 　－材料の流れ、スペースの付加価値ある活用の最適化 　－リーン生産の原則を含める。	7.1.3.1

［出典］　IATF 16949 をもとに著者作成

第Ⅰ部 航空・宇宙・防衛産業規格の概要

［IATF 16949 固有の要求事項］（2/7）

項　目	IATF 16949 固有の要求事項	項番
要員の安全	・ISO 45001（労働安全衛生マネジメントシステム）認証は、要員安全に関する適合を実証することができる。	7.1.4
測定システム解析	・コントロールプランに特定されている検査・測定・試験設備システムの結果に存在するばらつきを解析するために、測定システム解析（MSA）を実施する。 ・測定システム解析で使用する解析方法および合否判定基準は、MSA 参照マニュアルに適合する。	7.1.5.1.1
内部試験所	・組織内部の試験所施設は、要求される検査・試験・校正サービスを実行する能力を含む適用範囲をもつ。	7.1.5.3.1
外部試験所	・外部試験所は、ISO/IEC 17025 に認定され、該当する検査・試験・校正サービスを適用範囲に含める。	7.1.5.3.2
OJT の対象	・品質要求事項への適合、内部要求事項、規制・法令要求事項に影響する、新規または変更された責任を負う要員に対し、業務を通じた教育訓練（OJT）を行う。 ・OJT の対象には、契約・派遣の要員を含める。	7.2.2
内部監査員の力量	・品質マネジメントシステム監査員に必要な力量 －自動車産業プロセスアプローチ監査（CAPDo） －顧客固有要求事項 － ISO 9001・IATF 16949 規格要求事項 －コアツール －監査の計画・実施・報告、監査所見	7.2.3
内部監査員維持のための力量	－年間最低回数の監査の実施 　（以下省略）	7.2.3
製造工程監査員の力量	・製造工程監査員に必要な力量： －監査対象製造工程の、工程リスク分析（例：PFMEA）およびコントロールプランを含む、専門的理解	7.2.3
製品監査員の力量	・製品監査員に必要な力量： －製品の適合性を検証するために、製品要求事項の理解 －測定・試験設備の使用方法の力量	7.2.3
第二者監査員の力量	・第二者(供給者)監査員に必要な力量： －自動車産業プロセスアプローチ監査（CAPDo） －顧客・組織の固有要求事項 － ISO 9001/IATF 16949 規格要求事項 －監査対象(供給者)の製造工程（プロセス FMEA・コントロールプランを含む） －コアツール －監査の計画・実施、報告、監査所見	7.2.4
運　用（製品実現）（箇条8）		
環境法規制	・製品・サービスに関する要求事項には、製品・製造工程について、リサイクル・環境影響・特性を含める。	8.2.2.1

第3章　JIS Q 9100 と自動車産業 IATF 16949

［IATF 16949 固有の要求事項］（3/7）

項　目	IATF 16949 固有の要求事項	項番
製造フィージビリティ	・製造工程が一貫して、顧客の技術・生産能力の要求事項を満たす製品を生産できることが実現可能か否かを判定するための分析（製造フィージビリティ）を実施する。	8.2.3.1.3
設計・開発	・不具合の検出よりも不具合の予防を重視する。 ・設計・開発プロセスの対象には下記を含める。 　－製品の設計・開発 　－製造工程の設計・開発	8.3.1.1
部門横断的アプローチ	・次の活動は、部門横断的アプローチで行う。 　－プロジェクトマネジメント（例：APQP） 　－代替の設計提案・製造工程案の検討（例：製造設計 DFM、組立設計 DFA） 　－製品設計リスク分析（DFMEA）の実施・レビュー 　（以下省略）	8.3.2.1
ソフトウェアの品質保証	・組込みソフトウェアをもつ製品に対する、品質保証のプロセスを用いる。－ A-SPICE、CMMI など	8.3.2.3
製品設計インプット要求事項	・製品設計へのインプット要求事項： 　－製品仕様書（特殊特性を含む） 　－識別・トレーサビリティ・包装 　－設計の代替案の検討 　（以下省略）	8.3.3.1
製造工程インプット要求事項	・製造工程設計へのインプット要求事項： 　－製品設計からのアウトプットデータ 　－生産性・工程能力・タイミング・コストの目標 　－製造技術の代替案　　　　　　　－顧客要求事項 　（以下省略）	8.3.3.2
製品設計のアウトプット	・製品設計のアウトプット： 　－設計リスク分析（FMEA）　　－信頼性調査の結果 　－製品の特殊特性 　－製品設計のポカヨケの結果 ・シックスシグマ設計（DFSS） ・製造設計・組立設計（DFMA） 　（以下省略）	8.3.5.1
製造工程設計のアウトプット	・製造工程設計のアウトプット： 　－仕様書・図面　　　　－製品・製造工程の特殊特性 　－特性に影響を与える、工程インプット変数の特定 　－生産治工具・設備（設備・工程の能力調査を含む） 　－製造工程フローチャート・レイアウト 　－生産能力の分析　　　　　－製造工程 FMEA 　－保全計画・指示書　　　－コントロールプラン 　（以下省略）	8.3.5.2

101

第Ⅰ部　航空・宇宙・防衛産業規格の概要

［IATF 16949 固有の要求事項］（4/7）

項　目	IATF 16949 固有の要求事項	項番
製品承認プロセス	・出荷の前に、顧客の製品承認（PPAP）を取得する。 ・製品承認プロセスの詳細は、PPAP（生産部品承認プロセス）参照マニュアルに記載されている。	8.3.4.4
供給者選定プロセス	・供給者選定プロセスには下記を含める。 　−選定される供給者の製品適合性、および顧客に対する製品の途切れない供給に対するリスクの評価 　−品質・納入パフォーマンス 　−供給者の品質マネジメントシステムの評価 　−部門横断的意思決定 　−ソフトウェア開発能力評価	8.4.1.2
購買製品の法規制要求事項への適合	・購入した製品・プロセス・サービスが、受入国・出荷国および仕向国の要求事項に適合することを確実にする。	8.4.2.2
供給者の品質マネジメントシステム開発	・自動車の製品・サービスの供給者に、IATF 16949 規格に認証されることを最終的な目標として、最低限 ISO 9001 規格の認証を要求する。	8.4.2.3
供給者パフォーマンス評価	・供給者パフォーマンス指標を監視する（下記を含む）。 　−納入された製品の要求事項への適合 　−受入工場において顧客が被った迷惑 　−納期パフォーマンス	8.4.2.4
第二者監査プロセス	・第二者監査の対象を決定する基準は、次のようなリスク分析にもとづく。 　−製品安全・規制要求事項 　−供給者のパフォーマンス 　− ISO 9001/IATF 16949 認証レベル	8.4.2.4.1
供給者の開発	・現行の供給者に対し、必要な供給者開発の優先順位を決定する。	8.4.2.5
コントロールプラン	・各製造サイトおよびすべての製品に対して、コントロールプランを策定する。 （以下省略）	8.5.1.1
コントロールプランの更新	・次の事項が発生した場合、コントロールプランをレビュー・更新する。 　−不適合製品が顧客に出荷された場合 　−製品・製造工程・測定・物流・供給元・生産量変更・リスク分析に影響する変更が発生した場合 　−顧客苦情および関連する是正処置が実施された後 　−リスク分析にもとづいて設定された頻度で（定期的）	8.5.1.1
作業者指示書・目視標準	・標準作業文書は下記を確実にする。 　−作業者に伝達され、理解される。 　−作業者に理解される言語で提供する。 ・標準作業文書には、作業者の安全の規則も含める。	8.5.1.2

第3章　JIS Q 9100 と自動車産業 IATF 16949

［IATF 16949 固有の要求事項］（5/7）

項　　目	IATF 16949 固有の要求事項	項番
段取り替え検証	・段取り替え検証に関して、下記を実施する。 　－検証に統計的方法を使用する。 　－初品・終品の妥当性確認を実施する。	8.5.1.3
シャットダウン後の検証	・計画的／非計画的シャットダウン後に、製品が要求事項に適合することを確実にする処置を定めて、実施する。	8.5.1.4
TPM システム	・TPM システムを構築・実施・維持する。	8.5.1.5
生産管理システム	・下記の生産管理システムとする。 　－ジャストインタイム（JIT）のような顧客の注文・需要を満たす生産計画	8.5.1.7
在庫管理システム	・在庫回転時間を最適化するため、"先入れ先出し"（FIFO）のような、在庫管理システムを使用する。	8.5.4.1
顧客とのサービス契約	・顧客とのサービス契約がある場合、下記を実施する。 　－関連するサービスセンターが、該当する要求事項に適合することを検証する。 　－特殊目的治工具・測定設備の有効性を検証する。 ・サービス要員が、該当する要求事項について教育訓練されていることを確実にする。	8.5.5.2
変更管理	・変更の影響を評価する。 ・変更管理に関して、次の事項を実施する。 　－顧客要求事項への適合を確実にするための検証・妥当性確認の活動を定める。 　－生産の変更実施の前に、変更の妥当性確認を行う。 　－変更に関係するリスク分析の証拠を記録する。 　－供給者で行われる変更を含める。 　（以下省略）	8.5.6.1
工程管理の一時的変更	・製造工程のバックアップ／代替法が存在する場合、主要な工程管理・バックアップまたは代替方法を含める。	8.5.6.1.1
レイアウト検査・機能試験	・次の検査をコントロールプランに規定されたとおり、各製品に対して実施する。 　－レイアウト検査（全寸法検査） 　－顧客の材料・性能の技術規格に対する機能検証	8.6.2
外観品目	・"外観品目" として顧客に指定された製品に対して、次の事項を提供する。 　－照明を含む、評価のための適切な資源 　（以下省略）	8.6.3
購買製品の検証・受入れ	・次の方法の一つ以上を用いて、購買製品の品質を確実にするプロセスをもつ。 　－供給者から組織に提供された統計データの評価 　－受入検査・試験の実施	8.6.4

103

第Ⅰ部　航空・宇宙・防衛産業規格の概要

［IATF 16949 固有の要求事項］（6/7）

項　目	IATF 16949 固有の要求事項	項番
購買製品の検証・受入れ(続)	－供給者拠点での第二者・第三者の評価・監査 －指定された試験所による部品評価 －顧客と合意した他の方法	8.6.4
不適合管理のプロセス	・不適合製品に対して、顧客指定のプロセスに従う。	8.7.1.2
特別採用	・製品・製造工程が顧客に承認されているものと異なる場合は、その後の処理の前に顧客の特別採用を得る。	8.7.1.1
疑わしい製品の管理	・未確認／疑わしい製品は、不適合製品として管理する。	8.7.1.3
手直し製品の管理	・製品を手直しする判断の前に、手直し工程におけるリスク分析(例：FMEA)を行う。 ・製品の手直しを開始する前に、顧客の承認を取得する(顧客から要求されている場合)。	8.7.1.4
修理製品の管理	・製品を修理する判断の前に、修理工程におけるリスク分析(例：FMEA)を行う。 ・製品の修理を開始する前に、顧客から承認を取得する。	8.7.1.5
不適合製品の廃棄	・不適合製品に対して、廃棄される製品が廃棄の前に使用不可の状態にされていることを検証する。	8.7.1.7
パフォーマンス評価(箇条9)		
製造工程の監視・測定	・すべての新規製造工程に対して、工程能力を検証する。 ・顧客の部品承認プロセス要求事項(PPAP)で規定された製造工程能力(C_{pk})／製造工程性能(P_{pk})を維持する。 ・統計的に能力不足／不安定な特性に対して、コントロールプランに規定した、仕様への適合の影響が評価された対応計画を開始する。 ・対応計画には、製品の封じ込めおよび全数検査を含める。	9.1.1.1
顧客満足	・顧客満足のパフォーマンス指標は、客観的証拠にもとづき、下記を含める。 　－納入製品の品質パフォーマンス　　－顧客の迷惑 　－市場で起きた回収・リコール・補償 　－納期パフォーマンス(特別輸送費の発生を含む) ・製品品質・プロセス効率に対する顧客要求事項への適合を実証するために、製造工程のパフォーマンスを監視する。	9.1.2.1
品質マネジメントシステム監査	・IATF 16949 規格への適合を検証するため、自動車産業プロセスアプローチを用いて、3年間の審査サイクルにおいて…すべての品質マネジメントシステムのプロセスを監査する。	9.2.2.2
製造工程監査	・製造工程の有効性と効率を判定するために、各3暦年の期間、工程監査のための顧客固有の要求される方法を使用して、すべての製造工程を監査する。	9.2.2.3

第 3 章　JIS Q 9100 と自動車産業 IATF 16949

［IATF 16949 固有の要求事項］（7/7）

項　目	IATF 16949 固有の要求事項	項番
製品監査	・要求事項への適合を検証するために、顧客に要求される方法を使用して、生産・引渡しの適切な段階で、製品を監査する。	9.2.2.4
改善（箇条 10）		
ポカヨケ	・ポカヨケ手法を活用する文書化したプロセスをもつ。 ・そのプロセスには、ポカヨケ装置の故障または模擬故障のテストを含める。	10.2.4
継続的改善	・継続的改善プロセスに下記を含める。 　－使用される方法論・目標・評価指標・有効性・文書化した情報の明確化 　－製造工程のばらつきと無駄の削減に重点を置いた、製造工程の改善計画 　－リスク分析（例：FMEA）	10.3.1

［IATF 16949 固有要求事項のポイント］

　ここでは、自動車産業の品質マネジメントシステム規格 IATF 16949 の要求事項のうち、JIS Q 9100 には含まれていない主な要求事項についてまとめました。

　両規格とも、ISO 9001 を基本規格とし、安全と品質を重視する規格ですが、それらの要求事項には、例えば、APQP、FMEA、MSA など各種コアツール技法の規格本文への引用、リスク分析、リーン生産方式、生産性の向上、製造工程での作り込みと工程能力の要求（$C_{pk} > 1.67$ の場合は製品検査不要）、内部監査（品質マネジメントシステム監査に加えて、製造工程監査と製品監査）、有効性監査に有効な自動車産業プロセスアプローチ（CAPDo：check － act － plan － do）などの多くの相違があります。

　JIS Q 9100 認証済みで、IATF 16949 認証のためのシステム構築を検討される組織の方々などに参考になれば幸いです。なお詳細については、拙著『図解 IATF 16949　要求事項の詳細解説』をご参照ください。

第Ⅱ部

JIS Q 9100
要求事項の解説

第Ⅱ部の第4章から第10章までは、JIS Q 9100（AS/EN 9100）規格の箇条4から箇条10までの、いわゆる要求事項について解説しています。

詳細については、JIS Q 9100 規格を参照ください。

第Ⅱ部では、次のように記載しています。

1) 各項は、［要求事項］と［要求事項のポイント］で構成されています。［要求事項］には、"要求事項"欄と"コメント"欄があります。

　なお、［要求事項］は、JIS Q 9100 規格をもとに、わかりやすく箇条書きにしたものです。

2) ［要求事項］の左端に記載された、①、②…などの丸で囲んだ番号は、［要求事項のポイント］で引用するための番号で、JIS Q 9100 規格にはないものです。

3) "要求事項"は、ISO 9001（JIS Q 9001）規格要求事項と、JIS Q 9100 規格の追加要求事項を、次のように字体を区別して表しています。

　・明朝体（細字）：ISO 9001：2015 の要求事項

　・ゴシック体（太字）：JIS Q 9100：2016 の追加要求事項

4) JIS Q 9100 規格において、要求事項の項目名のない箇所については、本書では（　　）で項目名をつけています。

5) JIS Q 9100 規格において、"〜しなければならない"（shall）と表現されている箇所（要求事項）は、本書では、"〜する"と表しています。

6) JIS Q 9100 規格では、文書・記録の要求事項を次のように表現しています。

　・文書化した情報を維持する…文書の要求

　・文書化した情報を保持する…記録の要求

7) JIS Q 9100 規格において、"運用"と記載されている箇所は、本書では"製品実現"、また"外部提供"と記載されている箇所は、本書では"供給者、購買製品"などと表現しています。

第４章

組織の状況

本章では、JIS Q 9100(AS/EN 9100)規格(箇条4)の"組織の状況"につい
て述べています。

この章の項目は、次のようになります。

　4.1　　　組織およびその状況の理解

　4.2　　　利害関係者のニーズおよび期待の理解

　4.3　　　品質マネジメントシステムの適用範囲の決定

　4.4　　　品質マネジメントシステムおよびそのプロセス

　4.4.1　（一般）

　4.4.2　（文書化）

第Ⅱ部　JIS Q 9100 要求事項の解説

4.1　組織およびその状況の理解

[要求事項]

要求事項	コメント
4.1　組織およびその状況の理解	
① 次の事項に関係する外部・内部の課題を明確にする。	・外部・内部の状況を理解し、組織が抱える課題を明確にする。
a)　組織の目的と戦略的な方向性に関連する。	・組織の目的：経営方針 ・戦略：品質方針など
b)　品質マネジメントシステムの意図した結果を達成する組織の能力に影響を与える。	・品質マネジメントシステムの意図：ISO 9001 の目的である、要求事項を満足する製品の提供（品質保証）と顧客満足の向上 ・意図した結果：目標のこと
② 明確にした外部・内部の課題に関する情報を監視し、レビューする	・外部・内部の課題と変化をマネジメントレビューでレビュー
③ 注記1　課題には、好ましい要因・状態と、好ましくない要因・状態がある。	・安全と品質保証が重視される JIS Q 9100 では、主として好ましくない面を考慮すればよい。
注記2　外部の状況の理解は、法令、技術、競争、市場、文化、社会および経済の環境から生じる課題を検討することによって容易になる。	・法令改正、技術動向、競合状況、市場動向、経済環境など、組織が抱える課題の明確化
注記3　内部の状況の理解は、組織の価値観、文化、知識およびパフォーマンスに関する課題を検討することによって容易になる。	・技術力、品質・納期の実績などの把握と、組織の課題の明確化 ・パフォーマンス：結果

[出典]　JIS Q 9100 規格をもとに著者作成（以下同様）

[要求事項のポイント]

　JIS Q 9100 規格の基本を構成している ISO 9001 規格では、まずはじめに組織およびその状況を理解し（箇条 4.1）、利害関係者のニーズおよび期待を理解し（箇条 4.2）、それらと組織が顧客に提供する製品・サービスを考慮して、品質マネジメントシステムの適用範囲を決定する（箇条 4.3）という規格構成になっています。これらの箇条 4.1 から箇条 4.3 までは、ISO 9001 規格の 2015 年版で追加された重要な項目です（図 4.3、p.114 参照）。

110

第4章 組織の状況

"組織およびその状況の理解"に関して、上記要求事項①〜③に示す事項を実施することを求めています。すなわち、組織外部・内部の状況を理解して組織がかかえる課題を明確にするとともに、それらの課題に関する情報を監視し、レビューします。

要求事項①a)の"組織の目的"は経営方針、"戦略"は品質方針など、b)の"品質マネジメントシステムの意図した結果(目標)"は、ISO 9001の目的である、要求事項を満足する製品の提供(いわゆる品質保証)と顧客満足の向上と考えればよいでしょう。そして②は、外部・内部の課題の監視の結果を、マネジメントレビューでレビューすることを述べています(箇条9.3.2参照)。

③注記1の、"好ましい要因・状態と、好ましくない要因・状態"に関しては、安全と品質保証が重視されるJIS Q 9100においては、以降の箇条のISO 9001に対するJIS Q 9100の追加要求事項から考えると、主として好ましくない点(いわゆるリスク)について考慮すればよいでしょう。注記2は、JIS Q 9100では、法令改正、技術動向、競合状況、市場動向などが考えられます。また注記3は、製品の技術力、品質・納期の実績などが考えられます。

組織がかかえる課題の例には、図4.1に示すようなものがあります。

外部の課題	内部の課題
・顧客の経営状態	・技術力確保
・供給者の経営状態	・主要設備の故障
・供給者の品質トラブル	・地震、台風、火災
・供給者の納期トラブル	・ユーティリティトラブル
・原材料の高騰	・ITサイバー攻撃
・為替変動	・パソコンウイルス問題
・人口減少	・従業員の交通事故
・近隣住民の環境苦情	・機密漏洩
・グローバル戦略	・工場敷地確保
・コスト競争	・従業員の高齢化
・サプライチェーン整備	・外国人従業員対応

図 4.1　組織がかかえる課題の例

第Ⅱ部 JIS Q 9100 要求事項の解説

4.2 利害関係者のニーズおよび期待の理解

[要求事項]

要求事項	コメント
4.2 利害関係者のニーズおよび期待の理解 ① 顧客要求事項および適用される法令・規制要求事項を満たした製品・サービスを一貫して提供する、組織の能力に影響または潜在的影響を与えるため、次の事項を明確にする。	・利害関係者にとって重要な要求事項は、顧客要求事項と法規制要求事項である。
a） 品質マネジメントシステムに密接に関連する利害関係者 　b） 利害関係者の要求事項	・JIS Q 9100 では、顧客、監督官庁（関連法規制）、供給者など ・要求事項には期待も含まれる。
② 利害関係者とその関連する要求事項に関する情報を監視し、レビューする。	・監視・レビューの結果を、マネジメントレビューでレビュー（9.3.2 参照）

[要求事項のポイント]

　利害関係者(interested parties)とその要求事項(ニーズ・期待)を明確にすることを求めています。要求事項①a）の利害関係者には、顧客（エンドユーザー、直接顧客）、監督官庁、関連法規制、供給者などが考えられます。b）の利害関係者の要求事項には、利害関係者が期待していることも含まれます。

　顧客要求事項の例には、図4.2 に示すようなものがあります。

顧　客	要求事項の例
ボーイング社	D6‑82479（Boeing quality management system requirements for suppliers）
エアバス社	EASA Part21 subpart G（production organization approval）
三菱重工業㈱	AS 9100（JIS Q 9100）認証取得、または MSJ 4000
航空会社	整備委託仕様書、品質管理共通仕様書など
防衛省	DSP Z 9008 品質管理等共通仕様書

図4.2　顧客要求事項の例

第4章　組織の状況

4.3　品質マネジメントシステムの適用範囲の決定

[要求事項]

要求事項	コメント
4.3　品質マネジメントシステムの適用範囲の決定	
① 品質マネジメントシステムの適用範囲の境界と適用可能性を決定する。	・境界：適用対象場所(事業所・部門など)、対象製品、対象業務(設計、製造など)の区分
② 次の事項を考慮して、品質マネジメントシステムの適用範囲を決定する。 　a)　外部・内部の課題(4.1参照) 　b)　利害関係者の要求事項(4.2参照) 　c)　製品・サービス	・a)～c)を考慮して、品質マネジメントシステムの適用範囲を決定する。
③ 規格要求事項の一部の適用を除外する場合は、次の事項を考慮する。 　a)　適用可能な JIS Q 9100 規格要求事項のすべてを含める。	・規格要求事項は、適用可能なものはすべて適用する。 ・顧客が製品の設計・開発を行っている場合は、箇条8.3 設計・開発は適用除外となる。
b)　適用不可能な JIS Q 9100 規格要求事項がある場合は、その正当性を示す。	・適用不可能な要求事項がある場合は、その証拠を示す。
c)　組織の能力または責任に影響を及ぼす可能性がある場合は、その要求事項は適用を除外できない。	・利害関係者に影響を及ぼす場合は、適用除外できない。 ・基本的に適用除外はない。
④ 適用範囲を文書化し、対象となる製品・サービスの種類を記載する。	・適用範囲には、対象製品・サービスの種類を記載する。

[要求事項のポイント]

　要求事項①の"境界"は、組織の適用対象場所(事業所・部門など)、対象製品、対象業務(設計・開発、製造など)の範囲(適用範囲、scope)です。

　適用範囲は、②a)～c)の3項目を考慮して決めます(図4.3参照)。利害関係者の"要求事項"には、利害関係者の"期待"も含まれます。

　③は、適用可能なものはすべて適用することが必要であることを述べています。利害関係者への影響など、組織の能力または責任に影響を及ぼす可能性がある場合は、その要求事項の適用を除外できません。顧客が製品の設計・開

113

発を行っている場合の設計・開発(箇条8.3)を除いて、基本的に適用除外はないと考えるとよいでしょう(図4.4参照)。④は、適用範囲には、対象となる製品・サービスの種類を記載することを述べています(図4.5参照)。

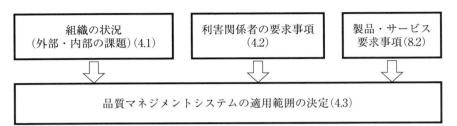

図4.3　品質マネジメントシステムの適用範囲決定のフロー

項　目	実施事項
適用範囲に含めるもの	・適用可能なJIS Q 9100規格要求事項のすべてを含める。
要求事項の適用除外	・適用不可能なJIS Q 9100規格の要求事項がある場合は、その正当性(証拠)を示す。
適用除外できないもの	・組織の能力または責任に影響を及ぼす可能性がある場合は、その要求事項は適用除外できない。
適用範囲の文書化	・適用範囲を文書化する。

図4.4　適用範囲に含めるもの

業　種	適用範囲の記述例
製造業	・航空機部品の設計・開発および製造 ・航空機部品の加工および○○製品の組立 ・航空機部品の熱処理および表面処理
サービス業	・航空機の整備 ・航空機製品の保管および輸送業務 ・航空機部品の販売

図4.5　適用範囲の記述例

第４章　組織の状況

4.4　品質マネジメントシステムおよびそのプロセス

［要求事項］（1/2）

要求事項	コメント
4.4　品質マネジメントシステムおよびそのプロセス 4.4.1　（一般）	
① この規格要求事項に従って、品質マネジメントシステムを確立・実施・維持し、かつ継続的に改善する。	・JIS Q 9100（ISO 9001）規格要求事項に従って、品質マネジメントシステムを確立・実施・維持し、かつ継続的に改善する。
② **品質マネジメントシステムには、顧客および適用される法令・規制上の品質マネジメントシステム要求事項も含める。**	・**JIS Q 9100** では、特に顧客要求事項と法規制が重要であることを強調している。
③ 品質マネジメントシステムのプロセスに関して、次のことを行う。	
a) 品質マネジメントシステムに必要なプロセスを決定する。	・組織の品質マネジメントシステムのプロセスを、組織自身が決定する。
b) プロセスの相互作用を明確にする。	・品質マネジメントシステムの各プロセスの関係を明確にする。
c) プロセスと組織の部門との関係を明確にする。	・プロセスと部門との関係を明確にする。
④ 品質マネジメントシステムのプロセスを、次のa)～h)の手順で運用する。	・品質マネジメントシステムのプロセスを、a)～h)のPDCAの改善サイクルで運用する。
a) 品質マネジメントシステムのプロセスに必要なインプットおよびプロセスから期待されるアウトプットを明確にする。	・プロセスのインプット（要求事項）とアウトプット（成果物）を明確にする。
b) プロセスの順序と相互関係を明確にする。	・プロセスのつながりを明確にする（③b)参照）。
c) プロセスの効果的な運用・管理を確実にするために必要な、判断基準と方法を決定する（監視・測定および関連するパフォーマンス指標を含む）。	・プロセスの監視・測定・パフォーマンス指標（KPI）を決定する。
d) プロセスに必要な資源を明確にし、準備する。	・プロセスの運用に必要な資源（人・設備）を明確にし、準備する。

［備考］　明朝体（細字）はISO 9001の要求事項、ゴシック体（太字）はJIS Q 9100の追加要求事項を表す（以下同様）。

115

第Ⅱ部　JIS Q 9100 要求事項の解説

［要求事項］（2/2）

	要求事項	コメント
④	e）　プロセスに関する責任・権限を割りあてる。	・プロセスに関する責任・権限を明確にする（③ c ）参照）。
	f）　リスクおよび機会への取組みの要求事項に従って決定したとおりに、リスクおよび機会に取り組む（6.1 参照）。	・プロセスに、箇条 6.1 で決めたリスクおよび機会を取り組む。
	g）　プロセスを評価し、プロセスの意図した結果（アウトプット、目標）の達成を確実にするために、必要な変更を実施する。	・プロセスを評価し、プロセスの目標達成のために必要な変更を実施する。
	h）　プロセスおよび品質マネジメントシステムを改善する。	・プロセスと品質マネジメントシステムを改善する。
	4.4.2　（文書化） 次の事項を文書化する。	
⑤	a）　プロセスの運用に関する文書化した情報を維持する。	・プロセスの運用に必要な文書を作成する。
	b）　プロセスが計画どおりに実施されたことを確信するための文書化した情報を保持する。	・プロセスが計画どおりに実施されたことを示す記録を作成する。
⑥	次の事項を含む、文書化した情報を作成し、維持する。	・a ）～ e ）を含んだ文書を作成する。
	a）　密接に関係する利害関係者の記述	・利害関係者を明確にする（4.2-a 参照）
	b）　品質マネジメントシステムの適用範囲・境界および適用可能性を含む。	・品質マネジメントシステムの適用範囲を明確にする（4.3 参照）
	c）　品質マネジメントシステムのプロセスと組織の部門との関係	・品質マネジメントシステムのプロセスと組織の部門との関係（③ c ）参照）
	d）　プロセスの順序および相互関係	・プロセスの順序と相互関係（④ b ）参照）
	e）　プロセスに関する責任・権限の明確化	・プロセスに関する責任・権限（④ e ）参照）
	注記　品質マネジメントシステムに関する上記の記述は、文書化した情報として、品質マニュアルに含める。	・品質マニュアルを作成し、上記 a ）～ e ）を含める。

第4章　組織の状況

［要求事項のポイント］

　要求事項①は、"JIS Q 9100 規格要求事項に従って、品質マネジメントシステムを確立・実施・維持し、かつ継続的に改善する"こと、すなわち、JIS Q 9100（ISO 9001）の基本について述べています。

　②は、JIS Q 9100 では、特に顧客要求事項と法規制が重要であることを強調しています。③は、品質マネジメントシステムのプロセスを、組織自身が決定し、それらのプロセスのつながり、およびプロセスと部門との関係を明確にすることを述べていいます。

　④は、品質マネジメントシステムのプロセスの運用方法について述べています。④ a）～ h）は、図4.6 のように表すことができます。これは、品質マネジメントシステムのプロセスを PDCA の改善サイクルで運用することを表しています。ここで、④ a）のプロセスの"インプット"とはプロセスに対する要求事項です。また④ c）のパフォーマンス指標は、いわゆる KPI 指標（重要業績評価指標、key performance indicator）と考えるとよいでしょう。

　一方、ISO 9001 規格（箇条 0.3.1 プロセスアプローチ／一般）では、

　"プロセスアプローチに不可欠な要求事項を箇条4.4 に規定している"

と述べています。すなわち、プロセスアプローチとは、④の品質マネジメントシステムのプロセスを PDCA の改善サイクルで運用することということになります。プロセスアプローチの詳細については、第2章で説明しています。

　⑤ a）は、プロセスの運用に関する文書化した情報を"維持"（maintain）すること、すなわちプロセスの運用方法を文書化することについて、そして b）は、プロセスが計画どおりに実施されたことを確信するための文書化した情報を"保持"（retain）すること、すなわち記録の作成について述べています。

　⑥は、箇条4.2 ～ 4.4 で述べた、 a）組織と密接に関係する利害関係者、 b）品質マネジメントシステムの適用範囲（境界および適用可能性を含む）、 c）品質マネジメントシステムのプロセスと組織の部門との関係、 d）プロセスの順序と相互関係、および e）プロセスに関する責任・権限について、文書化することを述べています。 c）のマネジメントシステムのプロセスと組織の部門との関係は、それらの関係をマトリックスで表したプロセスオーナー表で、また d）のプロセスの順序および相互関係は、プロセマップ（図 2.13、p.64 参照）で

表すことができます。

⑥の注記は、a)～e)の各項目を含めた品質マニュアルを作成することを述べています。ISO 9001 では、品質マニュアルは要求事項ではなくなりましたが、品質保証のために必要な品質マニュアルの作成は、JIS Q 9100 では必須の要求事項です。

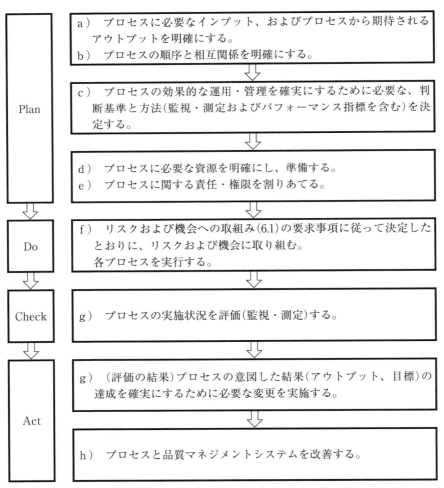

［備考］ a)～h)は、JIS Q 9100 および ISO 9001 の規格箇条 4.4.1 ④のa)～h)を示す。

図 4.6　プロセスの運用のフロー（プロセスの PDCA 改善サイクル）

第5章 リーダーシップ

　本章では、JIS Q 9100 規格(箇条5)の経営者の"リーダーシップ"について述べています。

　この章の項目は、次のようになります。

　　5.1　　　リーダーシップおよびコミットメント

　　5.1.1　一　般

　　5.1.2　顧客重視

　　5.2　　　方　針

　　5.2.1　品質方針の確立

　　5.2.2　品質方針の伝達

　　5.3　　　組織の役割、責任および権限

第Ⅱ部　JIS Q 9100 要求事項の解説

5.1　リーダーシップおよびコミットメント

5.1.1　一　般

[要求事項]

要求事項	コメント
5.1　リーダーシップおよびコミットメント 5.1.1　一　般	
① トップマジメントは、リーダーシップとコミットメントを実証する。	・経営者自らが、リーダーシップとコミットメントを実証する。
② そのために、トップマジメントは次の事項を実施する。	・トップマジメント自らが、a）～j）を実施する。
a）　品質マネジメントシステムの有効性に説明責任を負う。	・有効性説明責任（accounterbility）は経営者にある。
b）　品質方針・品質目標を確立し、それらが組織の状況および戦略的な方向性と両立することを確実にする。	・ISO の品質方針・品質目標と、組織の経営方針が、矛盾がないようにする。
c）　事業プロセスへの品質マネジメントシステム要求事項の統合を確実にする。	・会社にとって重要なことと、ISO の要求事項をわけて考えない。
d）　プロセスアプローチおよびリスクにもとづく考え方の利用を促進する。	・リスクにもとづくプロセスアプローチの責任は経営者にある。
e）　品質マネジメントシステムに必要な資源が利用できることを確実にする。	・必要な資源（要員、設備など）を確保する。
f）　有効な品質マネジメントおよび品質マネジメントシステム要求事項への適合の重要性を伝達する。	・品質マネジメントシステムの適合性と有効性の重要性を組織内に伝える。
g）　品質マネジメントシステムがその意図した結果を達成することを確実にする。	・品質マネジメントシステムの目的・目標を達成する。
h）　品質マネジメントシステムの有効性に寄与するよう、人々を積極的に参加させ、指揮し、支援する。	・品質マネジメントシステムの有効性の改善のために、従業員を指揮する。
i）　改善を促進する。	・改善を指揮する。
j）　管理層がリーダーシップを実証するよう、管理層の役割を支援する。	・管理者の業務を支援する。

第5章　リーダーシップ

[要求事項のポイント]

　要求事項①は、トップマジメント（経営者、top management）が、リーダーシップ（leadership）とコミットメント（commitment）を実証することを求めています。"実証"とあるので、記録などの客観的な証拠で証明できることが必要です。

　そのために、トップマジメント自らが、②ａ）～ｊ）を指揮・実施することを求めています。②ｃ）は、会社にとって重要なことと、ISO 9001の要求事項をわけて考えないこと、ｄ）は、リスクにもとづくプロセスアプローチの責任は経営者にあることを述べています。

5.1.2　顧客重視

[要求事項]

要求事項	コメント
5.1.2　顧客重視	
① トップマネジメントは、顧客重視に関するリーダーシップとコミットメントを実証する。	・経営者自らが、顧客重視に関して、リーダーシップをとる。
② そのために次の事項を確実にする。	
ａ）　顧客要求事項および適用される法令・規制要求事項を明確にし、理解し、満たす。	・経営者自らが、顧客要求事項への適合と法規制への遵守に取り組む。
ｂ）　製品・サービスの適合ならびに顧客満足を向上させる能力に影響を与え得る、リスクおよび機会を決定し、取り組む。	・経営者自らが、品質保証と顧客満足の向上に影響する可能性のある、リスクに取り組む。
ｃ）　顧客満足向上の重視を維持する。	・顧客満足向上の重視を継続的に続ける。
ｄ）　次のことが実施されている。	
・製品・サービスの適合および納期どおりの引渡しに関するパフォーマンが測定されている。	・顧客満足のためには、製品・サービスの品質だけでなく、納期についても重要である。
・計画した結果が達成できない、または達成できる見込みがない場合には、適切な処置がとられている。	・計画した目標が達成できそうにないことがわかった場合には、適切な処置をとる。

[要求事項のポイント]

　要求事項①は、経営者自らが顧客重視に関してリーダーシップをとること、

121

第Ⅱ部　JIS Q 9100 要求事項の解説

②a）～c）は、JIS Q 9100 および ISO 9001 の目的である品質保証と顧客満足に取り組むこと、d）は、JIS Q 9100 では、顧客満足のためには、製品・サービスの品質だけでなく、納期についても重要であることを述べています。納期確保（in time）ではなく、納期どおりの引渡し（on time）です。早すぎるのもよくありません。

　なお、ISO 9001 におけるパフォーマンス（performance）の解釈（和訳）が時代とともに変化しています。実施状況ではなく "結果" です（図 5.1 参照）。

5.2　方　針

5.2.1　品質方針の確立

5.2.2　品質方針の伝達

［要求事項］

要求事項	コメント
5.2　方　針 5.2.1　品質方針の確立 ① トップマネジメントは、次の事項を満たす品質方針を確立し、実施し、維持する。 　a）　組織の目的および状況に対して適切で、組織の戦略的な方向性を支援する。 　b）　品質目標設定のための枠組みを与える。 　c）　要求事項を満たすことへのコミットメントを含む。 　d）　品質マネジメントシステムの継続的改善へのコミットメントを含む。	・経営者は、a）～d）を含む品質方針を作成する。 ・品質方針の内容が経営方針と整合がとれている。 ・品質方針に、品質目標の設定の仕組みを含める。 ・品質方針に、要求事項を満たすことへのコミットメントを含む。 ・品質方針に、品質マネジメントシステムの継続的改善を含める。
5.2.2　品質方針の伝達 ② 品質方針は、次のように伝達する。 　a）　文書化した情報として利用可能な状態にされ、維持される。 　b）　組織内に伝達され、理解され、適用される。 　c）　密接に関連する利害関係者が入手可能である（必要に応じて）。	・品質方針は、a）～c）のように、社内外に伝達する。 ・品質方針は文書化する。 ・品質方針を組織内に伝達する。 ・品質方針は、社外の利害関係者にも開示する。

第5章　リーダーシップ

[要求事項のポイント]

　要求事項①は、 a）〜 d）を含む品質方針を作成することを述べています。 a）は、箇条4.1 a）で述べた組織の目的および戦略的な方向性に対応するものです。"品質方針が組織の目的に対して適切な内容"とは、品質方針の内容が経営方針と整合がとれているということです。なお、"品質"の対象は、製品の品質とは限りません。納期やサービスなどの顧客満足に関係する項目も含まれます。

　②は、品質方針を社内外に伝達する方法について述べています。 c）では、"密接に関連する利害関係者が入手可能"とあります。ホームページなどで利害関係者などに開示するとよいでしょう。

5.3　組織の役割、責任および権限

[要求事項]（1/2）

要求事項	コメント
5.3　組織の役割、責任および権限	
① トップマネジメントは、責任・権限が割りあてられ、組織内に伝達され、理解されることを確実にする。	・組織表や職務分掌規定などで、責任・権限を明確にして、社内に通知する。
② トップマネジメントは、次の事項に対して責任・権限を割りあてる。	・ a）〜 e）に対する責任者を任命する。
a） 品質マネジメントシステムが、規格要求事項に適合することを確実にする。	・ a）〜 d）は、管理責任者の業務に相当する。
b） プロセスが意図したアウトプットを生み出すことを確実にする。	
c） 品質マネジメントシステムのパフォーマンスおよび改善の機会を、トップマネジメントに報告する。	
d） 組織全体にわたって、顧客重視を促進することを確実にする。	
e） 品質マネジメントシステムへの変更を計画し、実施する場合には、品質マネジメントシステムを"完全に整っている状態"に維持することを確実にする。	・品質マネジメントシステムの変更の途中でも、各文書間の整合など、管理を確実にする。

123

第Ⅱ部　JIS Q 9100 要求事項の解説

［要求事項］（2/2）

要求事項	コメント
③ トップマネジメントは、組織の管理層の中から特定の管理責任者を任命する。管理責任者は、上記の要求事項に関する監督を行う責任・権限をもつ。	・a）〜e）実施の監督(oversight)を行う責任・権限をもつ管理責任者を任命する。
④ 管理責任者は、品質マネジメントの問題を解決するために、トップマネジメントへ制約なく接触できる。	・管理責任者は、トップに直接報告できる。
注記1　管理責任者の責任には、品質マネジメントシステムに関する事項について、外部と連絡をとることも含まれる。	・管理責任者は、外部（審査機関など）に直接報告できる。
注記2　管理責任者は、上記の責任・権限をもつ限り、一人である必要はない。	・管理責任者は複数でもよい。 －複数の事業所がある場合など

［要求事項のポイント］

要求事項①は、品質マネジメントシステムを運用するための、組織の業務内容および責任・権限を明確にして、組織内に周知することを述べています。

②は、a）〜e）を行う責任・権限のある人を任命することを述べています。管理責任者の任務です。③は、ISO 9001：2015 でなくなった管理責任者という名称が、JIS Q 9100 では残っています。

④は、②a）〜e）に追加される、管理責任者の任務です。

発行年	ISO 9001 規格	JIS Q 9001 規格（日本語訳）
2000 年版	performance	実施状況
2008 年版	performance	成果を含む実施状況
2015 年版	performance	パフォーマンス（測定可能な結果）

［備考］　JIS Q 9001 は、2015 年版で結果重視の規格となった。

図 5.1　"performance" の日本語訳（JIS Q 9001）の推移

第6章

計　画

　本章では、JIS Q 9100規格（箇条6）の“計画”について述べています。

　ここでは、品質マネジメントシステムにおける種々の計画のうち最も重要な計画、すなわちリスクへの取組みの計画と、品質方針達成のための計画すなわち品質目標について述べています。その他の個別の計画については、後に述べるそれぞれの箇条で扱うことになります。

　なお、リスクへの取組みについては、第2章もあわせて参照ください。

　この章の項目は、次のようになります。

　　6.1　　　　リスクおよび機会への取組み

　　6.1.1　（リスクおよび機会の決定）

　　6.1.2　（リスクおよび機会への取組み計画の策定）

　　6.2　　　　品質目標およびそれを達成するための計画策定

　　6.2.1　（品質目標の策定）

　　6.2.2　（品質目標達成計画の策定）

　　6.3　　　　変更の計画

第Ⅱ部　JIS Q 9100 要求事項の解説

6.1　リスクおよび機会への取組み

[要求事項]（1/2）

要求事項	コメント
6.1　リスクおよび機会への取組み 6.1.1　（リスクおよび機会の決定） ① 品質マネジメントシステムの計画を策定する際に、次の事項のために取り組む必要があるリスクおよび機会を決定する。	・組織がかかえているリスクおよび機会を明確にする。
a）　品質マネジメントシステムが、その意図した結果を達成できるという確信を与える。 　b）　望ましい影響を増大する。 　c）　望ましくない影響を防止・低減する。 　d）　改善を達成する。	・リスクは、組織の目的である、a）～d）の達成を妨げる可能性のあるものと考えるとよい。 ・意図した結果：目的・目標のこと
② リスクおよび機会を決定する際に、下記を考慮する。 　a）　組織の外部・内部の課題(4.1 参照) 　b）　利害関係者の要求事項(4.2 参照)	・リスクおよび機会を決定する際に、組織の外部・内部の課題、および利害関係者の要求事項を考慮する。
6.1.2　（リスクおよび機会への取組み計画の策定） ③ 次の事項を計画する。	
a）　箇条 6.1.1 で決定したリスクおよび機会への取組み	・リスクおよび機会への取組み計画（リスク低減計画）を作成する。
b）　次の事項を行う方法 　　1）　その取組みの品質マネジメントシステムのプロセスへの統合および実施（4.4 参照）	・リスクへの取組みは、品質マネジメントシステムのプロセスに含める。
2）　その取組みの有効性の評価	・リスク低減計画の有効性を評価
④ リスクおよび機会への取組みは、製品・サービスの適合への潜在的影響と見合ったものとする。	・リスクおよび機会への取組みの程度は、不適合が発生した場合の影響と見合ったものとする。
⑤ 注記1　リスクへの取組みには、下記の方法がある。	・注記1は、リスクへの取組みの方法の例について述べている。
a）　リスクを回避する。	・リスクの原因を取り除く。例えば、実施を中止する。[回避]
b）　（ある機会を追求するために）そのリスクを取る。	・リスクを受け入れる。[受容]
c）　リスク源を除去する。	・リスクの原因を除去する。[除去]

第6章　計　画

[**要求事項**]（2/2）

要求事項	コメント
⑤　d）　起こりやすさ、または結果を変える。	・リスクの発生度（発生可能性）を下げる、またはリスクが顕在化した際の、影響の大きさを小さくする。［低減］
e）　リスクを共有（リスク移転）する。	・リスクを他者と分担する。例：共同開発・保険に加入［共有］
f）　（情報にもとづいた意思決定によって）リスクを保有する。	・対策を何もしない。 ・発生度が低く、損害も小さいリスクに対して用いる。［保有］
⑥　注記2　機会は下記に取り組むための、望ましくかつ実行可能な可能性につながる。 　　・新たな慣行の採用、新製品の発売 　　・新市場の開拓　　・新規顧客への取組み 　　・パートナーシップの構築 　　・新たな技術の使用 　　・組織のニーズ　　　・顧客のニーズ	・注記2は機会の例について述べている。

[**要求事項のポイント**]

　要求事項①、②（箇条 6.1.1）は、組織がかかえているリスク（risk）および機会（opportunity）を明確にすること、③〜⑥（箇条 6.1.2）は、それらのリスクおよび機会への取組みの計画を作成することを述べています。リスクおよび機会のうち、JIS Q 9100 では、主としてリスクへの取組みについて考えるとよいでしょう。②は、リスク（および機会）を決定する際に、組織の外部・内部の課題（箇条 4.1）および利害関係者の要求事項（箇条 4.2）を考慮することを述べています。すなわち、リスク（および機会）への取組みを考慮した品質マネジメントシステムを構築・運用することになります。

　③、④は、リスク（および機会）への取組み計画を作成することを述べています。リスク（および機会）への取組みのフローを図 6.1 に示します。

　⑤注記1は、リスクへの取組みの方法の例について述べています。また⑥注記2は機会への取組みの方法の例について述べています。

127

第Ⅱ部　JIS Q 9100 要求事項の解説

6.2　品質目標およびそれを達成するための計画策定

6.2.1　（品質目標の策定）

6.2.2　（品質目標達成計画の策定）

［要求事項］

要求事項	コメント
6.2　品質目標およびそれを達成するための計画策定 6.2.1　（品質目標の策定） ① 品質目標を、下記において策定する。 　　・品質マネジメントシステムの機能、階層、プロセス	・品質目標は、機能（部門）だけでなく、階層や品質マネジメントシステムの各プロセスの目標も作成する。
② 品質目標は、次の事項を満たすものとする。 　a）　品質方針と整合している。 　b）　測定可能である。 　c）　適用される要求事項を考慮に入れる。 　d）　製品・サービスの適合、および顧客満足の向上に関連する。 　e）　監視する。 　f）　伝達する。 　g）　更新する（必要に応じて）。	・品質目標は、品質方針との整合性がとれていること、すなわち、品質保証や顧客満足を考慮することが必要 ・品質目標は、その達成度が判定可能な内容とし、できれば数値化する（ことが望ましい）。 ・品質目標の達成度の評価は、期末に目標未達に終わらないようにするために、定期的に（例：毎月）レビューするとよい。
③ 品質目標に関する文書化した情報を維持する。	・品質目標は文書化する。
6.2.2　（品質目標達成計画の策定） ④ 次の事項を含めた、品質目標を達成するための計画を策定する。 　a）　実施事項 　b）　必要な資源 　c）　責任者 　d）　実施事項の完了時期 　e）　結果の評価方法	・品質目標は、一般的には、項目と目標値が設定される。 ・しかし、目標を設定したから目標が達成されるわけではない。 ・そこで、目標を達成するための具体的な計画（実行計画）の作成が必要となる。

128

第6章 計　画

[要求事項のポイント]

　要求事項①～③(箇条 6.2.1)は、品質マネジメントシステムの各機能(部門)・階層・プロセスにおいて、品質目標を策定することを述べています。品質目標は、一般的には部門(部・課)ごとに作成されていますが、品質マネジメントシステムの各プロセスの目標も作成することが必要です。

　品質目標は、品質方針との整合性がとれていること、すなわち、品質保証や顧客満足を考慮することが必要です。また品質目標は、その達成度が判定可能な内容とし、できれば数値化することが望ましいでしょう。品質目標の達成度の評価は、期末に目標未達に終わらないようにするために、毎月など定期的にレビューするとよいでしょう。品質目標は、一般的には項目と目標値が設定されます。しかし、目標を設定すれば目標が達成されるわけではありません。そこで、目標を達成するための具体的な計画(実行計画)の作成が必要となります。これが、上記の④(箇条 6.2.2)です。

　②c)"適用される要求事項を考慮に入れる"とあるように、製品でリスクがある場合、顧客はその製品に特別要求事項を要求することがあります、その場合は、その特別要求事項に関連した品質目標を設定することが必要です。

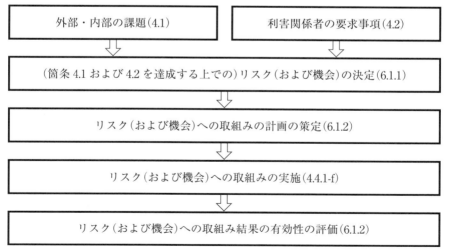

図 6.1　リスク(および機会)への取組みのフロー

129

第Ⅱ部　JIS Q 9100 要求事項の解説

6.3　変更の計画

[要求事項]

要求事項	コメント
6.3　変更の計画	
① 品質マネジメントシステムの変更を行うときは、次の事項を考慮して、計画的な方法で行う(4.4 参照)。	・ここで述べている変更管理の対象は、品質マネジメントシステム全体としての変更である。
a) 変更の目的、およびそれによって起こり得る結果	・変更によって起こり得る結果には、変更の目的以外の副作用(いわゆるリスク)も考慮する。
b) 品質マネジメントシステムの完全に整っている状態	・品質マネジメントシステムの変更の過程においても、品質マネジメントシステムとして、確実に管理する。
c) 資源の利用可能性	・必要な資源(人、設備)の確保
d) 責任・権限の割りあて、または再割りあて	・責任・権限の明確化

[要求事項のポイント]

　ここで述べている変更管理の対象は、品質マネジメントシステム全体としての変更です。個々の変更については、箇条8.2.4製品およびサービスに関連する要求事項の変更、箇条8.3.6設計・開発の変更、箇条8.5.6変更の管理などの、後述の各箇条で扱われています。

　変更すると、予期しない影響(悪影響、変更による副作用)が出る可能性があります。①a)の起こり得る結果はこのことを述べています。この予期しない影響(悪影響)は、いわゆる"リスク"となります。

　①b)の"品質マネジメントシステムの完全に整っている状態(integrity)"とは、変更の過程においても、"現在変更中なので管理はしません"ということではなく、品質マネジメントシステムとして、確実に管理するということです。　例えば、品質マニュアルは変更したが、関連規定が変更されていない場合は、完全には整っていない状態の例です。上位規定と下位規定の整合が必要です。

130

第7章 支　援

本章では、JIS Q 9100(箇条7)の"支援"について述べています。
支援には、いわゆる資源と文書管理が含まれます。

この章の項目は、次のようになります。

7.1	資　源	
7.1.1	一　般	
7.1.2	人　々	
7.1.3	インフラストラクチャ	
7.1.4	プロセスの運用に関する環境	
7.1.5	監視および測定のための資源	
7.1.5.1	一　般	
7.1.5.2	測定のトレーサビリティ	
7.1.6	組織の知識	
7.2	力　量	
7.3	認　識	
7.4	コミュニケーション	
7.5	文書化した情報	
7.5.1	一　般	
7.5.2	(文書の)作成および更新	
7.5.3	文書化した情報の管理	
7.5.3.1	(一般)	
7.5.3.2	(文書管理)	

7.1 資　源

7.1.1 一　般

7.1.2 人　々

7.1.3 インフラストラクチャ

[要求事項]

要求事項	コメント
7.1　資　源 7.1.1　一　般 ① 次の事項を考慮して、必要な資源を明確にし、提供する。 　a） 既存の内部資源の実現能力および制約 　b） 外部提供者から取得する必要があるもの	・資源：人、インフラストラクチャ、作業環境など ・内部資源制約の例：資金不足、時間不足、力量不足、人員採用難
7.1.2　人　々 ② 次の事項のために必要な人々を明確にし、提供する。 　a） 品質マネジメントシステムの効果的な実施 　b） 品質マネジメントシステムのプロセスの運用・管理	・必要な人数と力量の明確化 ・効果的：有効性の達成 ・品質マネジメントシステムのプロセスの実施
7.1.3　インフラストラクチャ ③ 次のために必要なインフラストラクチャを明確にし、提供し、維持する。 　a） プロセスの運用 　b） 製品・サービスの適合の達成 ④ 注記　インフラストラクチャには、次の事項が含まれる。 　a） 建物および関連するユーティリティ 　b） 設備（ハードウェア・ソフトウェア） 　c） 輸送のための資源 　d） 情報通信技術	・維持：準備するだけでなく、インフラストラクチャに必要な点検、整備、修理、交換などの維持管理を行うことが必要 ・使用する水質の管理など ・ソフトウェアの管理も ・アウトソースの場合も管理を ・例：生産管理システム、在庫管理システム、販売管理システムなどの情報システム

第7章 支 援

［要求事項のポイント］

　要求事項①は、品質マネジメントシステムに必要な資源（人的資源、インフラストラクチャおよびプロセスの運用に関する環境）について述べています。

　① a ）の内部資源の“制約”（constraint）は、例えば資金不足、時間不足などが考えられます。

　品質マネジメントシステムに必要な資源のうち人的資源に関して、②に示す事項を実施することを求めています。② a ）の効果的（effective）は、有効性（effectiveness）の達成と考えるとよいでしょう。

　インフラストラクチャ（infrastructure）に関して、③、④に示す事項を実施することを求めています。プロセスの運用と製品・サービスの適合のために必要なインフラストラクチャ、すなわち建物、ユーティリティ、設備、輸送資源、情報通信技術などを明確にして準備することを述べています。また③では、“提供し、維持する”とあります。準備するだけでなく、そのインフラストラクチャに必要な点検、整備、修理、交換などの維持管理を行うことが必要です。品質マネジメントシステムに必要なインフラストラクチャの例を、図 7.1 に示します。

　インフラストラクチャのうち、④ d ）情報通信技術（情報システム、コンピュータシステム）の例には、受注管理システム、生産管理システム、在庫管理システム、販売管理システム、POS システム、CAD（コンピュータ支援設計）システム、航空機の座席予約システムなどがあります。

項　目	対象の例	維持方法の例
建　物	工場建屋、事務所、倉庫	定期点検・補修
ユーティリティ	電気、ガス、水など	設備の定期点検
設　備	生産設備（加工、組立）生産管理システム	定期点検、日常点検、IT サーバー攻撃対策
輸送のための資源	輸送装置、トラック	定期点検
情報通信技術	通信・情報システム	コンピュータシステムとバックアップ、セキュリティ対策

図 7.1　品質マネジメントシステムのインフラストラクチャの例

133

第Ⅱ部　JIS Q 9100 要求事項の解説

7.1.4　プロセスの運用に関する環境

[要求事項]

要求事項	コメント
7.1.4　プロセスの運用に関する環境 ① 次のために必要な環境を明確にし、提供し、維持する。 　a) プロセスの運用 　b) 製品・サービスの適合の達成 ② 注記　適切な環境は、次のような人的・物理的要因の組合せがある。これらは、提供する製品・サービスによって異なる。 　a) 社会的要因(例:非差別的、平穏、非対立的) 　b) 心理的要因(例:ストレス軽減、燃え尽き症候群防止、心のケア) 　c) 物理的要因(例:気温・熱・湿度・光・気流・衛生状態・騒音)	・必要な作業環境を明確にして管理する。 ・製品実現プロセスの作業環境 ・検査のための作業環境 ・JIS Q 9100 では、物理的要因が重要 ・例: 　− 精密部品:清浄度、温度 　− 油圧部品:防塵 　− 電子部品:静電防止 　− 測定器校正:温度、湿度、振動、照度

[要求事項のポイント]

プロセスの運用に関する環境(作業環境)に関して述べています。

航空・宇宙・防衛産業では、物理的要因が重要です(図 7.2 参照)。

区　分	作業環境の例
精密部品の加工・組立	・クリーンルーム清浄度、温度
電子部品の加工・組立	・静電防止、照度、防塵
塗　装	・温度、湿度、防塵
精密測定室	・温度、湿度、防塵
外観検査室	・照度
測定器校正室	・温度、湿度、振動、照度

図 7.2　航空・宇宙・防衛産業における作業環境の例

第7章 支援

7.1.5 監視および測定のための資源

7.1.5.1 一 般
7.1.5.2 測定のトレーサビリティ

[要求事項]（1/2）

要求事項	コメント
7.1.5 監視および測定のための資源 7.1.5.1 一 般 ① 製品・サービスの適合を検証するために監視・測定を行う場合、結果が妥当で信頼できることを確実にするために必要な資源を明確にし、提供する。	・製品・サービスの適合を検証するために監視・測定を行うための資源、すなわち監視機器・測定機器について述べている。
② 監視・測定機器が、次の事項を満たすことを確実にする。	・監視機器と測定機器の両方が対象
a) 実施する特定の種類の監視・測定活動に対して適切である。	・製品要求事項である特性を判定するのに適切な機器であること
b) 目的に継続して合致することを確実にするために維持する。	・監視機器・測定機器の定期的な校正・検証を実施する。
③ 監視・測定のための資源が目的と合致している証拠として、適切な文書化した情報を保持する。	・監視機器と測定機器が適切であることを示す記録を作成する。
7.1.5.2 測定のトレーサビリティ ④ 次の場合は、測定機器はトレーサビリティを満たすようにする。	・測定機器は、定期的な校正／検証、およびトレーサビリティの確保（追跡できること）が必要
a) 測定のトレーサビリティが要求事項となっている場合 b) 組織がそれを測定結果の妥当性に信頼を与えるための不可欠な要素と見なす場合	・安全と品質保証が重視される JIS Q 9100 ではトレーサビリティは要求事項である。
⑤ 測定機器は次の事項を満たすようにする。 a) 定められた間隔でまたは使用前に、国際計量標準・国家計量標準に対してトレーサブルな計量標準に照らして、校正または検証を行う。	・測定機器に対して、校正／検証を行う。 ・JIS Q 9100 では、⑥〜⑧に示すように、監視機器も校正・検証の対象となる。

135

第Ⅱ部　JIS Q 9100 要求事項の解説

［要求事項］（2/2）

要求事項	コメント
⑤　・そのような標準が存在しない場合は、校正・検証に用いた根拠を、文書化した情報として保持する。	・計測装置の高度化に伴い、国際・国家標準が存在しない測定機器が増えているための対応
b）それらの状態を明確にするために識別を行う。	・状態：校正有効期限内かどうかなど
c）　校正の状態およびそれ以降の測定結果が無効になるような、調整・損傷・劣化から保護する。	・検査員・作業者が誤って触れて、測定値が無効になるようなことがないように、調整箇所などには封印（シール）するなどの処置
⑥　校正・検証が必要な監視機器・測定機器の回収プロセスを確立・実施・維持する。	・校正期限切れが発生しない仕組みをつくる。
⑦　監視機器・測定機器の登録を維持する。	・校正・検証対象の監視機器・測定機器の管理台帳を作成する。
・登録には、機器の種類、固有の識別、配置場所、校正・検証の方法、頻度および判定基準を含める。	
注記　監視機器・測定機器には、検証データ作成のための試験用ハードウェア／ソフトウェア、自動試験機器およびプロッタが含まれ得る。	・通常の測定機器の他に、試験用ハードウェア（例：標準サンプル）、試験用ソフトウェア、自動試験装置（ATE）、検査データ作成用プロッタ（作図装置）も含む。
・個人所有・顧客支給の機器も含む。	
⑧　監視機器・測定機器の校正・検証は、適切な環境条件下で実施する（7.1.4 参照）。	・校正・検証作業は、適切な環境条件（例：温度、湿度、振動等）で実施する。
⑨　測定機器が意図した目的に適していないことが判明した場合、それまでに測定した結果の妥当性を損なうものであるか否かを明確にし、適切な処置をとる。	・測定器の校正外れが判明した場合、その測定器で測定した、顧客への出荷済みの製品があるような場合は、顧客への通知が必要

［要求事項のポイント］

　要求事項①は、監視機器・測定機器（monitoring and measuring resources）を明確にして、適切に管理することを述べています。② a）は、製品要求事項の特性を判定するのに適切な機器であること、 b）は、監視機器・測定機器の校正・検証を実施することを述べています。

第7章　支援

④a）では、"測定のトレーサビリティが要求事項となっている場合、測定機器はトレーサビリティを満たすこと"とありますが、品質保証が重視されるJIS Q 9100ではトレーサビリティは要求事項です。

④、⑤は、ISO 9001では、監視機器・測定機器のうち測定機器に関しては、定期的に校正または検証を行うこと、およびトレーサビリティを確保する（追跡できる）ことを述べています。JIS Q 9100では、⑥～⑧のように、監視機器も校正・検証対象に含めています。監視機器であっても精度が必要なものは、測定機器と同様、校正・検証の管理対象とすべきでしょう。

⑤a）の例には、NIST（米国標準局）や日本のJCSS（計量法校正事業者認定精度）へのトレーサビリティ、および試験所のISO/IEC 17025（JIS Q 17025）認証などがあります。また、"そのような標準が存在しない場合"は、計測装置の高度化に伴い、国際・国家標準が存在しない測定機器が増えており、その場合の対応について述べています。

⑥は、校正期限切れが発生しない仕組みをつくること、"回収"は、校正・検証の期限が近くなった監視機器・測定機器に対して、使用している部門から回収する方法を定めて実施することを述べています。

⑦は、校正・検証対象の監視機器・測定機器の管理台帳を作成することを述べています。⑦の注記は、通常の測定機器の他に、試験用ハードウェア（例：標準サンプル）、試験用ソフトウェア（例：自動試験装置（ATE、automated test equipment）のソフトウェア）、自動試験装置、検査データ作成用プロッタ（作図装置、plotter）、および個人所有の測定機器（日本では一般的ではないが）なども含まれることを述べています。そして⑧は、校正・検証作業は、適切な環境条件（例：温度、湿度、振動等）で実施することを述べています。

そして⑨は、測定機器の校正外れが判明した場合、それまでに測定した結果の妥当性の評価を行って、適切な処置をとることを述べています。例えば、測定器の定期校正において校正外れが判明した場合、その測定器で測定した、顧客への出荷済の製品があるような場合は、顧客への通知が必要となります。

なお、測定機器に関しては、測定システム解析（MSA）という要求事項があります。MSAについては第13章を参照ください。

137

第Ⅱ部　JIS Q 9100 要求事項の解説

7.1.6　組織の知識

[要求事項]

要求事項	コメント
7.1.6　組織の知識	
① 次の事項ために必要な知識を明確にする。 　・プロセスの運用 　・製品・サービスの適合の達成 この知識を維持し、必要な範囲で利用できる状態にする。	・知識は、資源の一種、インフラストラクチャの一種と考える。 ・必要な知識を明確にする。 ・明確にした知識を準備する。
② 変化するニーズと傾向に取り組む場合、現在の知識を考慮し、必要な追加の知識と要求される更新情報を得る方法またはそれらにアクセスする方法を決定する。	・知識は、最新の内容に更新する。 ・データベースなどを準備して、必要な人が必要なときにアクセスできるようにする。
③ 注記1　組織の知識は、組織に固有の知識であり、それは一般的に経験によって得られる。それは、組織の目標を達成するために使用し、共有する情報である。	・知識は、個人ベースのものではなく、組織として利用できるようにする。
④ 注記2　組織の知識は、次の事項にもとづいたものである。 　a）　内部資源の例：知的財産・経験から得た知識、成功プロジェクト・失敗から学んだ教訓、文書化していない知識・経験の取得・共有、プロセス・製品・サービスにおける改善の結果 　b）　外部資源の例：標準、学界、会議、顧客などの外部の提供者から収集した知識	・社内の製品標準、技術標準、品質標準、管理標準、専門家制度など ・知識には、組織自身の内部資源と、外部に依存する外部資源がある。

[要求事項のポイント]

　要求事項①～④は、プロセスの運用や製品・サービスの適合のために、組織にとって必要な知識(knowledge)を明確にして確保することを求めています。

　世の中の変化、技術的な革新、組織を取り巻く内外の状況の変化を受けて、人的資源や設備資源と並んで、組織の知識が経営資源として重要になったことに伴って、新しく設けられた ISO 9001 の要求事項です。

第7章 支援

7.2 力 量

[要求事項]

要求事項	コメント
7.2 力 量	
① 力量に関して、次の事項を行う。	
a） 品質マネジメントシステムのパフォーマンスと有効性に影響を与える業務をその管理下で行う人々に必要な力量を明確にする。	・要員に必要な力量と現在の力量を明確にする。
b） 適切な教育・訓練・経験にもとづいて、それらの人々が力量を備えていることを確実にする。	・現在の力量が不足している要員に対して、必要な力量になるように教育訓練を行う。
c） 必要な力量を身につけるための処置をとり、とった処置の有効性を評価する（該当する場合は必ず）。	・実施した教育訓練の有効性を評価する。
d） 力量の証拠として、文書化した情報を保持する。	・個人別の記録が望ましい。
② **注記1 必要な力量の定期的なレビューを考慮する（ことが望ましい）。**	・各要員の力量を、例えば年1回など定期的な見直しが必要
③ 注記2 上記① c）の処置の例：	
a） 雇用している人々に対する、教育訓練の提供、指導の実施、配置転換の実施	・社員の教育訓練の実施
b） 力量を備えた人々の雇用、および契約締結	・アウトソースの活用

[要求事項のポイント]

ISO 9000 規格では、力量（competence）について "意図した結果を達成するために、知識および技能を適用するための実証された能力" と定義しています。すなわち "力量がある" とは、単に公的資格があるとか、セミナーを受講したということではなく、その仕事を実際にできるということです。

要求事項①は、要員に必要な力量と現在の力量を明確にした後、現在の力量が不足している要員に対しては、必要な力量になるように教育訓練を行い、実施した教育訓練の有効性を評価することを述べています（図 7.3 参照）。

139

第Ⅱ部　JIS Q 9100 要求事項の解説

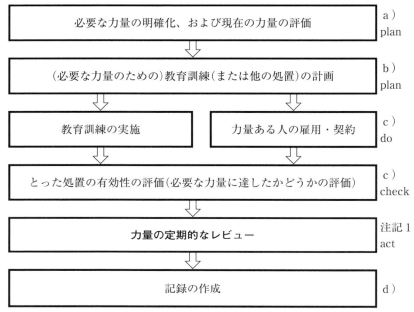

［備考］ a）～d）は要求事項箇条7.2のa）～d）を示す。
図7.3　力量と教育訓練

　①c）の"処置"には、③に記載されているように、教育訓練を実施する代わりに、他の人と入れ替えたり、必要な力量のある人を採用したり、業務をアウトソースするなどの方法があります。　また"有効性の評価"とは、実施した教育訓練の結果、または他の処置（アウトソースなど）の結果、必要な力量に達したかどうかを評価することです。教育訓練の有効性の評価方法としては、教育訓練実施後の資格取得の有無、筆記試験あるいは実地試験の実施、教育訓練前後の業務実施状況の評価などがあります。①d）の力量の記録は、個人別の記録が望ましいでしょう。なお教育訓練の対象は、正社員だけでなく、派遣社員、パートタイマー、アルバイトなども含めます。

　②注記1は、JIS Q 9100の要求事項として、"必要な力量の定期的なレビュー"が追加されています。各要員が持っている力量を、例えば年1回など定期的な見直しが必要です。

第7章 支援

7.3 認 識

［要求事項］

要求事項	コメント
7.3 認 識	
① 組織の管理下で働く人々が、次の認識をもつことを確実にする。	・"管理下で働く人々"：構内外注や外部提供者も含まれる。
a） 品質方針	・各従業員が、会社の品質方針を認識する。
b） 関連する品質目標	・各従業員が、自分に関係する品質目標を認識する。
c） 品質マネジメントシステムの有効性に対する自らの貢献（パフォーマンスの向上によって得られる便益を含む）	・各従業員が、自らの貢献について認識する。
d） 品質マネジメントシステム要求事項に適合しないことの意味	・不適合が発生した場合の影響について認識する。
② e） 品質マネジメントシステムに関連する文書化した情報およびその変更	・品質マネジメントシステムに関する文書を理解している。
f） 製品・サービスの適合に対する自らの貢献	・品質保証に関してどのように貢献しているかを認識する。
g） 製品安全に対する自らの貢献	・製品が、航空機・宇宙機器などの飛行安全にどのように貢献しているかを認識する。
h） 倫理的行動の重要性	・組織のトップや管理者を含む各要員が、倫理的行動をとることの重要性を認識する。

［要求事項のポイント］

　ISO 9001 規格の基本について述べている ISO 9000 規格では、要員の認識（awareness）と組織の目標に関して、次のように述べています。

> 　人々が、各自の責任を理解し、自らの行動が組織の目標の達成にどのように貢献するかを理解したとき、認識は確固としたものになる。

141

第Ⅱ部　JIS Q 9100 要求事項の解説

　下記のように、認識と知識(箇条 7.1.6)とを区別することが必要です。

> ・知識(knowledge)：知ること、知っている内容
> ・認識(awareness)：ある物事を知り、その本質・意義などを理解すること

　すなわち、"知識"は、インフラストラクチャの一種、"認識"は、教育訓練の結果としての力量の一種、あるいは、知識は必要な力量、認識は理解していることと考えることができます。

　要求事項 ①a)、b)は、要員が、品質方針や品質目標を認識すること、c)、d)は、要員が、自らの貢献や、不適合が発生した場合の影響について認識することを述べています。これらに関しては、例えば内部監査において、各人にインタビューして確認するのもよいでしょう。

　JIS Q 9100 では、必要な認識として、②e)～h)が追加されています。f)は、要求事項に対する製品の適合に対して自分がどのように貢献しているかの認識、g)は、製品が、航空機、宇宙機器などの飛行安全およびミッション達成にどのように貢献しているかの認識、そしてh)は、コンプライアンス、企業理念および製品に係わる安全を考慮して倫理的行動をとることの重要性の認識です。

区　分	内　容
定例会議	・マネジメントレビュー、生産会議、品質会議など
随時開催会議	・デザインレビュー検討会、クレーム対策会議など
日常的な連絡	・朝礼、交替勤務の申し送りなど
情報の共有化	・社内報、掲示板、ホームページなど
従業員からの情報	・改善提案制度、従業員調査など
電子媒体での連絡	・電子メールなど

図 7.4　内部コミュニケーションの例(箇条 7.4)

142

第 7 章 支 援

7.4 コミュニケーション

[要求事項]

要求事項	コメント
7.4 コミュニケーション	
① 品質マネジメントシステムに関連する、内部・外部のコミュニケーションを決定する。	・組織内と外部とのコミュニケーションの方法を明確にする。
② 内部・外部のコミュニケーションには、次の事項を含む。 a) コミュニケーションの内容 b) コミュニケーションの実施時期 c) コミュニケーションの相手 d) コミュニケーションの方法 e) コミュニケーションを行う人	・内部・外部コミュニケーションの内容、実施時期、相手、方法および人を決める。 ・内部コミュニケーションの例：図7.4参照
③ 注記 コミュニケーションには、品質マネジメントシステムに関連する内部・外部からのフィードバックを含む(ことが望ましい)。	・双方向のコミュニケーションを考慮する。

[要求事項のポイント]

要求事項①の内部コミュニケーションの例には図7.4に示すものがあります。これには、交替勤務の引継ぎ方法や、監督者の立ち合いなども含まれます。

外部コミュニケーションの中心をなす顧客とのコミュニケーションについては、箇条8.2.1において詳しく述べています。また、顧客満足(箇条9.1.2)に関する、顧客満足度の調査、提供した製品・サービスに関する顧客からのフィードバック、顧客との会合、市場シェアの分析、顧客からの賛辞、補償請求およびディーラ報告などの顧客の受けとめ方の監視も含まれます。

②では、コミュニケーションの方法だけでなく、その内容、実施時期、コミュニケーションを行う人および相手を明確にすることを述べています。

③は、JIS Q 9100の追加要求事項として、双方向のコミュニケーションについて述べています。JIS Q 9100認証システムに組み込まれた、OASIS(JIS Q 9100認証組織登録データベース、online aerospace supplier information system)によるフィードバックの仕組みなどがあります。

143

第Ⅱ部　JIS Q 9100 要求事項の解説

7.5　文書化した情報

7.5.1　一　般

7.5.2　（文書の）作成および更新

［要求事項］

要求事項	コメント
7.5　文書化した情報 7.5.1　一　般 ① 品質マネジメントシステムの文書には、下記を含む。 　a）　この規格が要求する文書化した情報 　b）　品質マネジメントシステムの有効性のために必要であると、組織が決定した文書化した情報	・JIS Q 9100 規格が要求している文書だけでは組織の品質マネジメントシステムは構築できず、"組織が必要と決定した文書（記録を含む）"が必要
② 注記　品質マネジメントシステムの文書化した情報の程度は、次のような理由によって、それぞれの組織で異なる場合がある。 　a）　組織の規模・活動・プロセス・製品・サービスの種類 　b）　プロセスとその相互作用の複雑さ 　c）　人々の力量	・文書は詳しければ詳しいほどよいというものではないことを述べている（図 7.5 参照）。
7.5.2　（文書の）作成および更新 ③ 文書化した情報を作成・更新する際、次の事項を確実にする。 　a）　識別・記述…例：タイトル、日付、作成者、参照番号 　b）　適切な形式…例：言語、ソフトウェアの版、図表、媒体（例：紙・電子媒体） 　c）　適切性および妥当性に関する、適切なレビュー・承認 ④ 注記　承認とは、文書化した情報に対して、（承認）権限を持つ人々および承認方法が明確になっていることを意味する。	・文書に記載すべき項目について述べている。 ・文書の識別を明確にする。JIS Q 9100 では、識別は重要 ・図面、ソフトウェア、電子データ、サンプルなども文書となる。 ・文書は、発行前に、内容のレビューと文書を発行することの承認が必要 ・文書の承認者と承認方法を明確にしておく（電子文書を含む）。

第7章 支 援

[要求事項のポイント]

要求事項①は、品質マネジメントシステムに必要な文書について述べています。JIS Q 9100 規格で要求されている文書以外に、組織が必要と判断した文書が必要です。必要な文書は自分で決める必要があります。なお"情報"とあるのは、電子媒体を考慮した表現です。

②は、文書化の程度、すなわち文書の詳しさについて述べています。文書は詳しければ詳しいほどよいというものではありません(図7.5参照)。

③ a)は、文書に記載すべき項目、b)は、文書の形式について述べています。なお、文書だから"文章"で表現しなければならないというわけではありません。図面、ソフトウェア、電子データ、標準サンプルなども文書になります。c)は、文書は、発行前にレビュー(内容の確認)と承認(その文書を発行することの決済)が必要であることを述べています。

④は、承認者と承認方法を明確にすることを述べています。電子媒体の文書についても、承認方法を明確にすることが必要です。電子媒体の文書の承認方法は、紙媒体の文書の承認方法とは異なります(例:承認印ではなくパスワード管理)。

項　目	内　容
組織の規模	・大企業の文書は、一般的に多くなる。 ・中小企業の文書は、一般的に少なくてよい。
活動の種類と複雑さ	・重要な業務や複雑な業務の文書は詳しく記載する。 ・品質保証と顧客満足のために必要な文書は詳しく作成する。 ・簡単な業務の文書は簡単でよい。
要員の力量	・パートタイマー・アルバイト主体の業務の文書は、わかりやすくする。 ・力量(能力)のある要員を割りあてる業務の文書は簡単でよい。

図7.5　品質マネジメントシステムの文書化の程度を決める要素

第Ⅱ部　JIS Q 9100 要求事項の解説

7.5.3　文書化した情報の管理

[要求事項] （1/2）

要求事項	コメント
7.5.3　文書化した情報の管理 7.5.3.1　（一般） ① 品質マネジメントシステムおよびJIS Q 9100規格で要求されている文書化した情報は、次の事項を確実にするために管理する。	・文書には記録も含まれる。
a） 文書化した情報が、必要なときに、必要なところで、入手可能かつ利用に適した状態である。	・文書は、すぐに使える状態にしておく。
b） 文書化した情報が十分に保護されている。 ・例：機密性の喪失、不適切な使用および完全性の喪失からの保護	・文書を読みやすさやセキュリティの観点から保護する。
② 次の行動に取り組む（該当する場合は必ず）。	
a） 配付・アクセス・検索・利用	・適切な版の文書が利用できるようにする。
b） 保管・保存（読みやすさが保たれることを含む）	・文書を紛失したり、読めなくならないように管理
c） 変更の管理（例：版の管理）	・文書の改訂版の管理 ・JIS Q 9100では形態管理が重要
d） 保持・廃棄	・旧文書の管理
e） 廃止された文書化した情報を何らかの目的で保持する場合、除去または適切な識別・管理による誤使用の防止	・e）は、d）の廃止文書（旧文書）の管理に対する追加要求事項 ・廃止文書を廃棄できない場合は、誤使用されないようにする。
③ 品質マネジメントシステムの計画と運用のために組織が必要と決定した、外部からの文書化した情報は、特定し、管理する。	・外部文書：組織外で作成され、組織の品質マネジメントシステムの文書として使用する文書 ・外部文書の例：顧客の図面・仕様書、規格類、法規類
7.5.3.2　（文書管理） ④ 適合の証拠として保持する文書化した情報は、意図しない改変から保護する。	・記録（適合の証拠としての文書）は、改変（変更）してはならない。

第7章　支援

[要求事項]（2/2）

要求事項	コメント
⑤ 電子文書を管理する場合は、データ保護プロセスを定める（例：喪失、無許可の変更、意図しない改変、破損、物理的損傷からの保護）。	・電子文書は、データの保護のために、バックアップをとることなどが必要 ・顧客の知的所有権の保護も必要
⑥ 注記　アクセスとは、文書化した情報の閲覧許可の決定、または文書化した情報の閲覧・変更許可・権限の決定を意味し得る。	・②a）のアクセスの説明

[要求事項のポイント]

　記録も文書に含まれました。"文書化した情報を維持する"は文書の作成を意味し、"文書化した情報を保持する"は、記録の作成を意味します。JIS Q 9100で要求されている文書および記録の一覧を、2.1.9項（p.59）に示します。

　①a）は、文書は、すぐに使える状態にしておくことを述べています。b）は、文書の読みやすさの維持およびセキュリティの観点から保護することを意味します。社員の誰もが機密文書にアクセスできるようでは問題です。

　②c）は最新版の管理、d）は旧文書の管理について述べています。

　e）は、d）の廃止文書（旧文書）の管理に対する追加要求事項です。廃止文書は廃棄が基本ですが、理由があって廃棄できない場合は、誤使用されないように管理することが必要です。

　通常は、あらかじめ配付先を定め、改訂した場合は、配付／回収／廃棄が確実に行われる仕組みを作ります。文書の配付をしているが、旧版の回収を確実に行わないで、処分を使用部門に任せている組織の場合は、旧版が残っていて問題を起こす場合があります。なお適切な版は、必ずしも最新版とは限りません。修理や補修部品製造では、旧版の文書が必要になる場合があります。

　③は、外部文書、すなわち組織外で作成され、それを組織の品質マネジメントシステムの文書として使用する場合について述べています。顧客の図面・仕様書、公的規格、法規類などがあります。②の要求事項は、外部文書にも当てはまることになります。④は、記録の管理について述べています。

第Ⅱ部　JIS Q 9100 要求事項の解説

　⑤は、電子文書について述べています。品質マネジメントシステムの文書や記録に、コンピュータシステムなどの電子媒体を活用することも可能です。ただしその場合、電子媒体の文書や記録に対しても、箇条 7.5.2 および箇条 7.5.3 の要求事項を満たすことが必要です。また電子媒体の文書のデータの保護に関しては、例えば、データの喪失、破損、物理的損傷からの保護のために、データのバックアップをとることなどが必要となるでしょう。

　また、電子媒体の文書・記録に関しては、電子文書の承認の仕組み（権限を与えられた人が承認）、記録の保護（記録が消失しないように保護、バックアップ）、コンピュータウイルス対策、記録の長期保管（ソフトウェアが旧くなって使えなくなることに注意）、および機密管理（パスワード管理などのセキュリティ対策）など、紙（ハードコピー）とは異なる管理が必要となります。

　⑥には、②a）のアクセスの説明が追加されました。

　なお ISO 9001 規格では、"文書"および"記録"という表現は使われなくなりましたが、文書化した情報の維持（maintain、文書）と、文書化した情報の保持（retain、記録）の相違を、図 7.6 に示します。

	文書化した情報の維持（文書）	文書化した情報の保持（記録）
内　　容	・仕事のルールを決めたもの	・仕事を実施した証拠
承　　認	・内容の承認が必要	・内容の承認はない。
改　　訂	・改訂がある。	・改訂はない。
帳　　票	・結果を記入する前は文書	・結果を記入したものは記録
保管期間	・改訂されるまで保管する。（旧文書としての保管もある）	・保管期間を決める。
配　　付	・配付先を決める。	・配付先を決める。（基本的には配布しない）
保　　管	・原本の保管部門を決める。	・保管部門を決める。

図 7.6　文書化した情報の維持（文書）と保持（記録）

第8章

運　用

本章では、JIS Q 9100(箇条8)の"運用"(製品実現)について述べています。
この章の項目は、次のようになります。

8.1	運用の計画および管理
8.1.1	運用リスクマネジメント
8.1.2	形態管理(コンフィギュレーションマネジメント)
8.1.3	製品安全
8.1.4	模倣品の防止
8.2	製品およびサービスに関する要求事項
8.2.1	顧客とのコミュニケーション
8.2.2	製品およびサービスに関する要求事項の明確化
8.2.3	製品およびサービスに関する要求事項のレビュー
8.2.3.1	(一般)
8.2.3.2	(文書化)
8.2.4	製品およびサービスに関する要求事項の変更
8.3	製品およびサービスの設計・開発
8.3.1	一　般
8.3.2	設計・開発の計画
8.3.3	設計・開発へのインプット
8.3.4	設計・開発の管理
8.3.4.1	(検証・妥当性確認試験)
8.3.5	設計・開発からのアウトプット
8.3.6	設計・開発の変更
8.4	外部から提供されるプロセス、製品およびサービスの管理
8.4.1	一　般
8.4.1.1	(外部提供者の承認状態)
8.4.2	(購買)管理の方式および程度
8.4.3	外部提供者に対する情報
8.5	製造およびサービス提供
8.5.1	製造およびサービス提供の管理
8.5.1.1	設備、治工具およびソフトウェアプログラムの管理
8.5.1.2	特殊工程の妥当性確認および管理
8.5.1.3	製造工程の検証
8.5.2	識別およびトレーサビリティ
8.5.3	顧客または外部提供者の所有物
8.5.4	保　存
8.5.5	引渡し後の活動
8.5.6	変更の管理
8.6	製品およびサービスのリリース
8.7	不適合なアウトプットの管理
8.7.1	(一般)
8.7.2	(文書化)

第Ⅱ部　JIS Q 9100 要求事項の解説

8.1　運用の計画および管理

［要求事項］（1/3）

要求事項	コメント
8.1　運用の計画および管理	
① 次のために必要なプロセスを、計画し、実施し、管理する。	・運用：製品実現のこと
・製品・サービスの提供に関する要求事項を満たすため	・製品の品質保証のためのプロセス（手順）について述べている。
・箇条6計画で決定した取組みを実施するため（4.4参照）	・リスクへの取組みを考慮したプロセスの計画とする。
② 上記のために、次の事項を実施する。	
a）　製品・サービスに関する要求事項の明確化	・顧客の要求事項以外に、法規制、顧客の期待も含まれる。
注記　製品・サービス要求事項の明確化では下記を考慮する（ことが望ましい）。	・製品要求事項には、下記を含める。
・人の安全・製品安全	・製品実現過程（組織の要員）および製品使用者の両方の安全
・製造性・検査性	・問題なく製造や検査ができるか
・信頼性・アベイラビリティ・保全性（整備性）	・製品・部品を使いたいときに使えるように準備する。
・製品に使用される製品・材料の適切性	・調達する部品・材料の適切性
・製品に組み込まれるソフトウェアの選定・開発	・電子部品に組み込まれているソフトウェア（ファームウェア）。
・製品の旧式化・枯渇	・模倣品使用のリスクがある。
・異物の混入防止、検出・除去	・品質保証のために重要
・取扱い・包装・保存	・品質保証のために重要
・使用されなくなった製品のリサイクル・最終廃棄	・環境への影響を考慮する。
③ b）　次の事項に関する基準の設定 　1）　プロセス 　2）　製品・サービスの合否判定	・プロセス（実施手順）の基準と、プロセスの結果である製品の合否判定基準の両方を設定する。
注記　次の事項を実施する際に、統計的手法を用いる（ことができる）（製品特性・規定要求事項に応じて）。	・使用する統計的手法を明確にする。
・設計検証（例：信頼性、保全性（整備性）、製品安全）	・信頼性：MTBF など ・保全性・整備性：MTTR など ・製品安全：FMEA など

150

第 8 章　運　用

［要求事項］（2/3）

	要求事項	コメント
③	・工程管理 　－キー特性の選定・検証	・ばらつきの管理が必要な特性
	－工程能力の測定	・例：工程能力指数(C_{pk})（第 13 章参照）
	－統計的工程管理	・例：$\overline{X}-R$ 管理図、p 管理図（第 13 章参照）
	－実験計画法	・例：DOE（タグチメソッド）
	・検証	・受入検査、工程内検査、製品検査など
	・故障モード・影響および致命度解析（FMECA）	・FMECA：影響の致命度の格付けを重視するリスク分析技法
④	c ）　次のために必要な資源の明確化	
	1 ）　製品・サービスの要求事項の達成	・例：設備・人・資金
	2 ）　納期どおりの引渡しの達成	・納期は、JIS Q 9100 で重要
	d ）　b ）の基準に従ったプロセス管理の実施	・あらかじめ決めたプロセスの基準に従って管理する。
	e ）　次のために必要な、文書化した情報の明確化・維持・保管	
	1 ）　プロセスが計画どおりに実施されたという確信をもつ。	・プロセスが適切に実施されたことを示す文書・記録
	2 ）　製品・サービス要求事項への適合を実証する。	・製品要求事項を満たすことを示す記録
⑤	f ）　クリティカルアイテムを管理するための、プロセスおよび管理の明確化 　・キー特性が識別されている場合のプロセスおよび工程管理を含む。	・箇条 8.3.5 設計・開発のアウトプットの e ）、箇条 8.4.3 外部提供者に対する情報の h ）および箇条 8.5.1 製品・サービス提供の管理の k ）に対する計画
	g ）　運用の計画・管理に対して影響を受ける、組織機能の代表者の参加	・運用（製品実現）に関係する部門の明確化
	h ）　製品・サービスの使用および保守（整備）を支援するためのプロセス・資源の明確化	・例：製品・サービスの仕様書、図面、部品表 ・保守（整備）の例：整備手順書、サービス仕様書
	i ）　外部提供者から取得する製品・サービスの明確化	・購買する製品・サービスの明確化

151

第Ⅱ部　JIS Q 9100 要求事項の解説

[要求事項]（3/3）

要求事項	コメント
⑤　j)　不適合製品・サービスの顧客への納入を防止するために必要な管理の確立	・箇条 8.6 製品・サービスのリリースおよび箇条 8.7 不適合なアウトプットの管理方法の確立
注記　運用の計画・管理を達成する一つの方法は、統合された段階的なプロセスを使用することによって実現可能である。	・プロジェクトマネジメントについて述べている。
⑥　要求事項を受容可能なリスクの下で満たすために次のことを行う。	・リスクを考慮した計画
・スケジュールどおり計画した順番で実施すべき事項を含め、体系化され管理された方法で、製品・サービスの提供を計画し管理する。 （資源・スケジュールの制約内で、組織・顧客要求事項および製品・サービスに応じて適切に）	・計画どおりの実施
⑦　この計画のアウトプットは、組織の運用に適したものとする。	・製品実現の計画は、組織の能力を考慮する。
注記　この計画の一つのアウトプットとして、特定の製品、サービス、プロジェクトまたは契約に適用される、品質マネジメントシステムのプロセスおよび資源を管理する文書化した情報は、品質計画書と呼ばれる。	・品質計画書：特定製品の品質計画書のこと ・例：図面、製品仕様書、工程表、作業指示書、検査規格、包装・梱包仕様書
⑧　計画した変更を管理し、意図しない、変更によって生じた結果をレビューし、有害な影響を軽減する処置をとる（必要に応じて）。	・計画した変更と、意図しない影響（副作用など）の両方を管理する。
⑨　外部委託プロセスが管理されていることを確実にする（8.4 参照）。	・アウトソースも組織の品質マネジメントシステムで管理する。
⑩　要求事項に対する作業の継続的な適合を確実にするため、一時的・恒久的な作業移管を計画・管理するためのプロセスを確立し、実施し、維持する。	・別の場所で製品を製造することになった場合の管理について述べている。
そのプロセスによって、作業移管の影響およびリスクが管理されることを確実にする。	・作業移管に伴うリスクを管理する。
注記　組織から外部提供者へ、または外部提供者から他の外部提供者への作業移管の管理については、箇条 8.5 を参照	・内製と外注の切り替え、および供給者変更について述べている。

第8章 運用

[用語の定義]

用　語	定　義
プロジェクト project	・開始日と終了日を持ち、調整され、管理された一連の活動から成り、時間、コストおよび資源の制約を含む特定の要求事項に適合する、目標を達成するために実施される特有のプロセス
プロジェクトマネジメント project management	・プロジェクトの目標を達成するために、プロジェクトの全側面を計画し、組織し、監視し、管理し、報告すること、およびプロジェクトに参画する人々全員への動機付けを行うこと

[要求事項のポイント]

　この章は、顧客満足に直接影響する、組織の主要業務の運用(operation)(すなわち製品実現、product realization)のために最も重要な章です。箇条8.1では、運用(製品実現)の最初の段階において、その計画を作成することを述べています。

　要求事項①は、製品・サービス提供に関する要求事項を満たすため、および箇条6.1 リスクおよび機会への取組みを実施するために必要なプロセスを、箇条4.4で述べたとおりプロセスアプローチで計画して実施すること、そしてそのために、要求事項②以降を実施することを述べています。

　箇条8.1 運用(製品実現)の計画の位置付けは、図8.1に示すようになります。

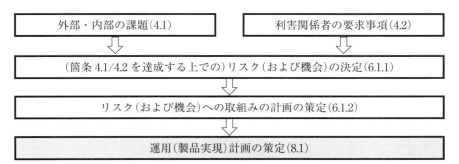

図 8.1　製品実現の計画策定のフロー

第Ⅱ部　JIS Q 9100 要求事項の解説

　製品実現の計画を作成する際に、製品実現プロセスで起こり得るリスクを考慮して、計画を作成することが必要です。

　要求事項②ａ）の注記は、製品・サービスに関する要求事項を明確化する際に、JIS Q 9100として考慮すべき事項を述べています。ここでアベイラビリティ（availability）は、製品・部品を使いたいときに使えるように準備することです。製品の旧式化・枯渇（obsolescence）は、模倣品につながる可能性があるため、JIS Q 9100では重要な管理項目です。航空・宇宙・防衛産業における製品組み込みのソフトウェア（ファームウェア、firmware）の例としては、安定増大システム（SAS）、操縦性増大システム（CAS）、電気操縦装置（FBW）、直接力制御（DFC）、静安定緩和（RSS）、運動荷重制御（MLC）、自動飛行システム（AFC）や、エンジンではエンジンデジタル制御（DEC）があります。異物混入事例としては、電装品ハーネス内の組立治具の残置、FRP（軽量強化プラスチック）積層作業の離型紙の残置、油圧機器の作動油のコンタミ（汚染）、ハニカム組立治具の残置、精密航空計器のゴミなどがあります。

　③は、プロセス（実施手順）の基準と、プロセスの結果である製品の合否判定基準の両方が必要であることを述べています。③注記の統計的手法に関して、信頼性ではMTBF（平均故障間隔、mean time between failure）など、保全性・整備性ではMTTR（平均修理時間、mean time to repair）など、製品安全ではリスク分析技法（FMEA、failure mode and effects analysis）など、実験計画法（DOE、design of experiment）ではタグチメソッドなどがあります。

　統計的工程管理技法としては、管理図や工程能力指数（C_{pk}）などがあります。詳細については、第13章で説明します。また、FMECA（failure modes effects and criticality analysis）は、影響の致命度の格付けを重視するリスク分析技法で、FMEAの一種です。FMEAの詳細については、第13章で説明します。

　④ｃ）は、JIS Q 9100では、顧客満足のためには製品の品質だけでなく、"納期"についても重要であることを述べています。ｄ）は、あらかじめ決めたプロセスの基準に従って管理すること、ｅ）は、プロセスが適切に実施されたことを示す文書・記録、および製品要求事項を満たすことを示す記録について述べています。⑤は、JIS Q 9100の追加要求事項です。ｆ）のクリティカルアイテムおよびキー特性については、本書の第2章を参照ください。

区　分	定　義	文書例
製品実現の計画（品質計画）	各製品（プロジェクト）に共通する計画	・品質保証体系図、設計管理規定、製造管理規定など
品質計画書	特定製品の計画	・設計計画書、製品図面、製品仕様書、管理計画（コントロールプラン）など

図8.2　製品実現の計画（品質計画）と品質計画書

⑤注記および⑥は、プロジェクトマネジメントについて述べています。プロジェクトマネジメントの概要については、後述の［プロジェクトマネジメント］で説明します。⑦注記の品質計画書は、プロジェクト（すなわち個別製品）固有の計画書です。製品実現の計画（品質計画）と品質計画書の違いは、図8.2のようになります。

⑧は、変更管理について述べています。意図した変更以外に、意図しない影響についても管理することが必要です。⑨は、外部委託プロセス、すなわちアウトソースについても確実に管理することを述べています。

⑩は、作業移管について述べています。一時的作業移管とは、例えば本来製品の製造を行っている工場や設備が、何らかの事情で使用できなくなった場合に、一時的に他の工場や設備が使用できるように準備しておくことです。この場合に、作業移管による、他への影響や起こり得るリスクについて考慮することが必要です。

［プロジェクトマネジメント］

組織は、通常は機能的組織（すなわち部門単位）で活動しています。例えば、受注プロセスは営業部、設計・開発プロセスは設計部、購買プロセスは購買部、製造プロセスは製造部、検査プロセスは品質保証部が、それぞれの部門長に与えられた責任・権限のもとで活動しています。すなわち部分最適の活動です。

しかし、新規性の高い新製品（すなわちプロジェクト）の場合は、製品の設計・開発プロセスだけでなく、購買プロセス、製造プロセスなど、種々のプロセスにおいて、それまでとは異なるやり方が必要となります。すなわち、受注、設計・開発、購買、製造、検査などの各プロセスが適切に機能し、全体としてプロジェクトの目標が満たされる活動が必要となります。

第Ⅱ部　JIS Q 9100 要求事項の解説

　プロジェクトマネジメントの目的は、部分最適ではなく、全体最適を目指す活動です。それには、各プロセスを部門横断的にカバーして、プロジェクトを推進することが必要となります。これがプロジェクトマネジメントです。機能別プロセス管理とプロジェクトマネジメントの比較を図 8.3 に示します。プロジェクトマネジメントは、機能別プロセス管理に比べて、受注プロセスから引渡しプロセスまでの製品実現プロセス全体の時間を短縮することができます。第 11 章で述べる、APQP（先行製品品質計画）は、プロジェクトマネジメントの代表的な例です。

区　分		営業部門	設計部門	生技部門	購買部門	製造部門	品証部門	出荷部門
機能別プロセス管理	受注 P	■						
	製品設計 P		■					
	工程設計 P			■				
	購買 P				■			
	製造 P					■		
	検査 P						■	
	引渡し P							■

時間 →

区　分		営業部門	設計部門	生技部門	購買部門	製造部門	品証部門	出荷部門
プロジェクトマネジメント	受注 P	■	■		■			
	製品設計 P				■			
	工程設計 P				■			
	購買 P				■			
	製造 P				■	■	■	
	検査 P				■		■	
	引渡し P				■			

［備考］　P：プロセス

図 8.3　機能別プロセス管理とプロジェクトマネジメントの比較

第 8 章　運　用

8.1.1　運用リスクマネジメント

[要求事項]

要求事項	コメント
8.1.1　運用リスクマネジメント	
① 適用される要求事項の達成に向けた運用リスクを管理するため、次の事項を含むプロセスを計画し、実施し、管理する（組織、製品・サービスに応じて適切に）。	・運用（製品実現）のプロセスを計画する際に、リスクを考慮する。
a）　運用リスクマネジメントのための責任の割当て	・運用リスクマネジメントのための責任・権限の明確化
b）　リスクアセスメント基準の決定 　　・例：発生確率、影響の程度、リスク受容基準（risk acceptace criteria）	・リスクの発生度（発生確率、O）、リスクが発生した場合の影響度（影響の程度、S）、およびリスク受容基準の値の決定
c）　運用（箇条8）を通してリスクの特定、アセスメントおよびコミュニケーション	・運用プロセスにおいて発生する可能性のあるリスクの明確化 ・新規プロジェクトのリスク、購買リスク（例：倒産、納期遅れ、異材納入）、環境変化リスク（例：景気、法令）など ・リスクレベルの評価および処置に関するコミュニケーション
d）　決定したリスク受容基準を超えるリスクを軽減する処置の決定、実施および管理	・リスク受容基準を超える場合、リスク軽減処置の決定・実施・管理
e）　リスク軽減処置を実施した後の残留リスクの受容	・リスク軽減対策をとった後の残留リスク（residual risk）の受容
② 注記1　箇条6.1では、組織の品質マネジメントシステムの計画を策定する場合のリスクおよび機会に取り組むが、この箇条8.1.1は、製品・サービスの提供に必要な運用プロセス（箇条8）に関連するリスクに限定して、適用する。	・リスクマネジメントの対象 　－箇条6.1：品質マネジメントシステム全体のリスク 　－箇条8.1.1：品質マネジメントシステムのうち、運用（製品実現）プロセスのリスク
注記2　航空・宇宙・防衛産業では、リスクは、一般的に発生確率および結果の重大性の観点で表現される。	・航空・宇宙・防衛産業では、リスクは、発生度（O）および影響度（S）、すなわちS×Oで表わされる（FMEAのRPNではなく）。

157

第Ⅱ部　JIS Q 9100 要求事項の解説

[**要求事項のポイント**]

"運用リスクマネジメント(operational risk management)"とは、運用(製品実現)プロセスのリスクマネジメントのことです。要求事項①は、運用プロセスのリスクを考慮することを述べています。① a)は、運用リスクマネジメントのための責任・権限の明確化、b)は、リスクの発生度(発生確率、O、occurence)、リスクが発生した場合の影響度(影響の程度、S、severity)、およびリスクの受容レベル(受容できる S × O の値)の決定、c)は、運用(製品実現)プロセスにおいて発生する可能性のあるリスクの明確化、リスクレベル(S、O)の評価および処置に関するコミュニケーション、d)は、リスク受容基準を超える場合のリスク軽減処置の決定・実施・管理、そして e)は、リスク軽減対策をとった後の残留リスク(residual risk)の受容について述べています。

要求事項②注記 1 は、箇条 6.1(リスクおよび機会への取組み)では、組織の品質マネジメントシステム全体の計画を作成する場合のリスクを対象にしているのに対して、箇条 8.1.1(運用リスクマネジメント)では、運用すなわち製品実現プロセスに関連するリスクを対象としていることを述べています(図 8.4 参照)。

②注記 2 は、ISO 9000 のリスクの定義が"不確かさの影響"であるのに対して、航空・宇宙・防衛産業では、リスクの予想される発生度(O)と発生した場合の影響(結果の重大性、S)、すなわち"S × O"で表されることを述べています(FMEA の RPN = S × O × D ではなく)。

運用リスクマネジメントの詳細、およびリスクマネジメントの基本については第 2 章、およびリスクマネジメント規格 ISO 31000 を参照ください。

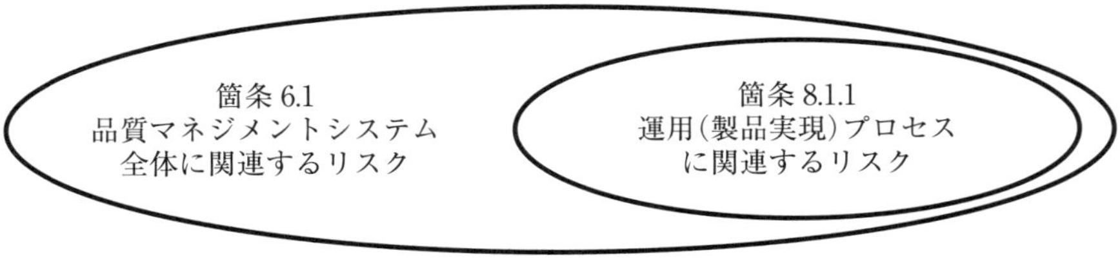

図 8.4　リスクマネジメントの対象

第8章 運用

8.1.2　形態管理(コンフィギュレーションマネジメント)

[要求事項]

要求事項	コメント
8.1.2　形態管理(コンフィギュレーション　マネジメント)	
① 製品ライフサイクルを通じて、物理的・機能的属性の識別・管理を確実にする。そのために、形態管理のプロセスを計画・実施・管理する(組織、製品・サービスに応じて適切に)。	・製品ライフサイクルすなわち製品実現プロセスの全課程において、識別管理を確実にするために、形態管理を行う。
② 次の事項を実施する。	
a)　製品識別および要求事項へのトレーサビリティを管理する。　　・識別された変更の実施を含む。	・製品識別および要求事項へのトレーサビリティ管理を行う(明確になった変更を含む)。
b)　文書化した情報(例:要求事項、設計、検証、妥当性確認および合否判定に関わる文書類)が、製品・サービスの実際の属性に整合していることを確実にする。	・製品の形態が、形態要求を示す製造図面、製造に展開する作業指示書、検査結果の記録によって整合性のあることを示す。

[用語の定義]

用　語	定　義
形態管理 configuration management	・形態管理は、製品の構成を文書化するもので、製品ライフサイクルの全段階で，識別・トレーサビリティ、その物理的・機能的要求事項の達成状況、および正確な情報へのアクセスをもたらす。 ・製品の識別・トレーサビリティ要求事項を満たすための、文書の改訂版を含む製品の識別をいう。構成管理と同義語

[要求事項のポイント]

　要求事項①は、製品ライフサイクルにおける識別管理を確実にするために、形態管理(構成管理)を行うこと、②a)は、製品識別および要求事項へのトレーサビリティ管理を行うこと、b)は、製品の形態(構成)が、形態要求を示す製造図面、製造に展開する作業指示書、検査結果の記録によって整合性のあることを示すことを述べています。形態管理の詳細については第2章を参照ください。

159

第Ⅱ部　JIS Q 9100 要求事項の解説

8.1.3　製品安全

[要求事項]

要求事項	コメント
8.1.3　製品安全 ① **製品ライフサイクル全体で、製品安全を保証するために必要な、プロセスを計画・実施・管理する（組織・製品に応じて適切に）。** 注記　次の事項を含む。	・製品ライフサイクル（製品実現プロセス）全体で、製品安全を保証するプロセスを計画・実施する。
a)　**ハザードの評価および関連するリスクのマネジメント（8.1.1 参照）**	・ハザードの評価と、運用リスクマネジメントを実施する。
b)　**安全クリティカルアイテムの管理**	・クリティカルアイテムが、安全クリティカルアイテムとなる。
c)　**製品安全に影響を与える発生した事象の分析・報告**	・安全に影響を与える事象について、原因の特定、分析・評価を行い、是正処置につなげる。
d)　**これらの事象の伝達および人々の訓練**	・発生した製品安全に影響を与える事象の対策を、関係部門に伝えて、教育・訓練につなげる。

[用語の定義]

用　語	定　義
製品安全 product safety	・製品が人々への危害または財産への損害に至る、許容できないリスクをもたらすことなく、設計したまたは意図した目的を満たすことができる状態
ハザード hazard	・安全を実現する対象の機能不全の振舞いにより引き起こされる、危害になり得る潜在的な原因

[要求事項のポイント]

　製品安全は、航空当局からの安全に関わる要求である SMS（安全管理制度、safety management system）を考慮したものと考えられます。

　製品安全とは、製品の安全性を確保すること、飛行安全を確保すること、部品が故障した場合にどういうことが起こるかということです。

　要求事項①は、製品ライフサイクルすなわち製品実現の全課程において、製

160

第8章 運用

品安全のプロセスを計画して実施することを述べています。

①注記は、製品安全を保証するプロセスを計画する際に考慮すべき事項について述べています。

a）のハザードとは、危険な状態になる原因のことです。また、b）のクリティカルアイテムについては、第2章を参照ください。

a）のハザードの評価は、設計FMEAなどによって特定されます。特定されたリスクは、箇条8.1.1運用リスクマネジメントによって実施されます。

b）のJIS Q 9100で定義されているクリティカルアイテムが、安全上のクリティカルアイテムとなります。クリティカルアイテムについては、第2章を参照ください。c）は、安全に影響を与える事象（できごと、event）について、原因の特定、分析・評価を行い、是正処置につなげること、d）は、発生した、製品安全に影響を与える事象の対策を関係部門に伝えて、教育・訓練につなげることを述べています。

8.1.4 模倣品の防止

［要求事項］（1/2）

要求事項	コメント
8.1.4　模倣品の防止	
① 模倣品または模倣品の疑いのある製品の使用、およびそれらが顧客へ納入する製品に混入することを防止するプロセスを、計画・実施・管理する（組織、製品に応じて適切に）。	・模倣品防止のプロセスを構築する。
② 注記　模倣品防止プロセスは次の事項を考慮する（ことが望ましい）。	
a）　該当する人々への模倣品の認識および防止の訓練	・箇条7.2力量および箇条7.3認識と関連
b）　部品の旧式化・枯渇の監視プログラムの適用	・部品の旧式化・枯渇が模倣品につながる可能性がある。
c）　正規製造業者または承認された製造業者、承認された販売業者または他の承認された提供元から外部提供される製品を取得するための管理	・承認された製造業者や販売業者がある場合は、それらの製品を使用する。

161

第Ⅱ部　JIS Q 9100 要求事項の解説

[要求事項]（2/2）

要求事項	コメント
② d)　正規製造業者／承認された製造業者に、部品・構成部品のトレーサビリティを保証するための要求事項	・QPL、QML および PMA 製品であることを保証する証明書の要求 ・箇条 8.4.3 外部提供者に対する情報の k）と関連
e)　模倣品を検出するための検証・試験方法	・箇条 8.4.2 の検証活動と関連
f)　外部情報源からの模倣品報告の監視	・箇条 7.1.6 組織の知識の注記 2 の b）と関連
g)　模倣品の疑いのある製品または検出された模倣品の隔離・報告	・箇条 8.7.1 不適合製品の管理と関連

[用語の定義]

用　語	定　義
模倣品 counterfeit part	・正規製造業者または承認された製造業者の純正指定品として、故意に偽られた無許可の複製品、偽物、代用品または改造部品 ・例：材料、部品、構成部品（component）

[要求事項のポイント]（第 2 章参照）

　要求事項①は、模倣品防止のプロセスを確立することを求めています。

　②注記は、模倣品防止プロセスで考慮すべき事項について述べています。

　②b）は、部品の旧式化・枯渇が、模倣品のつながることが多いためです。箇条 8.1 運用の計画および管理の a）、8.3.3 設計・開発へのインプットの f）、および 8.5.5 引渡し後の活動の i）と関連しています。

　②c）は、QPL（認定品目表）および QML（認定製造業者表）に登録されている製品、FAA（米国連邦航空局）の PMA（部品製造・設計認証制度）による承認業者の製品を購入するための管理に相当します。また、箇条 8.4.2（購買）管理の方式および程度、および箇条 8.4.3 外部提供者に対する情報の k）と関連します。模倣品防止の詳細については、第 2 章を参照ください。

第8章 運 用

8.2 製品およびサービスに関する要求事項

8.2.1 顧客とのコミュニケーション

［要求事項］

要求事項	コメント
8.2 製品およびサービスに関する要求事項 8.2.1 顧客とのコミュニケーション ① 顧客とのコミュニケーションには下記を含める。	
a） 製品・サービスに関する情報の提供	・設計・開発、製造段階における顧客とのコミュニケーション
b） 引合い・契約・注文の処理（変更を含む）	・受注段階における顧客とのコミュニケーション
c） 製品・サービスに関する顧客からのフィードバック（苦情を含む）	・製品出荷後の、顧客クレーム、定期的コミュニケーションなど
d） 顧客の所有物の取扱い・管理	・顧客の所有物が損傷、紛失しないように管理
e） 不測の事態への対応に関する特定の要求事項（関連する場合）	・緊急事態発生時の顧客とのコミュニケーション

［要求事項のポイント］

要求事項① a）は、設計・開発および製造段階における、製品に関する顧客とのコミュニケーション、b）は受注段階、そしてc）は、製品出荷後の顧客とのコミュニケーションについて述べています（図8.5参照）。

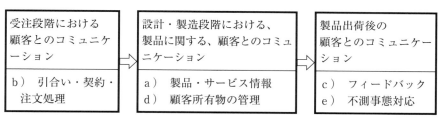

図8.5　製品実現プロセスの各段階における顧客とのコミュニケーション

163

第Ⅱ部　JIS Q 9100 要求事項の解説

8.2.2　製品およびサービスに関する要求事項の明確化

[要求事項]

要求事項	コメント
8.2.2　製品およびサービスに関する要求事項の明確化	
① 顧客に提供する製品・サービスに関する要求事項を明確にするために、次の事項を確実にする。	
a） 製品・サービスの要求事項が定められている（次の事項を含む）。	・製品・サービスの要求事項の明確化
1） 適用される法令・規制要求事項	・航空・宇宙・防衛産業では、法令・規制要求事項は重要
2） 組織が必要とみなすもの	・製品特性、製造方法、安全、点検・整備、セキュリテイなど
b） 提供する製品・サービスに関して主張していることを満たす（ことができる）。	・組織が自らの製品を実現できることを明確にする。
c） 製品・サービスに関わる特別要求事項が明確化されている。	・顧客・組織よって明確にされた、製品に関する特別要求事項の明確化（存在する場合）
d） 運用リスクが特定されている。 ・例：新技術、製造能力および生産能力、短納期	・技術、品質、生産能力、納期などで問題となるリスクの明確化 ・箇条 8.1.1 運用リスクマネジメントと関連

[要求事項のポイント]

　要求事項① a）1)は、航空・宇宙・防衛産業では、航空法、航空法施行規則、サーキュラー(実施要領書、circular)、航空機製造事業法などの法規制要求事項があります。2)は、安全、品質保証および顧客満足のために、組織が必要と決めたものも含まれます。 c)の特別要求事項は、製品・サービスに関する要求事項の明確化の段階に決定されます。詳細については、第2章をご参照ください。 d)の運用リスクは、箇条 8.1.1 運用リスクマネジメントのことを述べています。

　製品・サービスに関する要求事項には、箇条 8.2.3.1 製品およびサービスに関する要求事項のレビューの① a)〜 e)に記載されている各項目も含まれます。

第8章 運 用

8.2.3　製品およびサービスに関する要求事項のレビュー

[要求事項]

要求事項	コメント
8.2.3　製品およびサービスに関する要求事項のレビュー 8.2.3.1　（一般）	
① 顧客に提供する製品・サービスに関する要求事項を満たす能力をもつことを確実にする。	・設計・製造・サービス提供能力があるかどうかを確認する。
製品・サービスを顧客に提供することをコミットメントする前に、次の事項を含め、レビューを行う。	・レビューは、製品・サービスを顧客に提供することをコミット（契約・受注）する前に行う。
ａ）　顧客が規定した要求事項 ・引渡しおよび引渡し後の活動に関する要求事項を含む。	・規定した要求事項とは、顧客が文書で要求した要求事項
ｂ）　顧客が明示してはいないが、指定された用途または意図された用途が既知である場合、それらの用途に応じた要求事項	・製品の用途に応じた、顧客の期待（顧客は特別には要求していないものも含まれる）
ｃ）　組織が規定した要求事項	・組織が必要と判断した要求事項
ｄ）　製品・サービスに適用される法令・規制要求事項	・例：ＦＡＲ（米国連邦航空規制）、航空法、航空機製造事業法
ｅ）　以前に提示されたものと異なる、契約・注文の要求事項	・以前に提示されたものと異なる、契約・注文の要求事項
② **このレビューは、組織の該当する機能と調整する。**	・レビューは、組織内の関連部門を含めて、部門横断チームで行う。
レビューにおいて、顧客要求事項が満たされない、または部分的にしか満たされないことを組織が判定する場合、相互に受入れ可能な要求事項を顧客と交渉する。	・レビューの結果、顧客要求事項が満たされない可能性があることがわかった場合は、顧客と交渉する。
③ 契約・注文要求事項が以前と異なる場合は、それが解決されていることを確実にする。	・①ｅ）に対する補足
顧客が要求事項を書面で示さない場合は、顧客要求事項を受諾する前に確認する。	・航空・宇宙・防衛産業では、口頭受注は基本的に存在しない。
8.2.3.2　（文書化） ④ 次の文書化した情報を保持する（該当する場合は必ず）。	・次の２つの記録を作成する。
ａ）　レビューの結果 ｂ）　製品・サービスに関する新たな要求事項	－レビューの結果 －レビュー結果生じた、新たな問題（要求事項）

165

第Ⅱ部　JIS Q 9100 要求事項の解説

[要求事項のポイント]

　製品・サービスに関する要求事項のレビューとは、箇条 8.2.2 で明確にした製品・サービスに関する要求事項に対して、組織が、設計、製造あるいはサービス提供の能力があるかどうか、すなわち技術的、品質的、コスト的、生産能力的に問題がないかどうかを確認することです。要求事項①はこのことを述べています。

　②は、JIS Q 9100 の追加要求事項として、このレビューは部門横断チームで行うことを述べています。重要な要求事項であるということです。

　①で述べているように、このレビューは、受注・計画前に行います。また、アフターサービスなどの製品を顧客に引渡した後の活動も含まれます。

8.2.4　製品およびサービスに関する要求事項の変更

[要求事項]

	要求事項	コメント
	8.2.4　製品およびサービスに関する要求事項の変更	
①	製品・サービスの要求事項が変更されたときには、下記を行う。	・製品要求事項の変更には、顧客による変更のほか、関連法規制の改訂、組織による変更がある。
	a）　関連する文書化した情報を変更することを確実にする。	・製品・サービスの要求事項が変更された場合は、種々の文書を変更する必要がある場合がある。
	b）　変更後の要求事項が、関連する人々に理解されていることを確実にする。	・文書が変更になった場合は、組織内に通知・徹底する。

[要求事項のポイント]

　製品・サービスに関する要求事項の変更は、顧客による変更（例：顧客仕様書の改訂）のほか、関連法規制の改訂、組織による変更も含まれます。

　要求事項① a ）は、製品・サービスに関する要求事項が変更された場合は、製品の図面、仕様書、管理計画（コントロールプラン）などの関連する文書を変更すること、そして b ）は、その変更内容を組織内に周知することを述べています。

第 8 章　運　用

8.3　製品およびサービスの設計・開発

8.3.1　一　般

8.3.2　設計・開発の計画

［要求事項］（1/2）

要求事項	コメント
8.3　製品およびサービスの設計・開発 8.3.1　一　般 ① 設計・開発以降の製品・サービスの提供を確実にするために、設計・開発プロセスを確立し、実施し、維持する。	・製品の設計・開発では、製造・購買などの設計・開発以降のプロセスを考慮することが必要
8.3.2　設計・開発の計画 ② 次の事項を考慮して、設計・開発の段階と管理を決定する。 　a）　設計・開発活動の性質・期間・複雑さ	・ a ）～ j ）に示す事項を含めた設計・開発計画書を作成する。 ・性質：新規製品か改良製品か ・期間：開発スケジュール ・複雑さ：製品の複雑さ
b）　プロセスの段階（適用される設計・開発のレビューを含む）	・設計・開発のステップと、各ステップにおけるレビュー項目
c）　設計・開発の検証・妥当性確認活動	・検証・妥当性確認の内容
d）　設計・開発プロセスに関する責任・権限	・設計・開発プロセスに関する責任・権限
e）　製品・サービスの設計・開発のための内部資源・外部資源の必要性	・設計・開発のための設備、人、アウトソース、予算など
f）　設計・開発プロセスに関与する人々の間のインタフェース管理の必要性	・設計・開発は各部門が参加する部門横断チームによって行う。
g）　設計・開発プロセスへの顧客・ユーザの参画の必要性	・レビューへの顧客の参加、妥当性確認試験への立会など
h）　設計・開発以降の製品・サービスの提供に関する要求事項	・設計・開発以降の、購買、製造、検査、引渡しなどの要求事項
i）　顧客・利害関係者によって期待される、設計・開発プロセスの管理レベル	・顧客、監督官庁、供給者から期待される事項を明確にする。
j）　設計・開発の要求事項を満たしていることを実証するために必要な文書化した情報	・設計・開発の要求事項を満たしていることを実証する記録

167

第Ⅱ部　JIS Q 9100 要求事項の解説

［要求事項］（2/2）

要求事項	コメント
③ 設計・開発の活動を個別の活動に分割し、各活動について、作業項目、必要な資源、責任、設計の内容、インプット・アウトプットを定める（必要な場合）。	・設計・開発プロセスを各段階に分け、各段階における実施事項、必要な資源、責任・権限、インプット・アウトプットを明確にする。
④ 設計・開発の計画において、製品・サービスを提供・検証・試験し、保守（整備）する能力を考慮する（8.1-a のアウトプット参照）。	・設計・開発の計画段階において、製造、検査・試験および保守（整備）能力を考慮する。

［要求事項のポイント］

要求事項①は、設計・開発のアウトプットは、その後に続く製造プロセスのインプットであることを述べています（図 8.10、p.173 参照）。

②a）〜j）に示す事項を含めた設計・開発計画書を作成します。b）の設計・開発の段階とは、設計・開発のステップのことです。基本設計、詳細設計、試作、評価試験、飛行試験などのステップがあります（図 8.8、p.173 参照）。またc）は、設計・開発の各ステップで実施する設計計算、部分試験、検図、シミュレーション、信頼性試験、環境負荷試験、実機試験などについて述べています。

③は、②b）の補足要求事項です。

④は、製品の設計に際しては、設計・開発の後に続く、製造、検査・試験、および保守（整備）能力を考慮すること、いわゆる、製造しやすい設計、検査しやすい設計、保守（整備）しやすい設計とすることを述べています。

［製造工程設計について］

航空・宇宙・防衛産業においては、装置の化学製品（例：推進薬）、複合材の原材料・繊維など、製品品質に直接影響し、管理計画（コントロールプラン）や製造手順書を作成する工程設計は、設計・開発の対象とします。一方、製造図面にもとづき製造工程を決める場合は、設計・開発ではなく、箇条 8.5.1 の製造・サービス提供の管理として対応するのが一般的です。

第8章　運用

8.3.3　設計・開発へのインプット

[要求事項]

要求事項	コメント
8.3.3　設計・開発へのインプット	
① 設計・開発する特定の種類の製品・サービスに不可欠な要求事項を明確にする。 その際に、次の事項を考慮する。	・設計・開発へのインプットとは、設計・開発に対する要求事項のこと
a) 機能・パフォーマンスに関する要求事項	・信頼性目標、整備性目標なども含まれる。
b) 以前の類似の設計・開発活動から得られた情報	・過去に設計・開発された航空・宇宙・防衛製品のデータ
c) 法令・規制要求事項	・例：航空法、電波法、火薬類取締法、米国連邦航空規則（FAR）
d) 組織が実施することをコミットメントしている、標準・規範	・例：公的規格、組織の標準、航空・宇宙・防衛産業の慣行
e) 製品・サービスの性質に起因する失敗により起こり得る結果	・FMEA/FTA などで体系的に明確にするとよい。
f) 旧式化・枯渇から起こり得る結果（該当する場合は必ず） 　**・例：材料、プロセス、部品、機器、製品**	・製品、材料、機器などの旧式化・枯渇が起こった場合の影響を検討する。
② インプットは、設計・開発の目的に対して適切で、漏れがなく曖昧でないものとする。設計・開発へのインプット間の相反は、解決する。	・設計・開発へのインプットを明確・確実なものにする。
設計・開発へのインプットに関する文書化した情報を保持する。	・設計・開発へのインプットを記録する。
③ **注記　設計・開発へのインプットの情報として、ベンチマーキング、外部提供者からのフィードバック、内部で発生したデータおよび運用中のデータも考慮する（ことができる）。**	・a)～f)のインプット情報以外に考慮すべき事項

[**要求事項のポイント**]

設計・開発へのインプットとは、設計・開発に対する要求事項のことです。

設計・開発へのインプットは、要求事項①～③を考慮することが必要です。

169

第Ⅱ部　JIS Q 9100 要求事項の解説

8.3.4　設計・開発の管理

[要求事項]

要求事項	コメント
8.3.4　設計・開発の管理	
① 次の事項を確実にするために、設計・開発プロセスを管理する。	
a） 達成すべき結果を定める。	・設計目標をはじめに決めておく。
b） 設計・開発の結果の要求事項を満たす能力を評価するために、レビューを行う。	・設計・開発の結果の要求事項を満たす能力を評価するために、"デザインレビュー"を行う。
c） 設計・開発からのアウトプットが、インプットの要求事項を満たすことを確実にするために、検証活動を行う。	・設計・開発からのアウトプットが、インプットの要求事項を満たすことを確認するために、"設計検証"を行う。
d） 結果として得られる製品・サービスが、指定された用途または意図された用途に応じた要求事項を満たすことを確実にするために、妥当性確認活動を行う。	・設計・開発の結果である製品・サービスが、指定された用途または意図された用途に応じた要求事項を満たすことを確実にするために、"妥当性確認"を行う。
e） レビュー・検証・妥当性確認の活動中に明確になった問題に対して、必要な処置をとる。	・レビュー、検証および妥当性確認の結果発見された問題点に対して必要な処置をとる。
f） これらの活動についての文書化した情報を保持する。	・レビュー・検証・妥当性確認の結果と、とった処置を記録する。
g） 次の段階への移行を承認する。	・設計・開発の各段階で、次の段階（ステップ）に進む前に承認を得る。
② **設計・開発レビューの参加者には、レビューの対象となっている設計・開発段階に関連する機能の代表者を含める。**	・設計・開発のレビューは、部門横断チームによって行う。
③ 注記　設計・開発のレビュー・検証・妥当性確認は、異なる目的をもつ。これらは、製品・サービスに応じた適切な形で、個別にまたは組み合わせて行う（ことができる）。	・小規模組織や、新規性の小さい製品の設計・開発の場合は、レビュー・検証・妥当性確認を個別に行わなくてもよい。

170

第 8 章 運 用

[要求事項のポイント]

設計・開発の管理とは、実施した設計・開発の内容が良かったかどうかを確認するために、レビュー、検証および妥当性確認を行うことです。

レビュー(デザインレビュー、設計審査)、検証(設計検証)および妥当性確認の相違を図 8.6 に、それらの関係を図 8.7 に示します。

要求事項① a)は、設計目標をはじめに決めておくことを述べています。

b)の設計・開発のレビューは、1 回ではなく複数回行われる場合が多いようです(図 8.8 参照)。また、 c)の設計・開発プロセスのアウトプットに対する検証活動の例には、次のようなものがあります。

・設計・開発プロセスのアウトプットとインプット要求事項の比較

・別法による計算の実施

・類似製品と対比した評価

・試験、シミュレーションまたは試行の実施

d)の設計・開発の妥当性確認とは、実際に使用できるかどうかを、顧客目線で確認することです。妥当性確認の時期としては、次の 3 つのケースが考えられます(図 8.9 参照)。

1)　製品の設計・開発終了時で、本格的製造・サービス提供開始前

　　…量産製品に対する試作品の評価

2)　製品の製造・サービス提供開始後で、顧客への引渡し前

　　…非量産製品または一般のサービス

3　製品の顧客への引渡し後

　　…引渡し前に妥当性確認ができない製品(例：人工衛星用カメラ)

① e)と f)は、レビュー・検証・妥当性確認の結果と、取った処置内容の記録を作成することを述べています。

図 8.8 は、設計・開発のステップが、基本設計、詳細設計、試作、評価試験および飛行試験で構成される場合の例を表します。これらの各ステップの最後にデザインレビュー(DR)が行われ、次のステップに進んでよいことの承認が行われます。これが、① g)の"次の段階への移行の承認"となります。

171

区分	実施事項	実施時期
レビュー review	・設計・開発の計画的・体系的なレビュー ・設計・開発の結果が要求事項を満たせるかどうかの評価 ・設計・開発段階に関連する部門の代表者が参加(いわゆる部門横断チームで実施)	・設計・開発の適切な段階に計画的に実施 ・レビューは、複数回行われる場合がある。
検証 verification	・設計・開発プロセスのアウトプット(結果)が、設計・開発のインプット(要求事項)を満たしていることの評価 ・すなわち、設計・開発プロセスのアウトプットとインプット要求事項との比較	・計画的に実施
妥当性確認 validation	・設計・開発された製品が、実際に使用できるかどうかの評価 ・(レビュー・検証が設計者の立場で行う評価であるのに対して) 妥当性確認は顧客の立場で行う評価 ・妥当性確認は、顧客と共同でまたは分担して行われることがある。	・製品の引渡し前に計画的に実施(原則として)

図 8.6　設計・開発のレビュー、検証および妥当性確認

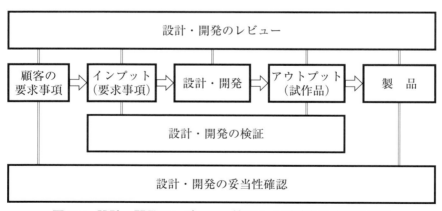

図 8.7　設計・開発のレビュー、検証および妥当性確認の関係

②は、設計・開発のレビューは、部門横断チームで行うことを述べています。

③は、小規模の設計・開発の場合や、設計変更の程度によっては、レビュー・検証・妥当性確認を個別に行わなくてもよいことを述べています。

設計・開発のステップ

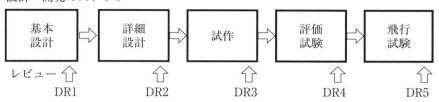

［備考］　DR：レビュー（review）

図 8.8　設計・開発のステップとレビュー

図 8.9　設計・開発の妥当性確認の時期

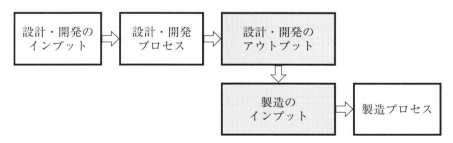

図 8.10　設計・開発プロセスのアウトプットと製造プロセスのインプット

第Ⅱ部　JIS Q 9100 要求事項の解説

8.3.4.1　（検証・妥当性確認試験）

[要求事項]

要求事項	コメント
8.3.4.1　（検証・妥当性確認試験） ① **検証および妥当性確認に試験が必要な場合は、これらの試験は、次の事項を確実にし、立証するために、計画し、レビューし、文書化する。**	・検証・妥当性確認試験に関して、下記を含めて計画し、文書化する。
a）　**試験計画書・仕様書には、試験対象品および使用される資源を特定し、試験の目的・条件、記録するパラメータおよび関連する合否判定基準を明確にする。**	・試験計画書・仕様書の記載項目 　－試験対象品および資源 　－試験の目的・条件 　－記録するパラメータ（特性） 　－合否判定基準
b）　**試験手順には、使用される試験方法、試験の実施方法および結果の記録の方法を記載する。**	・試験手順の項目 　－使用する試験方法 　－試験の実施方法 　－記録の方法
c）　**正しい形態で、試験対象品を試験に供する。**	・正しい形態：正式な形態管理、顧客に引渡す形態のこと ・試験計画書と同一形態での試験
d）　**試験計画・試験手順の要求事項を遵守する。**	・コンプライアンス・倫理的行動の要求
e）　**合否判定基準を満たす。**	・合否判定基準の明確化
② **試験に使用される監視機器・測定機器は、7.1.5 に規定するとおりに管理する。**	・監視機器・測定機器は、箇条7.1.5 に従って管理する。
③ **設計・開発の完了前に、製品・サービスの設計がすべての特定された運用条件下で仕様書要求事項を満たすことを、報告書、計算結果、試験結果などによって、実証できることを確実にする。**	・設計・開発の完了前に、仕様書要求事項を満たすことを、報告書、計算結果、試験結果などによって実証する。

[要求事項のポイント]

　要求事項①～③は、箇条 8.3.4 設計・開発の管理の c）検証および d）妥当性確認に関して試験を行う場合の、JIS Q 9100 の追加要求事項です。

174

第8章 運用

8.3.5　設計・開発からのアウトプット

[要求事項]

要求事項	コメント
8.3.5　設計・開発からのアウトプット	
① 設計・開発からのアウトプットが、下記であることを確実にする。	・設計・開発からのアウトプットとは、設計・開発の成果物のこと
a） インプットで与えられた要求事項を満たす。	・設計・開発のインプットに対応したアウトプットであること
b） 製品・サービスの提供に関する、以降のプロセスに対して適切である。	・設計・開発以降のプロセス（例：購買、製造、検査、保全、引渡し）のインプットとして用いる（ことができる）。
c） 監視・測定の要求事項と合否判定基準を含むか、またはそれらを参照する（必要に応じて）。	・製品の検査・試験の要求項目と合否判定基準を明確にする。
d） 意図した目的、安全で適切な使用、および提供に不可欠な、製品・サービスの特性を規定する。	・製品の安全使用の条件を明確にする（例：環境温度、負荷、寿命、使用上の注意事項）。
e） キー特性を含むクリティカルアイテム、およびそれらのアイテムに対してとるべき処置を規定する（該当する場合は必ず）。	・キー特性およびクリティカルアイテムの明確化と、必要な管理事項を明確にする。
f） リリース前に、権限のある人によって承認を受ける。	・アウトプット（例：図面・仕様書）を発行する前に承認する。
② 製品の識別、製造、検証、使用および保守（整備）のために必要なデータを明確にする。 注記　データには、次の事項を含み得る。	・製品の製造段階だけでなく、検証、保守を含むすべての段階で必要なデータを明確にする。
・製品の形態、および設計特性を定めるための図面、部品リストおよび仕様書	・例：製品図面、部品リスト、仕様書
・適合した製品・サービスを提供・維持するために必要な、材料、工程、製造、組立、取扱い、包装および保存のデータ	・適合製品を提供・維持するための、材料・工程・製造・組立・取扱い・包装・保存のデータ
・製品を運用・保守（整備）するための技術データおよび修理計画	・製品を運用・保守（整備）のための技術データおよび修理計画
③ 設計・開発からのアウトプットについて、文書化した情報を保持する。	・記録（データを含む）を明確にして管理する。

第Ⅱ部　JIS Q 9100 要求事項の解説

[要求事項のポイント]

　設計・開発のアウトプット（設計・開発の成果物）に、要求事項① b ）“製品・サービスの提供に関する、以降のプロセスに対して適切である”とあるのは、製品の製造（またはサービスの提供）のための情報を準備することが、設計・開発ということになります。すなわち、図 8.10（p.173）に示すように、

“設計・開発のアウトプット”＝“製造・サービスのインプット”

となります。

　要求事項① d ）は、環境温度、負荷、寿命、使用上の注意事項などの、製品の安全使用のための条件を明確にすることを述べています。

　JIS Q 9100 の追加要求事項として、① e ）は、キー特性およびクリティカルアイテムを明確化すること、 f ）は、アウトプット（例：図面・仕様書）を発行する前に承認すること、②は、製品の製造段階だけでなく、検証、保守を含むすべての段階で必要なデータを明確にすることを述べています。

　また注記では、製品図面、部品リスト、仕様書などを明確にすること、適合製品を提供・維持するための、材料・工程・製造・組立・取扱い・包装・保存のデータを明確にすること、および製品を運用・保守（整備）のための技術データおよび修理計画を明確にすることを述べています。

8.3.6　設計・開発の変更

[要求事項]　(1/2)

要求事項	コメント
8.3.6　設計・開発の変更 ①　要求事項への適合に悪影響を及ぼさないことを確実にするために、次の変更を識別・レビュー・管理する。 　a）　製品・サービスの設計・開発の間の変更 　b）　製品・サービスの設計・開発以降の変更	・設計変更した場合は、悪影響について検討する。 ・設計・開発終了後の変更だけでなく、設計・開発途中の変更管理も含まれる。

176

第8章 運用

［要求事項］（2/2）

要求事項	コメント
② 顧客要求事項に影響を及ぼす変更について、変更実施前に、顧客に通知するための基準を含むプロセスを実施する。	・設計・開発の変更内容を、変更実施前に顧客に通知する。 ・その基準を決めておく。
③ 設計・開発の変更は、形態管理のプロセス要求事項に従って管理する。	・変更に伴って形態識別の変更が必要となる。
④ 次の事項に関する文書化した情報を保持する。	・a）～d）の内容を記録する。
a） 設計・開発の変更	・変更内容
b） レビューの結果	・変更の有効性と悪影響の内容
c） 変更の許可	・変更の実施承認
d） 悪影響を防止するための処置	・悪影響防止処置の内容

［要求事項のポイント］

　要求事項①は、b）設計・開発が終わった後の変更だけでなく、a）設計・開発途中の変更についても管理することを述べています。

　②は、設計・開発の変更内容を、変更実施前に顧客に通知すること、そしてその基準を決めておくことを述べています。

　設計変更の顧客への通知手順には、次のようなものがあります。

　・防衛省／宇宙航空研究開発機構との契約：ECP（技術変更提案書、engineering change proposal）など

　・民間機の場合：型式証明、航空法関連規則、サーキュラー（実施要項書）など

　③は、変更に伴って形態識別の変更が必要であることを述べています。

　④は、設計・開発の変更を行った場合は、a）設計変更の内容、レビューの結果、c）設計変更の許可（製造実施の承認）、およびd）悪影響防止処置の記録について述べています。

　設計・開発のどの程度の変更に対して、どの程度の管理を行うか（例：レビュー、検証、妥当性確認のどれを行うか）を決めておくとよいでしょう。

第Ⅱ部　JIS Q 9100 要求事項の解説

8.4　外部から提供されるプロセス、製品およびサービスの管理

8.4.1　一　般

　以下の要求事項のコメントおよびポイントでは、JIS Q 9100 規格の外部提供者を供給者、外部から提供されるプロセス・製品・サービスを購買製品と表します。

[要求事項]（1/2）

要求事項	コメント
8.4　外部から提供されるプロセス、製品およびサービスの管理 8.4.1　一　般	
① 外部から提供されるプロセス・製品・サービスが、要求事項に適合していることを確実にする。	・購買製品(外部提供プロセス・製品・サービス)が、要求事項に適合していることを確実にする。
② 外部から提供されるプロセス・製品・サービスすべての適合に責任を負う。	・購買製品で問題が発生した場合は、組織が責任を負う。
・顧客指定の提供元から提供されるものを含む。	・顧客指定の供給者からの購買製品でも、組織に責任がある。
顧客指定または承認された外部提供者が使用されていることを確実にする。	・顧客指定／承認の供給者がある場合その供給者から購入する。
・工程提供先(例：特殊工程)を含む(要求される場合)。	・アウトソースは特に重要
③ 外部提供者の選定・使用と同様に、プロセス・製品・サービスの外部提供に関連するリスクを特定し、管理する。	・供給者の選定および購買製品に関連するリスクを明確にし、管理する。
④ 外部提供者がその直接および下請の外部提供者へ適切な管理を適用することを要求する(要求事項を満たしていることを確実にするために)。	・供給者がその直接および下請(sub-tier)の供給者へ、適切な管理をすることを要求する。
⑤ (次の事項に該当する場合は)外部から提供されるプロセス・製品・サービスに適用する管理の方法を決定する。	・a)〜c)に該当する場合、購買製品の管理の方法を決定する。
a)　外部提供者からの製品・サービスが、組織の製品・サービスに組み込むことを意図したものである場合	・購買製品(部品・材料)の使用
b)　製品・サービスが外部提供者から直接顧客に提供される場合	・製造工場から直接顧客に搬入されるダイレクトシップなど

178

第8章　運　用

[要求事項]（2/2）

要求事項	コメント
⑤ c） プロセスが外部提供者から提供される場合	・アウトソース
⑥ プロセス・製品・サービスを提供する外部提供者の能力にもとづいて、外部提供者の評価・選択・パフォーマンスの監視・再評価を行うための基準を決定し、適用する。	・供給者の評価・選択・パフォーマンスの監視・再評価の基準を決定し、実施する。
これらの活動およびその評価によって生じる必要な処置について、文書化した情報を保持する。	・上記活動・評価によって生じる必要な処置を記録する。
⑦ 注記　外部提供者の評価・選定の際、客観的かつ信頼できる外部情報源からの品質データを、組織による評価として使用する（ことができる）。	・供給者の評価・選定の際、客観的かつ信頼できる外部情報源からの品質データを使用してもよい。
・例：認定された品質マネジメントシステム・プロセスの認証機関からの情報、政府当局または顧客からの外部提供者認定	・このデータには、認証機関からの情報、政府当局または顧客からの認定情報を含む。
組織は、外部から提供されるプロセス・製品・サービスが規定された要求事項を満たすことを検証する責任を負う（上記のようなデータを使用する場合でも）。	・（上記のような信頼できる外部データを使用する場合でも）組織は、購買製品が要求事項を満たすことを検証する責任を負う。

[要求事項のポイント]

　購買管理は、JIS Q 9100では非常に重要です。第1章に述べたように、JIS Q 9100の審査では、購買プロセスは毎年審査することになっています。購買管理の詳細については、本書の第2章を参照ください。

　購買製品（外部提供プロセス・製品・サービス）の例を図8.11に示します。要求事項①の外部から提供されるプロセスはアウトソース（外部委託、outsource）、製品は部品・材料、サービスは輸送・測定器の校正などのサービスを表します。アウトソースしたプロセスに対しても、組織の品質マネジメントシステムのプロセスとして管理します。

　②は、顧客指定の供給者、Nadcap（ナドキャップ）認証（国際特殊工程認証制

第Ⅱ部　JIS Q 9100 要求事項の解説

度）を受けている特殊工程の供給者、QPL（認定品目表）、QML（認定製造業者表）およびFAA（米国連邦航空局）のPMA（部品製造者承認）に登録されている供給者などの場合も、組織に責任があることを述べています。

③は、購買製品を使用する場合にリスク分析を行うこと、④は、直接の供給者だけでなく、サプライチェーン全体にわたって管理することを述べています。

⑤のダイレクトシップでは、組織が供給者の検査員を顧客の認定審査員に任命して、組織の名前で検証を行い、製造工場から直接顧客に搬入されます。

⑥は、供給者に対しては、初回評価を行って選定し、取引開始後は取引中のパフォーマンスを監視し、再評価を実施することを述べています（図8.12参照）。

⑦は、供給者の評価・選定に、外部情報を使用する場合も、責任は組織にあることを述べています。

区　分	購買製品の例 （外部から提供されるプロセス・製品・サービス）
プロセス	設計外注、製造・加工外注、検査外注など（アウトソース）
製　品	製品・部品・材料・副資材など
サービス	測定機器の校正・運送など

図8.11　購買製品の例

ステップ	供給者の管理方法
初回評価	・選定・取引開始時の評価を行う。
取引中の管理 （供給者パフォーマンスの監視）	・受入検査データを監視する。 ・供給者に対する監査を行う。 ・品質・コスト・納期の監視・指導を行うなど
再評価	・定期評価、プロジェクトごとの評価など ・供給者の経営環境が変化した際に再評価する。 　－合併・買収・子会社化など

図8.12　外部提供者（供給者）管理のステップと管理方法

第8章 運用

8.4.1.1 （外部提供者の承認状態）

[要求事項]

要求事項	コメント
8.4.1.1 （外部提供者の承認状態） ① **外部提供者の承認状態に関して、次の事項を行う。**	
a) **承認状態の決定、承認状態の変更および外部提供者の承認状態にもとづき、外部提供者の使用制限を行うための条件について、プロセス、責任・権限を定める。**	・供給者の各承認状態に対して、使用制限を行う条件について、手順、責任・権限を決める。
b) **承認状態（例：承認、条件付承認、否認）および承認範囲（例：製品の種類、プロセスの分類）を含む外部提供者の登録を維持する。**	・供給者の承認状態には、正式承認、条件付承認、否認がある。 ・承認状態・承認範囲を含めて承認業者一覧表などに登録する。
c) **プロセス・製品・サービスの適合、納期どおりの引渡しを含む、外部提供者のパフォーマンスを定期的にレビューする。**	・供給者の購買製品の品質および納期実績のパフォーマンスを、定期的に監視・レビューする。
d) **要求事項を満たさない外部提供者に対してとるべき処置を定める。**	・要求事項を満たさない供給者に対しては、是正処置の要求、監査の実施などの処置を行う。
e) **外部提供者によって作成・保持される文書化した情報の管理に対する要求事項を定める。**	・供給者が作成・管理すべき記録の管理に関する要求事項を決めて、供給者に通知する。 　－例：記録の種類、保管期間

[要求事項のポイント]

　箇条 8.4.1 の要求事項⑥、⑦で述べた供給者の評価結果をもとに、供給者を承認します。供給者の承認レベルには、正式承認、条件付承認、否認などがあります。これを外部提供者（供給者）の承認状態といいます。

　上記要求事項① a ）は、供給者の各承認状態に対して行う条件を決めます。b ）は、承認状態や承認範囲がわかる供給者一覧表を作成します。 c ）は、供給者の品質・納期実績を定期的に監視し、 d ）の是正処置や監査につなげます。e ）は、供給者に対する記録の保管に関する要求事項を明確にします。

181

第Ⅱ部　JIS Q 9100 要求事項の解説

8.4.2　(購買)管理の方式および程度

［要求事項］（1/2）

要求事項	コメント
8.4.2　(購買)管理の方式および程度 ① 外部から提供されるプロセス・製品・サービスが、顧客に一貫して適合した製品・適合サービスを引き渡すという、組織の能力に悪影響を及ぼさないことを確実にする。そのために、次の事項を行う。	・外部から提供されるプロセス・製品・サービス(購買製品)によって、顧客に適合した製品・サービスを引渡すことを確実にする。
a） 外部から提供されるプロセスを、品質マネジメントシステムの管理下にとどめることを、確実にする。	・購買プロセスを、組織の品質マネジメントシステムに含めて、確実に管理する。
b） 外部提供およびそのアウトプットの管理を定める。	・購買プロセスおよび購買製品の管理方法を定める。
c） 次の事項を考慮に入れる。 　　　1） 外部から提供されるプロセス・製品・サービスが、顧客要求事項・適用される法令・規制要求事項を一貫して満たす組織の能力に与える潜在的影響	・購買製品が、顧客要求事項および適用される法令・規制要求事項を満たす組織の能力に与える潜在的な影響
2） 外部提供者によって適用される管理の有効性	・供給者が実施している管理の有効性
3） 外部提供者のパフォーマンスの定期的なレビュー結果(箇条 8.4.1.1-c 参照)	・供給者の品質・納期実績を定期的に監視・レビューする。
d） 外部から提供されるプロセス・製品・サービスに対する検証またはその他の活動を明確にする。	・購買製品に対する検証活動を明確にする。
② **外部から提供されるプロセス・製品・サービスの検証活動は、組織によって特定されたリスクに従って実施する。**	・購買製品の検証活動は、箇条 8.4.1 で特定されたリスクに従って実施する。
③ **模倣品のリスクを含め、不適合のリスクが高いとき、検査／定期的試験を含める(該当する場合は必ず)。**	・模倣品のリスクが高いと判断した場合は、検査・定期的な試験の必要性を検討し、実施する。
④ **注記1　サプライチェーンのいかなるレベルで実施された顧客による検証活動も、受入れ可能なプロセス・製品・サービスを提供し、すべての要求事項に適合するという組織の責任を免除するものではない。**	・供給者やサプライチェーンのいかなるレベルに対して実施された顧客による検証活動も、組織の責任を免除するものではない。

182

第8章 運 用

［要求事項］（2/2）

要求事項	コメント
⑤ 注記2　検証活動には、下記がある。	
a） 外部提供者からのプロセス・製品・サービスの適合に関する客観的証拠のレビュー	・供給者から提供される、購買製品の適合に関する客観的証拠（記録）のレビュー
・例：添付文書、適合証明書、試験文書、設計文書、統計文書、工程管理文書、製造工程の検証、その後の製造工程の変更の評価の結果	－例：適合証明書、試験記録、設計文書、工程管理記録
b） 外部提供先における検査および監査	・供給者における立合検査および監査
c） 要求した文書類の内容確認	・購買情報で要求した、検査成績書の内容を確認
d） 製造部品承認プロセスデータのレビュー	・生産部品承認プロセス（PPAP）データのレビュー
e） 受領時の製品検査・サービスの検証	・購買製品の受入検査の内容と程度は、供給者の品質実績、検査・監査の結果にもとづいて決める。
f） 外部提供者に対する製品検証の委譲のレビュー	・購買製品の受入検査を供給者に委譲する場合、供給者の検証結果、証明書などを確認する。
⑥ 外部から提供される製品が、すべての要求される検証活動の完了前にリリースされる場合、後になってその製品が要求事項を満たしていないと判明したときに、回収・交換ができるように識別し、記録する。	・購買製品を検証活動完了前に使用する場合、後に不適合が判明したときに、回収・交換ができるように識別し、記録する。
⑦ 外部提供者に検証活動を委譲する場合は、委譲についての適用範囲・要求事項を定め、委譲事項の登録を維持する。	・購買製品受領時の受入検査・試験を、供給者に委譲する場合、供給者の検証活動、供給者が発行した証明書などを確認する。
⑧ 外部提供者の試験書報告書が、外部から提供される製品を検証するために利用される場合、その製品が要求事項を満たしていることを確認するために、試験報告書のデータを評価するプロセスを実施する。	・供給者の試験報告書の正確さの妥当性確認を行うプロセスを決めて実施する。

第Ⅱ部　JIS Q 9100 要求事項の解説

[**要求事項のポイント**]

　要求事項①は、顧客に適合した製品・サービスの引渡しを確実にするために、供給者と購買製品を管理することを述べています。①ａ）は、購買プロセスを組織の品質マネジメントシステムに含めること、ｂ）は、購買プロセスおよび購買製品の管理方法を定めることを述べています。

　ｃ）1)は、購買製品における顧客要求事項および法令・規制要求事項への影響を考慮すること、2)は、供給者が行っている管理が有効であるかどうかを確認すること、3)は、JIS Q 9100 の追加要求事項として、供給者の品質・納期実績を定期的に監視・レビューすること、そしてｄ）は、購買製品に対する検証活動を明確にすることを述べています。

　②は、購買製品の検証活動は、箇条 8.4.1 ③で特定されたリスクに従って実施すること、③は、模倣品のリスクが高いと判断した場合は、検査や定期的な試験の必要性を検討して、実施することを述べています

　④は、供給者やサプライチェーンに対して実施された、顧客による検証活動の結果を利用する場合も、組織に責任があることを述べています。

　⑤は、購買製品の検証活動の方法について述べています。ａ）は、供給者から提出された購買製品の適合に関する証拠をレビューすること、ｂ）は、供給者における立合検査および監査について述べています。立会検査は、組織への納入後では適切な検査ができない場合に実施されます。源泉検査（製品完成前の検査）という言葉が使われることもあります。

　⑤ｃ）は、検査成績書の内容確認について述べています。ｄ）の生産部品承認プロセス（PPAP）の詳細については、本書の第 11 章を参照ください。

　⑤ｅ）は、購買製品受領時の製品検査・サービスの検証について、ｆ）は、購買製品の受入検査を、組織に代わって供給者に行ってもらう場合の管理について述べています。

　⑥は、購買製品を検証活動完了前に使用する場合の対応について、⑦は、②ｆ)と関連して、購買製品の受入検査・試験を、供給者に委譲する場合について、そして⑧は、供給者から提出される試験報告書の妥当性確認を行う方法について述べています。

第8章 運用

8.4.3　外部提供者に対する情報

［要求事項］（1/2）

要求事項	コメント
8.4.3　外部提供者に対する情報	
① 外部提供者に情報を伝達する前に、要求事項が妥当であることを確実にする。	・供給者に購買情報（例：注文書・仕様書）を伝達する前に、その妥当性を確認する。
② 次の事項に関する要求事項を、外部提供者に伝達する。	
a）　関連する技術データ（例：仕様書、図面、工程要求書、作業指示書）の識別を含む、提供されるプロセス・製品・サービス	・購買情報の内容 －例：仕様書、図面、工程要求書および作業指示書の識別（形態管理）
b）　次の事項についての承認 　1）　製品・サービス 　2）　方法・プロセス・設備	・次の事項についての承認方法 　－製品・サービス 　－方法・プロセス（例：特殊工程）・設備
3）　製品・サービスのリリース	－製品・サービスのリリース
c）　必要な力量（適格性を含む）	・適格性：資格認定のこと ・例：特殊工程作業
d）　組織と外部提供者との相互作用	・組織と供給者との業務分担
e）　組織が行う、外部提供者のパフォーマンスの管理・監視	・組織が行う、供給者のパフォーマンスの管理・監視の内容
f）　組織・顧客が、外部提供者先での実施する検証・妥当性確認活動	・組織・顧客が、供給者先で実施する検証・妥当性確認活動
g）　設計・開発の管理	・供給者が設計・開発を行う場合の管理の方法（8.3 参照）
h）　特別要求事項、クリティカルアイテムおよびキー特性	・特別要求事項、クリティカルアイテムおよびキー特性の要求事項
i）　試験、検査および検証（製造工程の検証を含む）	・供給者の試験・検査に関する要求事項（例：ATP）、製造工程検証の要求事項（例：SJAC 9102）
j）　製品受入時の統計的手法の使用、および受入に関連する指示事項	・受入検査時の抜取検査方法、および製品納入時の提出書類など
k）　次の事項に対する必要性 　1）　品質マネジメントシステムを実施する。	・JIS Q 9100 などの品質マネジメントシステム認証の要求

185

第Ⅱ部　JIS Q 9100 要求事項の解説

[要求事項]（2/2）

	要求事項	コメント
②	2)　工程提供元（例：特殊工程）を含む、顧客指定または承認された外部提供者を使用する。	・特殊工程などの製造工程外注に関して、顧客指定・承認した供給者の使用を要求する。
	3)　不適合なプロセス・製品・サービスを組織に通知し、それらの処置に対し承認を得る。	・不適合購買製品に対する、通知、処置、特別採用申請手続きの明確化
	4)　模倣品の使用を防止する（8.1.4 参照）	・購買製品に関する模倣品防止の要求事項の供給者への通知
	5)　プロセス・製品・サービスの変更を組織に通知し、承認を得る（外部提供者が利用する外部提供者／製造場所の変更を含む）。	・供給者において変更の必要性が生じた場合の、組織への通知、承認に関する要求事項を明確にする。
	6)　該当する要求事項を外部提供者まで展開する（顧客要求事項を含む）。	・必要な要求事項を供給者のサプライチェーン（供給者の供給者）まで展開することを要求する。
	7)　設計の承認、検査・検証、調査または監査の試験供試体を提供する。	・供給者の設計を承認するため、または品質を確認するためのサンプルの提供を要求する。
	8)　保管期間および廃棄の要求事項を含む、文書化した情報を保持する。	・供給者の品質記録保管期間、期間終了後の取扱いを明確にする。
	l)　組織、顧客および監督官庁が、施設への立入りおよび該当する文書化した情報の閲覧を行う権利 ・サプライチェーンのあらゆるレベルにおいて	・組織、顧客および監督官庁が、供給者のサプライチェーンの施設に立入り、文書・記録を閲覧できる権利を要求する。
	m)　人々が、次の事項を認識することを確実にする。 ・製品・サービスの適合に対する自らの貢献 ・製品安全に対する自らの貢献 ・倫理的行動の重要性	・供給者の従業員が、次の事項を認識するようにする。 ・製品の適合・製品安全に対する自らの貢献、および倫理的行動の重要性の認識を、供給者にも要求する（7.3 参照）。

[要求事項のポイント]

供給者への購買情報に関する要求事項について述べています。

購買情報とは、購買製品の注文書や仕様書のことです。注文したはずのもの

とは異なる材料や部品が入荷したとか、外注先での仕事が期待したとおりに行われなかったというような、購買製品に関するトラブルを防ぐために、購買製品の仕様、手順・プロセス・設備、要員の適格性および品質マネジメントシステム（JIS Q 9100 認証取得の要求）など、購買製品に関する購買情報（例：注文書・購買仕様書）を明確にします（図 8.13 参照）。

②a）の関連する技術データの識別に関しては、第 2 章の形態管理を参照ください。

②f）は、検証方法をあらかじめ購買情報で明確にしておきます。組織が供給者先で検証を実施するのが一般的ですが、顧客が実施する場合もあります。その例としては、次のような場合があります。

・部品・材料で、組織には検査設備がなく、組織側で受入検査を実施できない場合
・大型設備のように、組織に搬入された後では、十分な検査ができない場合
・製品が、製造工程の外注先から、直接顧客に出荷される場合

②g）〜m）は、仕様書・契約書などの購買情報に含める JIS Q 9100 の追加要求事項です。

区　分	購買情報の例
購買製品に関して	・購買製品の仕様書、図面、注文書、購買契約書、業務委託契約書
承認された供給者に関して	・特殊工程に対する Nadcap（ナドキャップ）認証 ・QPL、QML、FAA の PMA
手順・プロセス・設備に関して	・委託生産仕様書、製造要領書、検査要領書、作業指示書
要員の適格性に関して	・供給者の要員に必要な力量
品質マネジメントシステムに関して	・JIS Q 9100 認証取得の要求
契約書に関して	・購買契約書、委託契約書、外注契約書、品質保証協定書

図 8.13　購買情報の例

第Ⅱ部　JIS Q 9100 要求事項の解説

8.5　製造およびサービス提供

8.5.1　製造およびサービス提供の管理

［要求事項］（1/3）

要求事項	コメント
8.5.1　製造およびサービス提供の管理 ① 製造・サービス提供を、管理された状態で実行する。	・計画（例：管理計画）に従って製造する。そして、製造工程を統計的管理状態にする。
② 管理された状態には次の事項を含める（該当するものは必ず）。 　a）　次の事項を定めた文書化した情報を利用できるようにする。 　　1）　製造する製品、提供するサービス、または実施する活動の特性 　　2）　達成すべき結果	・製品・サービス、活動内容および達成すべき結果（目標）を文書化する。
注記1　製品・サービスの特性を定める文書には、デジタル製品定義データ、図面、部品リスト、材料および工程仕様書などがある。	・注記1は、②a）　1）に対応 ・デジタル製品定義：DPD（digital product definition）
注記2　実施する活動および達成すべき結果についての文書には、製造工程表、管理計画、製造文書（例：製造計画書、トラベラー、ルーター、作業指示書、工程カード）および検証文書などがある。	・注記2は、②a）　2）に対応 ・トラベラー（traveler）、ルーター（router）、工程カード（process card）：製造工程のチェックシートに相当
③ b）　監視・測定のための資源を利用できるようにし、かつ使用する。	・資源には、製造設備だけでなく監視機器・測定機器も含まれる。
c）　プロセスまたはアウトプットの管理基準、ならびに製品・サービスの合否判定基準を満たしていることを検証するために、適切な段階で監視・測定活動を実施する。	・製品の適合性を検証するためには、完成品だけでなく、製造工程の適切な段階で監視・測定することが必要
1）　**製品・サービスの合否判定のための監視・測定活動についての文書は、次の事項を含むことを確実にする。** 　　**・合格・不合格の基準** 　　**・検証作業を実施すべき工程順序** 　　**・保持すべき測定結果（最低限、合格／不合格の表示）**	・製品の合否判定のための監視・測定活動の内容を文書化し（検査手順書の作成）、そこに含める事項を規定している。

188

第8章　運用

[要求事項]（2/3）

	要求事項	コメント
③	・要求される特定の監視・測定機器、およびそれらの使用指示書	
	2）　抜取検査を製品の合否判定の手段として使用する場合、抜取計画は認知された統計理論にもとづき正当化されたもので、使用に適するものであることを確実にする。 　・"使用に適する"とは、抜取計画が製品の重要性および工程能力に適していることである。	・抜取検査（サンプリング）で製品の合否判定を行う場合、抜取計画は、統計的に論理的な手法を用いること、および製品の品質実績、次工程への影響等を考慮して、抜取検査水準を決める。 ・JIS Z 9015（抜取検査基準）またはANSI/ASQC Z1.4 など
④	d）　プロセスの運用のために適切なインフラストラクチャ・環境を使用する。	・適切な設備・環境を利用する。
	注記　適切なインフラストラクチャには、製品の専用治工具（例：治具、固定具、型）およびソフトウェアプログラムが含まれる。	・製造に使用する専用治工具や NC装置のソフトウェアも含まれる。
	e）　力量を備えた人々を任命する（必要な適格性を含む）。	・特殊工程作業員、検査員、内部監査員、力量が必要な作業者、設計要員などを資格認定する。
⑤	f）　製造・サービス提供のプロセスで結果として生じるアウトプットを、それ以降の監視・測定で検証することが不可能な場合には、製造・サービス提供に関するプロセスの、計画した結果（目標）を達成する能力について、妥当性を確認し、定期的に妥当性を再確認する。 注記　このようなプロセスは、特殊工程と呼ばれる（8.5.1.2 参照）	・特殊工程などの妥当性確認が必要なプロセスの妥当性確認の手順について述べている。 ・特殊工程は航空・宇宙製品にとって非常に重要である。 ・熱処理（強度不足）、表面処理（腐食、寿命短縮）の不適合は、直接飛行安全に影響する。
⑥	g）　ヒューマンエラーを防止するための処置を実施する。	・ヒューマンエラー防止策について述べている。
	h）　リリース、顧客への引渡しおよび引渡し後の活動を実施する。	・リリース・引渡しは、許可権限者（例：認定検査員）が実施
⑦	i）　作業のできばえの基準を設定する。 　・例：規格書、標準見本、図解	・できばえの基準の例：外観検査見本、粗さ見本、溶接見本
	j）　製造中におけるすべての製品に関する状態を把握する。 　・例：部品数量、分割指示、不適合製品	・製品の状態、所在が把握できるように、記録を作成する。

189

第Ⅱ部　JIS Q 9100 要求事項の解説

[要求事項]（3/3）

要求事項	コメント
⑦ k)　決められたプロセスに従った、キー特性を含む識別されたクリティカルアイテムを管理・監視する。	・クリティカルアイテム・キー特性を、決められたプロセスに従って、管理・監視する。
l)　ばらつきの値の測定方法を決定する。 ・例：治工具、機上測定プローブ、検査装置	・治工具、検査・測定器具のばらつきの評価を行う。 ・MSA（測定システム解析）など
m)　後工程では適合について十分な検証ができない場合、工程内での検査・検証ポイントを明確にする。	・例：組立品で密閉部になる場合、密閉する前に内部を検査する必要がある。
n)　すべての製造および検査・検証作業が、計画のとおりまたは文書化され、承認された他の方法のとおりに実施された証拠を利用できるようにする。	・管理計画（コントロールプラン）どおりに実施した証拠と考えるとよい。
o)　異物の混入防止、検出・除去を規定する。	・製造中の製品への異物混入防止、異物の有無の検出、除去など
p)　製品要求事項への適合に影響する範囲で、ユーティリティおよび供給物を管理・監視する（7.1.3 参照）。 ・例：水、圧縮空気、電気、化学製品	・水：水中の不純物の管理 ・圧縮空気：空気中の水分の管理 ・電気：電圧・周波数変動の管理 ・化学製品：浸透探傷検査装置の浸透液管理
q)　製品が要求事項を満たさないことが後で判明したときに回収・交換を行うため、後工程の製造で使用する目的ですべての要求される測定・監視活動の完了前に、リリースされた製品であることを識別し、記録する。	・例：信頼性試験が未完了であるが、次工程の製造日程の関係で、製品を使用する場合

[要求事項のポイント]

　要求事項①の "製造を管理された状態で実行する" は、次の2つのことを意味しています。

1)　決められたルール・条件どおりに製造する。すなわち、管理計画（コントロールプラン）に従って、製造・検査を行う。

2)　製造工程が安定している（統計的管理状態である）。すなわち、管理図評価で、工程の不安定を示す特別要因が見つからない。

第 8 章 運 用

そのために、②〜⑦の事項を実施します。

③c）2）は、抜取検査（サンプリング）で製品の合否判定を行う場合について述べています。サンプリング計画は、顧客と合意するとよいでしょう。

⑤f）は、プロセスの妥当性確認について述べています。この要求事項は、"製品の検査が容易にできない場合は、そのプロセスの妥当性確認を、製造開始前（またはサービス提供前）に行う"というものです。したがって、事前に妥当性を確認したプロセスで製造した製品（または提供したサービス）については、そのプロセス実施後の検査は行わなくてよいことになります。

また"妥当性の再確認"は、妥当性の確認（検証）済の製造プロセス（またはサービス提供プロセス）でも、時間が経つと、設備・材料・要員・環境などの条件が変化する可能性があるため、その後も定期的にプロセスが引き続き妥当であることを再確認するというものです。

このプロセスの妥当性確認が必要なプロセスを特殊工程といいます。JIS Q 9100 における特殊工程の扱いの詳細については、箇条 8.5.1.2 特殊工程の妥当性確認および管理、ならびに本書の第 2 章を参照ください。

⑥g）は、ヒューマンエラー防止策について述べています。これは、人間は間違い（ヒューマンエラー）を犯す者だという前提で、ヒューマンエラーが起こらない対策を考えることが必要です。ヒューマンエラー防止策は、大量生産・機械化が進んでいる、自動車部品や家電製品と比べて、少量生産のために手作業が多い航空・宇宙・防衛産業では重要です。

図 8.14 に示した、ヒューマンエラーの要素を表す M-SHEL モデルは、ヒューマンエラーが起こる原因には、作業者だけでなく、管理者、作業文書、設備、作業環境などが関係している可能性があり、エラーの原因をエラーを起こす人に限定してはいけないことを示しています。

⑦j）は形態管理のことを述べています（第 2 章参照）。また、k）のキー特性およびクリティカルアイテムの管理は、JIS Q 9100 では重要な項目です。その詳細については、第 2 章を参照ください。そして l）は、MSA（測定システム解析）のことを述べています。MSA については第 13 章を参照ください。

M-SHEL 区分	PSF 項目の例	調査結果
M(management) 管理者	緊急作業が多い	
	作業者の負担が大きい	
S(software) 作業文書など	作業手順書がわかりにくい	
	作業手順書どおりにできない	
H(hardware) 設　備	設備の故障が多い	
	治工具が使いにくい	
E(environment) 作業環境	作業場が暗い	
	暑い／寒い	
L(liveware) 作業者	スキル不足	
	指導者がいない	

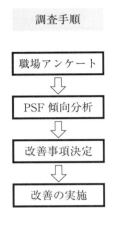

［備考］　PSF：ヒューマンファクター(performance shaping factor)

図 8.14　M-SHEL モデルの例

8.5.1.1　設備、治工具およびソフトウェアプログラムの管理

［要求事項］

要求事項	コメント
8.5.1.1　設備、治工具およびソフトウェアプログラムの管理 ① 製造工程を自動化、管理、監視・測定するために使用される設備、治工具およびソフトウェアプログラムは、製造への最終リリース前に妥当性確認を行い、維持する。 ② 保管中の製造設備・治工具に対して、必要となる定期的な保存処置および状態の点検を含む保管要求事項を定める。	・自動化設備およびそのソフトウェアは、製造現場で使用する前に妥当性確認を行う。 ・その後も適切な状態に維持する。 ・保管中の製造設備・治工具は、摩耗、劣化、防錆などの保存処置と定期的な点検を行う。

［要求事項のポイント］

　要求事項①は、自動化設備のソフトウェアは、使用する前に妥当性確認を行うことを述べています。初回製品検査(FAI)に従って実施します。

第8章 運 用

ソフトウェアプログラムについては、NC(数値制御、numerical conrol)機械のプログラムだけでなく、自動化された熱処理炉、メッキ装置の管理に用いられるプログラムなどの製造工程で使用される設備も含まれます。また維持に関しては、定期的な保全および検査については、設備の定期点検(予防保全)と日常点検があります。

②は、保管中の製造設備・治工具に対して、劣化、防錆等の保存処置と定期的な点検を行うことを述べています。

8.5.1.2 特殊工程の妥当性確認および管理

[要求事項]

要求事項	コメント
8.5.1.2 特殊工程の妥当性確認および管理 ① 結果として生じるアウトプットが、それ以降の監視・測定で検証することが不可能な場合のプロセスに対して、次の事項を含めた手順を確立する(該当するものは必ず)。	・プロセスの結果(製品)では検証できない製造プロセスが対象となる。 ・ISO 9001 箇条 8.5.1-f の要求事項を補強している。
a) プロセスのレビュー・承認のための基準の決定	・特殊工程のプロセスをレビュー・承認する基準を決めておく。 ・公的規格による基準もある。
b) 承認を維持するための条件の明確化	・定期的な妥当性再確認の条件を明確にする。
c) 施設・設備の承認	・使用する施設・設備を決める。
d) 人々の適格性認定	・特殊工程作業を行う要員に必要な力量を決めて、資格認定する。
e) プロセスの実施・監視に対する所定の方法・手順の適用	・特殊工程作業の実施・監視の手順を決めて、実施する。
f) 保持すべき文書化した情報に対する要求事項	・必要な記録を保管する。

[要求事項のポイント]

この項目は、ISO 9001 箇条 8.5.1-f プロセスの妥当性確認の要求事項を補強したものです。結果として生じるアウトプット(製造工程の結果、製品)が、そ

193

第Ⅱ部　JIS Q 9100 要求事項の解説

れ以降の監視・測定で検証することが不可能なプロセス(製造工程)が、特殊工程(special processes)となります。

　航空・宇宙・防衛産業では、熱処理、表面処理(メッキ)、溶接などの製造工程、および浸透探傷検査、超音波探傷検査などの非破壊検査工程が、特殊工程に該当します。

　要求事項①a)は、特殊工程作業実施の前に、工程(製造条件)をレビューし、承認するための基準を設定しておくことを述べています。公的規格の基準も対象となります。

　b)は、特殊工程の承認を維持、すなわち再承認の条件を明確にすることを述べています。特殊工程は、最初に承認された後も継続してプロセスの妥当性が維持されているかの定期的な再確認が必要です。

　c)、d)は、設備と作業者を決めて認定することを述べています。

　e)は、決めたとおりに実施すること、f)は記録を残すことを述べています。
　要求事項①は、旧版の ISO 9001 規格に含まれていたものです。

　特殊工程の承認については、米国の"Nadcap"認証制度があります。また特殊工程の監査は、1回目は顧客が行い、2回目以降は Nadcap 認証で対応するのが一般的です。特殊工程管理の詳細については、第2章を参照ください。

8.5.1.3　製造工程の検証

[**要求事項**]（1/2）

要求事項	コメント
8.5.1.3　製造工程の検証 ① **その製造工程によって、要求事項を満たす製品を製造できることを確実にするため、製造工程の検証活動を実施する。** **注記　これらの活動には、リスクアセスメント、生産能力調査、製造能力調査および管理計画が含まれ得る。**	・要求事項を満たす製品を製造できる製造工程であることを確認するために、製造工程を検証する。 ・製造工程の検証活動には、リスクアセスメント、生産能力調査、製造能力(C_{pk})調査および管理計画を含む。

第 8 章　運　用

[要求事項] （2/2）

	要求事項	コメント
②	その製造工程、製造文書および治工具によって、**要求事項を満たす部品・組立品を製造できることを検証するため、新規の部品・組立品の初回製造からの代表品を使用**する。	・製造工程検証のために使用するサンプルは、新規の部品・組立品の初回製造からのサンプルを使用する。
③	**この活動は、初回の結果を無効にする変更が生じたとき、繰り返す。** 　　・例：設計変更、工程変更、治工具変更 注記　この活動は、初回製品検査（FAI）と呼ばれる。	・製造工程検証は、設計変更、製造工程変更、治工具変更など、変更が行われた際に再度行う。 ・初回製品検査（FAI）の詳細は、SJAC 9102 航空宇宙　初回製品検査要求事項を参照
④	**製造工程検証の結果に関する文書化した情報を保持する。**	・製造工程検証の結果を記録する。

[要求事項のポイント]

　要求事項①は、要求事項を満たす製品を製造できる製造工程であることを確認するために、製造工程を検証することを述べています。生産製品について、その初号機または初ロットにおいて、通常の検査より広範囲にわたり確認する検査のことを初回製品検査（FAI、first article inspection）と呼びます。

　この検証対象の製造工程は、管理計画（コントロールプラン）に記載されているすべての製造工程です。検証の方法は、製品の合否判定だけでなく、リスクアセスメント（例：FMEA）、生産能力（capacity）調査、工程能力（capability、C_{pk}）調査および管理計画（コントロールプラン）が含まれます。

　②は、製造工程検証のために使用するサンプルは、新規の部品・組立品の初回製造からのサンプルを使用することを述べています。

　③は、この活動は、変更（例：設計変更、製造工程変更、治工具変更）が生じたときに、繰り返すことを述べています。

　初回製品検査（FAI）の詳細は、SJAC 9102「航空宇宙　初回製品検査要求事項」および本書の第 2 章を参照ください。

　④は、これらの検証の結果証拠を記録することを述べています。

第Ⅱ部　JIS Q 9100 要求事項の解説

8.5.2　識別およびトレーサビリティ

[要求事項]

要求事項	コメント
8.5.2　識別およびトレーサビリティ	
① アウトプットを識別するために、適切な手段を用いる（製品・サービスの適合を確実にするために必要な場合）。	・アウトプット（製品）の識別（部品・材料・半製品を含む）は、製品そのものの識別（区別）－品名、品番など
② 実際の形態と要求した形態との違いが識別できるように、製品・サービス形態の識別を維持する。	・実際の形態と契約した形態の相違を明確にする。
③ 監視・測定の要求事項に関連して、アウトプットの状態を識別する（製造・サービス提供の全過程において）。	・監視・測定の状態の識別とは、検査の前か後か、検査後の場合は良品か不良品かの識別
④ 合格表示媒体（例：スタンプ、電子署名、パスワード）を使用する場合、その表示媒体の管理を確立する。	・誰が検査したかがわかることが必要
⑤ アウトプットについて一意の識別を管理し、トレーサビリティを可能とするために必要な文書化した情報を保持する（トレーサビリティが要求事項の場合）。	・トレーサビリティのための製品固有の識別 ・トレーサビリティは JIS Q 9100 では必須の要求事項
⑥ 注記　トレーサビリティの要求事項は、次の事項を含み得る。 　・製品耐用期間を通じて維持できる識別 　・同じ材料ロット／製造ロットから製造されたすべての製品を、その行先（例：引渡し、廃棄）まで追跡する能力 　・組立品については、その構成部品およびその次段階の組立品を追跡する能力 　・製品について、検索可能な一連の製造記録（製造、組立および検査・検証）	・双方向のトレーサビリティが必要

[要求事項のポイント]

　識別管理は、JIS Q 9100 にとって重要です。識別（区別、identicication）には、ISO 9001 では、製品の識別、製品の監視・測定状態の識別、およびトレ

第 8 章　運　用

ーサビリティ（追跡性、traceability）のための識別（一意の識別、製品固有の識別、unique identification）の 3 種類の識別がありますが、JIS Q 9100 では、これらに形態（configuration）の識別が追加されています（図 8.15 参照）。

　要求事項①は製品そのものの識別について述べています。製品（材料・半製品を含む）を品名、品番などで識別（区別）します。

　②の形態の識別は、文書の改訂版数なども考慮した識別です。形態管理の詳細については、第 2 章を参照ください。

　③の監視・測定の識別は、検査状態の識別です。検査の前か後か、検査後であれば、合格か不合格かがわかるようにします。④は、製品の監視・測定状態に関する、具体的な識別方法について述べています。

　⑤はトレーサビリティのための製品固有の識別です。"トレーサビリティが要求事項となっている場合には"とありますが、JIS Q 9100 においては、トレーサビリティは必須の要求事項です。

　トレーサビリティとは、対象となっている製品の履歴や所在を追跡できること、およびその製品がどこから提供されているのか、現在はどこにあるのかがわかることです。例えば、出荷後の製品でクレームが発生した場合に、その製品について、次のような固有の識別が記録からわかるようにします。

　　・使用した材料・材料メーカー・入荷日・ロット番号など
　　・各工程の実施時期・使用設備・異常の有無など
　　・各段階の検査の記録（受入検査・工程内検査・最終検査など）

　トレーサビリティには、下流から上流へたどる方法と、上流から下流へたどる方法があり、これらの両方が必要です。いずれも、個々のあるいはグループごとの固有の識別（固有の番号）をします。すなわち、製品や材料のロット番号、機械の製造番号、作業者の氏名などを記録しておき、その製品が、いつ、どこで、どのような設備で、誰によって作られ、検査されたかがわかるように記録します。トレーサビリティは、事故や品質問題が発生した場合に、製品の影響の範囲を明確にし、修正や是正処置を速やかにかつ効果的にとるために必要となります。トレーサビリティの識別は、記録で確認します。トレーサビリティ記録の例を図 8.16 に示します。

197

第Ⅱ部　JIS Q 9100 要求事項の解説

識別の種類	要求事項の意味	識別の方法
製品の識別	製品(材料・半製品を含む)そのものの識別(区別)	・品名、品番など
形態の識別	図面・仕様書の版の識別	・製品図面の有効な版など(必ずしも最新版とは限らない)
製品の監視・測定状態の識別	製品は検査前か後か、検査後であれば合格品か不合格品かの識別	・検査前後：検査前、検査後など ・検査後：合格・不合格など
トレーサビリティのための識別(一意の識別)	トレーサビリティ(追跡性)のための製品固有の識別	・品番、ロット番号、作業記録、材料の検査証明書、作業者名など

図 8.15　4 種類の識別

工程名	記録・日付	トレーサビリティのキー			
材料受入	材料納品書 xx-xx-xx	材料ロット#	納品書#	注文書#	作業者名
材料加工	加工図面 xx-xx-xx	材料ロット#	加工ロット#	加工機#	作業者名
中間検査	検査記録 xx-xx-xx	検査基準書	加工ロット#	検査機器#	検査員名
製品組立	組立図面 xx-xx-xx	製品ロット#	加工ロット#	組立図面#	作業者名
最終検査	検査記録 xx-xx-xx	製品ロット#	検査基準書	検査機器#	検査員名
梱　包	バーコード xx-xx-xx	製品ロット#	製品品番	注文書#	作業者名
出　荷	出荷伝票 xx-xx-xx	製品ロット#	製品品番	注文書#	作業者名

［備考］　#：番号、⇕：トレーサビリティがとれていることを示す。

図 8.16　トレーサビリティ記録の例

第 8 章 　 運 　 用

8.5.3　顧客または外部提供者の所有物

[要求事項]

要求事項	コメント
8.5.3　顧客または外部提供者の所有物	
① 顧客・外部提供者の所有物について、それが組織の管理下にある間、または組織がそれを使用している間は、注意を払う。	・顧客・供給者など外部提供者の所有物がある場合は、適切に管理することが必要
② 使用するため、または製品・サービスに組み込むために提供された、顧客・外部提供者の所有物の識別・検証・保護・防護を実施する。	・識別：顧客名 ・検証：受入時の確認 ・保護：保管中の保護 ・防護：知的財産保護
③ 顧客・外部提供者の所有物を紛失もしくは損傷した場合、またはこれらが使用に適さないと判明した場合には、その旨を顧客・外部提供者に報告し、発生した事柄について文書化した情報を保持する。	・顧客・外部提供者の所有物を紛失・損傷した場合、顧客・外部提供者に報告
④ 注記　顧客・外部提供者の所有物には、材料・部品・道具・設備・施設・知的財産・個人情報などが含まれる。	・顧客・外部提供者の所有物の例： 　－材料・部品・治工具・設備 　－知的財産・個人情報

[要求事項のポイント]

　顧客（または外部提供者）の所有物には、④に述べているように、顧客から支給された部品、修理品、治工具、設備、ソフトウェア、知的財産・個人情報などがあります。

　要求事項①の顧客以外の外部提供者には、供給者などが考えられます。

　②の "防護"（safeguard）は、顧客の製品図面や仕様書、ソフトウェアなどの知的財産や個人情報の保護を考慮したものといえます。

　③は、顧客所有物を紛失したり損傷した場合や、使用には適さないとわかった場合には、顧客に報告し、記録を作成することを述べています（図8.17参照）。

　なお、顧客所有の測定機器の管理の内容に関しては、箇条 7.1.5.2 測定のトレーサビリティにおいて述べています。

199

第Ⅱ部　JIS Q 9100 要求事項の解説

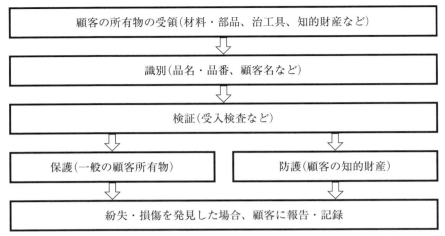

図 8.17　顧客の所有物の管理手順

8.5.4　保　存

[要求事項]（1/2）

要求事項	コメント
8.5.4　保　存 ① 製造・サービス提供を行う間、要求事項への適合を確実にするために、アウトプットを保存する。 注記　保存に関わる考慮事項には、識別・取扱い・汚染防止・包装・保管・伝送・輸送・保護が含まれる。 ② アウトプットの保存には、仕様書および適用される法令・規制要求事項に従って、次の事項も含める（該当するものは必ず）。 　a）　洗浄 　b）　異物の混入防止、検出および除去 　c）　取扱注意を要する製品に対する特別な取扱い・保管 　d）　安全警告および注意を含むマーキングおよびラベルの貼付 　e）　有効保管寿命の管理・在庫品の回収	・アウトプットとは製品（工程内製品を含む）のこと ・保存には、識別・取扱い・汚染防止・包装・保管・伝送・輸送・保護が含まれる。 ・例：製品保管前の洗浄 ・異物混入防止のための処置をとる（例：キャップ、シール）。 ・例：電子部品の静電気防止処理、軸受の塵埃対策 ・例：高圧容器、火工品、有毒物などに対する警告表記 ・例：先入れ先出し（FIFO）

第8章　運　用

[要求事項]（2/2）

要求事項	コメント
② f）　危険性のある材料の特別な取扱い・保管	・例：有機溶剤、劇薬、燃料、マグネシウム、接着材 ・製品安全データシート（MSDS）

[要求事項のポイント]

　要求事項①では"保存"（preservation）となっていますが、識別・取扱い・汚染防止・包装・保管・伝送・輸送・保護などが含まれます（図8.18参照）。保存対象の製品には、材料、部品、半製品、完成品も含まれます。

　②では、保存の方法が細かく規定されています。ｂ）は、異物の有無の確認と、検出された場合の除去方法を明確にすることについて述べています。

区　　分	保存方法の例
識　　別	・製品名称（部品番号）の表示 ・合格・不合格の表示・顧客の識別
取扱い	・製品の損傷、劣化を防ぐための取扱い ・電子部品に対する静電破壊防止
汚染防止	・クリーンルーム内での作業 ・密封
包　　装	・包装・梱包・容器・段ボール ・密封包装、窒素封じ包装
保　　管	・損傷・劣化を防ぐように保管 ・定期的な製品の評価 ・温度・湿度管理
伝　　送	・電子データ管理 ・パスワード管理
輸　　送	・製品の工場内の輸送 ・顧客への輸送
保　　護	・製品を損傷・劣化から保護 ・製品を衝撃から保護

図 8.18　製品の保存方法の例

第Ⅱ部　JIS Q 9100 要求事項の解説

8.5.5　引渡し後の活動

[要求事項]

要求事項	コメント
8.5.5　引渡し後の活動	
① 製品・サービスに関連する引渡し後の活動に関する要求事項を満たす。	・例：据付工事、定期点検などの製品出荷後のアフターサービス
② 要求される引渡し後の活動の程度を決定するにあたって、次の事項を考慮する。	
a）　法令・規制要求事項	・法令・規制要求事項の順守
b）　製品・サービスに関連して起こり得る望ましくない結果	・設計段階で FMEA などで、問題発生の可能性と対応方法を検討
c）　製品・サービスの性質、用途および意図した耐用期間	・設計上の耐用期間経過後の処置 ・例：オーバーホール、定期交換
d）　顧客要求事項	・契約書に記載された事項が基本
e）　顧客からのフィードバック	・顧客との対応窓口を明確にする。
③ 　f）　運用データの収集・分析 　　　・例：パフォーマンス、信頼性、教訓	・製品実現プロセスの各種データの収集と分析 ・教訓：学んだ教訓、lessons learned
g）　製品の使用、保守（整備）、修理およびオーバーホールに関連する技術文書の管理・更新・提供	・取扱説明書、整備マニュアルなどの作成、顧客への提供 ・オーバーホール：分解再組立、overhaul
h）　組織の外部で行う作業に対する管理 　　　・例：組織の施設以外の場所での作業	・例：空港整備工場、顧客工場、試験場
i）　製品・カスタマーサポート 　　　・例：問合せ、訓練、保証、保守（整備）、交換部品、資源、旧式化・枯渇	・顧客サポート体制の確立
④ 引渡し後に問題が検出された場合、調査および報告を含む適切な処置をとる。	・引渡し後に問題が検出された場合の処置手順の明確化
⑤ 注記　引渡し後の活動には、補償条項・メンテナンスサービスのような契約義務、およびリサイクル・最終廃棄のような付帯サービスの活動が含まれる。	・顧客との契約の例：補償・メンテナンスサービス ・法規制対応の例：リサイクル・最終廃棄

202

第8章　運用

[要求事項のポイント]

　引渡し後(post-delivery)の活動には、契約にもとづく据付工事、運転・取扱い指導、製品出荷後の定期点検、保守などの製品出荷後(サービス提供後)のアフターサービスなどがあります。航空・宇宙・防衛産業の製品は、アフターサービスが多いため、上記要求事項③、④が追加されています。⑤の注記は、引渡し後の活動の例を補足説明しています。補償条項(warranty provisions)とは、損害・費用などを補いつぐなうことをいいます。そのような契約がある場合の対応です。

8.5.6　変更の管理

[要求事項]

要求事項	コメント
8.5.6　変更の管理	
① 製造・サービス提供に関する変更を、要求事項への継続的な適合を確実にするために、レビューし、管理する。	・製造・サービスの変更が対象 ・設計・開発の変更管理は、箇条8.3.6で述べている。
② **製造・サービス提供の変更を承認する権限をもつ人々を明確にする。** **注記　製造・サービス提供の変更には、工程、製造設備、治工具またはソフトウェアプログラムに影響を与える変更が含まれる。**	・製造・サービス提供の変更を承認する権限者を明確にする。 ・製造工程の変更、製造設備の変更、治工具の変更、ソフトウェアの変更が含まれる。
③ 変更のレビューの結果、変更を正式に許可した人、およびレビューから生じた必要な処置を記載した、文書化した情報を保持する。	・変更の記録には下記を含める。 　－変更のレビュー結果 　－変更を承認した人 　－レビューの結果とった処置

[要求事項のポイント]

　ここで述べているのは、箇条8.5 製造・サービス提供の変更管理です。設計・開発の変更管理は箇条8.3.6、製品要求事項の変更は箇条8.2.4、購買プロセスの変更は箇条8.4で述べています。

　要求事項①は、変更による影響をレビューすることを述べています。変更管理は、上記②だけでなく、いわゆる5M(人 man、機械 machine、材料 material、製造方法 method、測定 measurement)を対象と考えるとよいでしょう。

第Ⅱ部　JIS Q 9100 要求事項の解説

8.6　製品およびサービスのリリース

［要求事項］

要求事項	コメント
8.6　製品およびサービスのリリース	
① 製品・サービスの要求事項を満たしていることを検証するために、計画した取決めを実施する（適切な段階において）。	・品質計画書(8.1 参照)で決めたとおりに、検査を行う。
② 計画した取決めが問題なく完了するまでは、顧客への製品・サービスのリリースを行わない。	・管理計画（コントロールプラン）や検査基準書で決めたとおりに、製品の検査を実施する。
・ただし、権限をもつ者が承認し、顧客が承認したときは、この限りではない。	・権限者／顧客の承認は特別採用のことを述べている。
③ 製品・サービスのリリースについて文書化した情報を保持する。 これには、次の事項を含む。	・リリース(検査)結果を記録する。
a） 合否判定基準への適合の証拠	・合格判定基準に合否した結果
b） リリースを正式に許可した人に対するトレーサビリティ	・認定検査員の名前(または番号)
④ **保持する文書化した情報によって製品が定められた要求事項を満たしている証拠を提供することを確実にする（製品認定の実証が要求された場合）。**	・検査記録で、製品が定められた要求事項を満たしている証拠を示す。
⑤ **製品・サービスに添付することを要求されたすべての文書化した情報が出荷時に存在することを確実にする。**	・添付を要求された文書・記録が出荷時に存在すること。

［用語の定義］

用　語	定　義
リリース release	・プロセスの次の段階または次のプロセスに進めることを認めること
特別採用 concession	・要求事項に適合していない製品／サービスの使用／リリースを認めること

第8章 運用

[**要求事項のポイント**]

リリースとは、"プロセスの次の段階または次のプロセスに進めることを認めること"、すなわち受入検査・工程内検査・最終検査などの検証を行った後に、顧客に出荷または次工程に進めることをいいます（図 8.19 参照）。

要求事項①の"計画した取決めを実施する"は、品質計画書（8.1 節参照）で決めたとおりに、検査を行うこと、例えば、管理計画（コントロールプラン）や検査基準書であらかじめ決めたとおりに検査を行うことです。

②は、それらの検査が終わるまでは、次工程への引渡しや出荷を行ってはならないことを述べています。

②の"ただし、権限をもつ者が承認し、かつ顧客が承認したとき"は、特別採用について述べています。特別採用とは、不適合製品を、承認権限者（顧客または組織の責任者）の承認を得て出荷または使用することです。

③は、図面・仕様書などで規定された合否判定基準への適合の証拠と、リリースを正式に許可した人の名前・番号などの特定情報を記録として保管することを述べています。

なお、自動検査機の場合は、リリースを許可した人と自動検査記録とのトレーサビリティが必要です。

④は、民間航空機に関しては、型式証明、耐空証明、予備品証明などが証拠となります。MIL（米軍規格）、AMS（航空宇宙材料規格）などの公共規格にもとづく材料・標準部品などについては、QT（認定試験）証明書、防衛省における初回試験品目、認定検査品目に対する合格証などが証拠となります。

⑤は、出荷時に、製品に添付することを要求された文書（例：検査成績書、品質証明書、パッキングシート）が準備されていることを確認します。

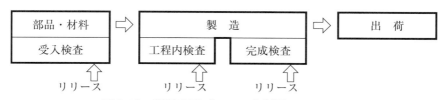

図 8.19　製品実現プロセスと製品のリリース

第Ⅱ部　JIS Q 9100 要求事項の解説

8.7　不適合なアウトプットの管理

[要求事項]（1/2）

要求事項	コメント
8.7　不適合なアウトプットの管理 8.7.1　（一般）	
① 要求事項に適合しないアウトプットが誤って使用されること、または引き渡されることを防ぐために、それらを識別し、管理することを確実にする。	・不適合なアウトプット：不適合製品 ・不適合製品が誤って使用されないように、識別し、管理する。
注記　不適合なアウトプットには、内部で発生した、外部提供者から受領した、または顧客によって特定された不適合な製品・サービスを含む。	・不適合製品は、組織内部で発生したもの以外に、購買製品や顧客によって特定されたもの（例：クレーム）を含む。
不適合の性質、およびそれが製品・サービスの適合に与える影響にもとづいて、適切な処置をとる。	・不適合の内容、および製品・サービスの適合に与える影響に従って、適切な処置をとる。
・これは、製品の引渡し後、サービスの提供中または提供後に検出された、不適合な製品・サービスにも適用する。	・製品の引渡し後、サービスの提供中または提供後に検出された、不適合にも適用する。
② **不適合管理プロセスは、次の事項を含む文書化した情報として維持する。**	・a）～d）を含む手順書を作成する。
a）　**不適合なアウトプットの内容確認および処置判定に対する責任・権限、およびこれらの決定を行う人々の承認手順を規定する。**	・不適合内容の確認・処置判定に対する責任・権限 ・処置の決定の承認手順
b）　**他のプロセス、製品およびサービスに及ぼす不適合の影響を封じ込めるために必要な処置をとる。**	・他に及ぼす不適合の影響を封じ込めるために必要な処置をとる。
c）　**顧客および密接に関係する利害関係者に引き渡された製品・サービスに影響を及ぼす不適合の適時な報告**	・顧客／利害関係者への不適合のタイムリーな報告
d）　**（不適合の影響に応じて適切に）引渡し後に検出された不適合製品・サービスに対する是正処置を決定する（10.2 参照）。**	・引渡し後に検出された不適合製品・サービスに対する是正処置を決定する。
注記　不適合製品・サービスの通知を要する利害関係者には、外部提供者、内部組織、顧客、販売業者および監督官庁が含まれる。	・不適合を通知する相手には、供給者、組織内部の関係者、顧客、販売業者、監督官庁が含まれる。

206

第8章　運用

［要求事項］（2/2）

要求事項	コメント
③ 次の一つ以上の方法を用いて、不適合なアウトプットを処理する。	・不適合製品の処分の仕方について述べている。
a） 修正	・不適合でないようにする。
b） 製品・サービスの分離・散逸防止・返却・提供停止	・製品・サービスの分離・散逸防止・返却・提供停止処置をとる。
c） 顧客への通知	・顧客に通知する。
d） 当該の権限をもつ者および顧客（該当する場合は必ず）からの、特別採用による受入の正式な許可の取得	・権限をもつ人および顧客からの、特別採用の正式な許可を取得する。
④ 不適合製品の受け入れのための、そのまま使用または修理の処置は、次の場合に限り実施する。 ・設計に責任のある組織の権限をもつ代表者または設計組織から権限を委譲された人々による承認後 ・不適合が契約要求事項からの逸脱を引き起こす場合、顧客の承認後	・不適合製品受け入れのための、"そのまま使用"または修理の処置は、次の場合に限り可能 ・設計責任のある組織の権限をもつ代表者（または権限を委譲された人）による承認 ・顧客の承認（不適合が契約要求事項から逸脱する場合）
⑤ 廃棄と判定した製品は、物理的に使用できなくなるまで、わかりやすく、永久的な印を付けるか、または確実に管理する。	・廃棄処分と決定した製品は、物理的に使用できなくなるまで、明確で永久的な印を付けるか、または確実に管理する。 ・顧客の知的所有権の保護を含む。
⑥ 模倣品または模倣品の疑いのある部品は、サプライチェーンへの再混入を防止するために管理する。	・模倣品は、サプライチェーンへの再混入を防止するように管理する。
⑦ 不適合なアウトプットに修正を施したときには、要求事項への適合を検証する。	・不適合製品を修正した場合は、再検査する。
8.7.2 （文書化） ⑧ 次の事項を満たす文書化した情報を保持する。	・a）～d）を含む記録を作成する。
a） 不適合が記載されている。	・不適合の内容
b） とった処置が記載されている。	・不適合製品に対してとった処置
c） 取得した特別採用が記載されている。	・特別採用の内容
d） 不適合の処置について決定する権限を持つ者を特定している。	・不適合品の処置について決定する権限を持つ人の名前

[要求事項のポイント]

不適合なアウトプット（不適合製品、nonconforming product）が発見された場合は、不適合製品が誤って使用されたり、引渡されることを防ぐために、不適合製品であることがわかるような表示をその製品につけたり、置き場所を区別したりします。要求事項①〜②はこのことを述べています。

不適合製品は、③a）〜d）のいずれかの方法で処理します。また⑦で述べているように、不適合製品に修正を施した場合は、再検査を行うことが必要です。

④は、特別採用について述べています。ISO 9000 規格では、特別採用について、"規定要求事項に適合していない製品の使用またはリリースを認めること"と定義しています。一般的には、顧客の製品仕様に対して不適合の場合は、顧客の特別採用の承認が必要で、社内基準に不適合の場合は、組織の特別採用承認が必要です。図 8.20 は不適合製品管理のプロセスを示します。

⑤は、不適合製品を廃棄する場合の処置について述べています。顧客の知的所有権の保護も必要です。⑥は、模倣品の管理について述べています。

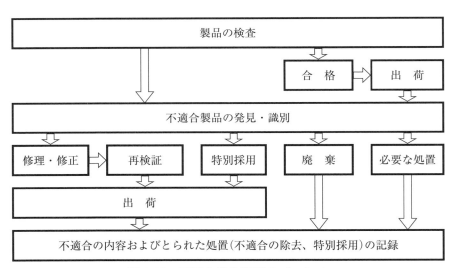

図 8.20　不適合製品管理のプロセス

第9章 パフォーマンス評価

本章では、JIS Q 9100 規格（箇条9）"パフォーマンス評価"について述べています。

この章の項目は、次のようになります。

9.1　　　監視、測定、分析および評価

9.1.1　一　般

9.1.2　顧客満足

9.1.3　分析および評価

9.2　　　内部監査

9.2.1　（内部監査の目的）

9.2.2　（内部監査プログラム）

9.3　　　マネジメントレビュー

9.3.1　一　般

9.3.2　マネジメントレビューへのインプット

9.3.3　マネジメントレビューからのアウトプット

第Ⅱ部　JIS Q 9100 要求事項の解説

9.1　監視、測定、分析および評価

9.1.1　一　般

[要求事項]

要求事項	コメント
9.1　監視、測定、分析および評価 9.1.1　一　般 ① 監視・測定に関して、次の事項を決定する。	・監視・測定の対象は、プロセス・製品・サービス
a）　監視・測定が必要な対象	・JIS Q 9100 で監視・測定を要求されている項目を含む。
b）　妥当な結果を確実にするために必要な、監視・測定・分析・評価の方法	・監視・測定・分析・評価の方法
c）　監視・測定の実施時期	・例：毎月、毎週、毎日
d）　監視・測定の結果の分析・評価の時期	・例：毎期、毎月
② 品質マネジメントシステムのパフォーマンスと有効性を評価する。	・パフォーマンス（結果）と有効性（達成度）の評価
この結果の証拠として、適切な文書化した情報を保持する。	・監視・測定・分析・評価の記録

[要求事項のポイント]

　要求事項① a)において、監視・測定が必要な対象を決定することを述べています。JIS Q 9100（ISO 9001）規格では、外部・内部の課題に関する情報（箇条 4.1 参照）、利害関係者の要求事項に関する情報（箇条 4.2 参照）、供給者のパフォーマンス（箇条 8.4.3 参照）、製造・サービス提供の管理（箇条 8.5.1 参照）、顧客満足度（箇条 9.1.2 参照）など、規格の各所において監視（monitoring）を求めています。また、品質マネジメントシステムの各プロセスも監視・測定の対象となるでしょう（箇条 4.4 参照）。

　②は、パフォーマンス（結果、performance）と有効性（目標・計画に対する達成度）の評価指標の監視・測定を求めています。プロセスの監視・測定項目はそのプロセス固有の KPI（重要業績評価指標、key performance indicator）の

210

中から選びます。タートル図を利用するとよいでしょう。品質マネジメントシステムのプロセスの監視・測定指標の例を図 9.1 に示します。各監視・測定指標は、対計画達成度または対前年改善度で有効性を評価するとよいでしょう。

プロセス	プロセスの監視・測定指標	
方針展開 プロセス	・設定品質目標対前年改善度 ・品質目標達成度 ・品質目標実行計画実施率	・品質目標実行計画改善度 ・各プロセスの計画達成度 ・次期目標への繰り越し件数
顧客満足 プロセス	・顧客満足度 ・顧客クレーム件数 ・顧客返品率	・マーケットシェア ・顧客補償請求金額 ・納期遅延率
教育訓練 プロセス	・教育訓練計画実施率 ・教育訓練有効性評価結果 ・資格認定試験の合格率	・社内講師力量評価結果 ・外部セミナー受講費用 ・自らの役割の認識度
設備管理 プロセス	・機械チョコ停時間 ・直行率 ・設備稼働率	・設備修理時間 ・設備修理費用 ・段取り時間
受注 プロセス	・レビュー所要日数 ・受注率 ・受注システム入力ミス件数	・受注金額 ・利益見込率 ・マーケットシェア
製品設計 プロセス	・設計計画期限達成率 ・初回設計成功率 ・試作回数、設計変更回数	・開発コスト ・特殊特性の工程能力指数 ・**VA・VE** 提案件数・金額
工程設計 プロセス	・試作回数、試作コスト ・製造リードタイム ・工程能力指数	・特殊特性工程能力指数 ・製造コスト ・**VA・VE** 提案件数・金額
購買 プロセス	・購買製品受入検査不合格率 ・購買製品の納期達成率 ・購買製品の特別輸送費	・外注先不良発生費用 ・購買先監査の不適合件数 ・供給者 **QCD** 評価結果
製造 プロセス	・生産歩留率 ・生産リードタイム ・製造コスト	・特殊特性工程能力指数 ・機械チョコ停時間、直行率 ・設備稼働率
引渡し プロセス	・納期達成率 ・特別輸送費 ・在庫回転率	・輸送事故件数 ・梱包装置故障回数 ・顧客クレーム件数

図 9.1　プロセスの監視・測定指標の例

第Ⅱ部　JIS Q 9100 要求事項の解説

9.1.2　顧客満足

[要求事項]

要求事項	コメント
9.1.2　顧客満足 ① 顧客のニーズと期待が満たされている程度について、顧客がどのように受け止めているかを監視する。	・"顧客満足"というよりも"顧客満足度"を監視することと考えるとよい。
② この情報の入手・監視・レビューの方法を決定する。	・顧客満足度情報の入手方法を決める。
注記　顧客の受け止め方の監視には、例えば、顧客調査、提供した製品・サービスに関する顧客からのフィードバック、顧客との会合、市場シェアの分析、顧客からの賛辞、補償請求およびディーラ報告が含まれ得る。	・例：アンケート調査、品質・納期実績データ
③ **顧客満足を評価するために監視し、使用する情報には、次の事項を含める**（これらに**限定しない**）。 　・**製品・サービスの適合** 　・**納期どおり引渡しのパフォーマンス** 　・**顧客苦情および是正処置要求を含める。**	・顧客満足度の監視方法を決める。 ・顧客満足度の評価指標に下記を含める。 　－品質実績 　－納期実績 　－顧客クレーム実績
④ これらの評価によって特定された課題に対して、**顧客満足の改善計画を作成し、実施する。**	・顧客満足度改善計画
また、その結果の有効性を評価する。	・改善計画の達成度の評価

[要求事項のポイント]

　要求事項①は、顧客のニーズと期待が満たされている程度、すなわち"顧客満足度"を監視することを求めています。

　ISO 9000 規格では、顧客満足(customer satisfaction)に関して、"顧客の苦情がないことが、必ずしも顧客満足度が高いことではない"と述べています。顧客のクレームがないことだけでは、顧客満足とはいえません。

　顧客には、最終顧客(エンドユーザー)と直接顧客(組織の顧客)があります。

第9章　パフォーマンス評価

また社内顧客（次工程）を含めることもできます。

②は、顧客満足度監視の方法を決めることを述べています。

③は、顧客満足度の監視指標として、品質・納期・クレームなどの客観的なデータの実績の監視を求めています。品質だけでなく、納期どおりの引渡し（on-time delivery）実績も、JIS Q 9100 では重要です。

そして④は、顧客満足度の改善計画の作成と、その実績の評価を求めています。

9.1.3　分析および評価

［要求事項］

要求事項	コメント
9.1.3　分析および評価	
① 監視・測定からの適切なデータおよび情報を分析し、評価する。	・監視・測定で得られたデータを、改善のために分析する。
② **注記　適切なデータには、外部情報源から報告される製品・サービス問題に関する情報が含まれ得る。** 　**・例：行政・業界の通達、勧告**	・分析対象のデータには、外部情報源のデータも含まれる。
③ 分析の結果は、次の事項を評価するために用いる。	・データ分析の結果、a ）～ g ）の適合性・有効性を評価する。
a ）　製品・サービスの適合	・箇条 8.6 製品・サービスのリリースと関連
b ）　顧客満足度	・箇条 9.1.2 顧客満足と関連
c ）　品質マネジメントシステムのパフォーマンスと有効性	・箇条 4.4 品質マネジメントシステムおよびそのプロセスと関連
d ）　計画が効果的に実施されたかどうか	・箇条 6 計画、箇条 8.1 運用の計画と関連
e ）　リスクおよび機会に取り組むためにとった処置の有効性	・箇条 6.1 リスクへの取組みと関連
f ）　外部提供者のパフォーマンス	・箇条 8.4 購買管理と関連
g ）　品質マネジメントシステムの改善の必要性	・箇条 9.3 マネジメントレビューと関連
④ 注記　データを分析する方法には、統計的手法を含める（ことができる）。	・統計的手法の例に関しては図 9.2 参照

第Ⅱ部　JIS Q 9100 要求事項の解説

[要求事項のポイント]

　要求事項①では、どのようなデータを分析すればよいかについて、具体的には述べていません。顧客満足度、内部監査、品質マネジメントシステムの各プロセスの監視・測定および製品の監視・測定の結果得られたデータなどが、データ分析の対象(インプット)となるでしょう。

　②注記では、分析対象のデータに、行政・業界の通達(alerts)、勧告などの外部情報源のデータを含めることを述べています。JIS Q 9100 では重要な項目です。

　③は、データ分析の目的について述べています。製品・サービスの適合、顧客満足度、品質マネジメントシステムのパフォーマンスと有効性、供給者のパフォーマンスの改善などがあります。

　④は、データの分析のために、統計的手法を用いることを述べています。製品実現プロセスの各段階でよく使われる統計的手法の例を図9.2に示します。

　図9.2に示した統計的手法のうち、FMEA、工程能力指数(C_{pk})および MSAについては、本書の第12章を、またそれ以外の統計的手法については、市販のSPC関係の参考書をご参照ください。

運用(製品実現)プロセス	統計的手法の例
顧客関連プロセス	・パレート分析
設計・開発プロセス	・変動分析、回帰分析 ・MTBF(平均故障間隔) ・故障モード影響解析(FMEA)
購買プロセス	・ヒストグラム、パレート分析 ・AQL(合格品質水準) ・LTPD(ロット許容不良率)
製造プロセス	・管理図、変動分析 ・工程能力指数(C_{pk})
製品監視・測定プロセス	・AQL(合格品質水準) ・LTPD(ロット許容不良率) ・パレート分析 ・測定システム解析(MSA)

図9.2　運用(製品実現)プロセスと統計的手法の例

第9章　パフォーマンス評価

9.2　内部監査

［要求事項］（1/2）

要求事項	コメント
9.2　内部監査 9.2.1　（内部監査の目的） ① 品質マネジメントシステムが、次の状況にあるか否かに関する情報を提供するために、あらかじめ定めた間隔で内部監査を実施する。	・内部監査は、あらかじめ定めた間隔で（定期的に）行う。
a)　品質マネジメントシステムは、次の事項に適合しているか。 　　1)　品質マネジメントシステムに関して、組織が規定した要求事項	・内部監査の目的の一つは、次の各要求事項に対する適合性の監査 ・組織が規定した要求事項
注記　組織自体が規定した要求事項には、顧客および適用される法令・規制上の品質マネジメントシステム要求事項を含む(ことが望ましい)。	・顧客要求事項 ・法令・規制要求事項
2)　JIS Q 9100 規格要求事項	・JIS Q 9100 規格要求事項
② b)　品質マネジメントシステムは、有効に実施され維持されているか。	・内部監査のもう一つの目的は、有効性の監査(例：目標・計画に対する達成度の評価)である。
注記　内部監査を実施する場合、品質マネジメントシステムを効果的に実施し、維持しているかを判定するために、パフォーマンス指標を評価する(ことができる)。	・品質マネジメントシステムのパフォーマンス指標の評価
9.2.2　（内部監査プログラム） ③ 内部監査に関して、次の事項を行う。 　　a)　監査プログラムを計画・確立・実施・維持する。 　　　・頻度・方法・責任・計画要求事項および報告を含む。 　　　・監査プログラムは、プロセスの重要性、組織に影響を及ぼす変更、前回までの監査の結果を考慮に入れる。 　　b)　各監査について、監査基準と監査範囲を定める。	・a)〜f)を考慮した内部監査プログラムを作成し、内部監査を実施する。

215

第Ⅱ部　JIS Q 9100 要求事項の解説

[**要求事項**]（2/2）

要求事項	コメント
③ c） 監査プロセスの客観性・公平性を確保するために、監査員を選定し、監査を実施する。 d） 監査の結果を関連する管理層に報告することを確実にする。 e） 遅滞なく、適切な修正と是正処置を行う。 f） 監査プログラムの実施および監査結果の証拠として、文書化した情報を保持する。	
注記　手引として ISO 19011 を参照	・マネジメントシステム監査の指針 ISO 19011

[**要求事項のポイント**]

　要求事項①、②は、内部監査（internal audit）の目的について述べています。a）は適合性の監査、b）は有効性の監査です。

　適合性は、JIS Q 9100 規格要求事項、組織が決めた要求事項などの、要求事項を満たしているかどうかです。そして有効性は、目標や計画が達成されているかどうかです（図 9.4、p.220 参照）。

　①の注記は、内部監査では、JIS Q 9100 規格要求事項および組織が決めた要求事項以外に、顧客要求事項や法令・規制要求事項を含めることを述べています。そして②の注記は、品質マネジメントシステムのパフォーマンス指標を含めることを述べており、これは②b）の有効性の監査に対応するものです。

　③は、a）〜f）を考慮した内部監査プログラムを作成することを述べています。監査プログラムとは、年度監査計画または3年間の監査計画に相当するものです。

　監査プログラムの詳細に関しては、マネジメントシステム監査の指針 ISO 19011 をご参照ください。ISO 19011 は、ISO 9001、JIS Q 9100、ISO 14001 など、各種マネジメントシステムの監査に適用される監査の指針の規格です。

第9章　パフォーマンス評価

9.3　マネジメントレビュー

9.3.1　一　般

9.3.2　マネジメントレビューへのインプット

[要求事項]（1/2）

要求事項	コメント
9.3　マネジメントレビュー 9.3.1　一　般 ① トップマネジメントは、品質マネジメントシステムが、引き続き、適切、妥当かつ有効で、さらに組織の戦略的な方向性と一致していることを確実にするために、あらかじめ定めた間隔で、品質マネジメントシステムをレビューする。	・マネジメントレビューの目的は次の事項を確認するため： 　－品質マネジメントシステムが、引き続き、適切、妥当かつ有効であるか。 　－組織の戦略的な方向性と一致しているか。
9.3.2　マネジメントレビューへのインプット ② マネジメントレビューは、次の事項を考慮して計画し、実施する。	
a）　前回までのマネジメントレビューの結果とった処置の状況	・箇条 9.3.3 と関連
b）　品質マネジメントシステムに関連する外部・内部の課題の変化	・箇条 4.1 と関連
c）　次に示す傾向を含めた、品質マネジメントシステムのパフォーマンスと有効性に関する情報	・パフォーマンス：結果 ・有効性：計画に対する達成度
1）　顧客満足および利害関係者からのフィードバック	・箇条 9.1.2 と関連
2）　品質目標が満たされている程度	・箇条 6.2 と関連
3）　プロセスパフォーマンス、および製品・サービスの適合	・箇条 8.6.1、9.1.1 と関連
4）　不適合・是正処置	・箇条 10.2 と関連
5）　監視・測定の結果	・箇条 9.1.1 と関連
6）　監査結果	・箇条 9.2 と関連
7）　外部提供者のパフォーマンス	・箇条 8.4.1 と関連

217

[要求事項]（2/2）

要求事項	コメント
② 8) 納期どおりの引渡しに関するパフォーマンス	・箇条 **9.1.2** と関連
d) 資源の妥当性	・箇条 7.1.2、7.1.3 と関連
e) リスクおよび機会に取り組むためにとった処置の有効性(6.1 参照)	・箇条 6.1 と関連
f) 改善の機会	・箇条 10 と関連

[要求事項のポイント]

要求事項①は、定期的にマネジメントレビュー(management review)を実施することを述べています。

②は、マネジメントレビューへのインプット、すなわちマネジメントレビューにおいて経営者がレビューすべき項目について述べています。

②の各項目は、上記要求事項のコメント欄に記載したように、JIS Q 9100 規格の各要求事項に対応しています。すなわち、各箇条の要求事項に対する実施状況を監視・測定し、その中で重要な項目を経営者がレビューすることになります。マネジメントレビューのために監視・測定するというのもではありません(図9.3参照)。

このなかでも、② c) 7)の供給者のパフォーマンス(品質・納期などの実績)は、重要な項目です。

また③ c) 8)は、JIS Q 9100 では、品質はもちろん最重要ですが、納期も重要であるということになります。

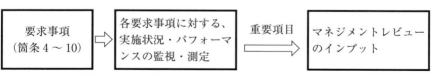

図 9.3　マネジメントレビューのインプット項目

第9章　パフォーマンス評価

9.3.3　マネジメントレビューからのアウトプット

[要求事項]

要求事項	コメント
9.3.3　マネジメントレビューからのアウトプット	
① マネジメントレビューからのアウトプットには、次の事項に関する決定と処置を含める。	・a）〜d）に対する経営者の指示事項を明確にする。
a）　改善の機会	・改善の機会があるかどうか。
b）　品質マネジメントシステムのあらゆる変更の必要性	・品質マネジメントシステムのあらゆる変更の必要性があるかどうか。
c）　資源の必要性	・追加資源（人、設備）が必要かどうか。
d）　特定されたリスク	・明確になったリスクは何か、またそれらのリスクへの対応状況はどうか。
マネジメントレビュー結果の証拠として、文書化した情報を保持する。	・マネジメントレビューの結果を記録する。

[要求事項のポイント]

　拙者が審査で組織を訪問した際に、マネジメントレビュー結果の記録を見ると、箇条9.3.2のマネジメントレビューのそれぞれのインプット項目に対する経営者のコメントは記載されているが、箇条9.3.3の要求事項① a ）〜 d ）のアウトプット4項目に対する経営者の指示事項が記載されていない場合があります。マネジメントレビューのそれぞれのインプット項目に対する処置については、経営者でなくても必要な処置を考えることが可能です。例えば、内部監査の結果不適合が多くなった場合には、その原因を究明して是正処置をとる必要があることは、経営者でなくてもわかります。また顧客クレームが多発している場合は、マネジメントレビューを待たずに、必要な対策がとられるでしょう。

　これに対して、マネジメントレビューのアウトプットは、マネジメントレビューの各インプット情報をもとに、経営者としてどうすべきかを決める必要が

219

ある項目です。例えば製造プロセスの監視の結果、製造設備の故障が相次いでいることがわかり、その対策のために設備を新しくする必要があるような場合は、資金が必要となるため、経営者の判断が必要となります。また、認証機関の審査で不適合の指摘が多かったり、顧客クレームが相次いでいるにもかかわらず、内部監査での指摘事項がほとんどないような場合は、内部監査員の力量が十分とはいえません。

このような場合に経営者としては、品質マネジメントシステムや各プロセスが有効に機能しているかどうか、製品の改善が必要かどうか、資源の見直しが必要かどうかといった、経営者でないと判断できない内容を確認し、決定することが必要です。これが、マネジメントレビューのアウトプットです。

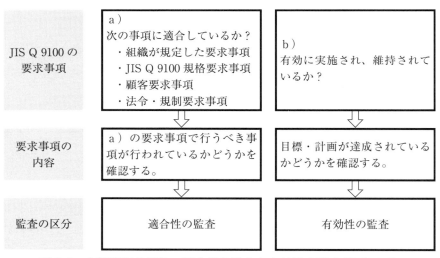

図9.4 内部監査の目的―適合性の監査と有効性の監査(箇条9.2)

第10章

改 善

本章では、JIS Q 9100 規格(箇条 10)の"改善"について述べています。

この章の項目は、次のようになります。

10.1 　　一　般

10.2 　　不適合および是正処置

10.2.1 （一般）

10.2.2 （文書化）

10.3 　　継続的改善

第Ⅱ部　JIS Q 9100 要求事項の解説

10.1　一　般

[要求事項]

要求事項	コメント
10.1　一　般 ① 顧客要求事項を満たし、顧客満足を向上させるために、次の事項を実施する。 　a）　改善の機会を明確にする。 　b）　必要な処置を実施する。 ② 改善の機会には、次の事項を含める。 　a）　次のための製品・サービスの改善 　　1）　要求事項を満たすため 　　2）　将来のニーズと期待に取り組むため 　b）　望ましくない影響の修正・防止・低減 　c）　品質マネジメントシステムのパフォーマンスと有効性の改善 注記　改善には、例えば、修正・是正処置・継続的改善・現状を打破する変更・革新・組織再編を含める（ことができる）。	・顧客要求事項への適合と顧客満足向上のために改善する。 ・組織としての改善の機会を明確にし、必要な処置をとる。 ・製品・サービスの改善のレベルとして、現在の要求事項レベルだけでなく、将来予想される要求事項や期待を含める。 ・リスクへの対応を考慮する。 ・パフォーマンス：測定可能な結果、有効性は計画した結果（目標）を達成した程度 ・現状レベルよりも向上させることは、すべて改善と考えられることを述べている。

[要求事項のポイント]

　要求事項①a）は、顧客満足を向上させるために、何を改善する必要があるかを明確にすることを述べています。すなわち、単に"顧客満足の向上"というのではなく、そのために何を改善するかを明確にすることです。

　そして、②b）では、望ましくない影響の修正・防止・低減について述べています。リスクへの対応です。

　またc）は、品質マネジメントシステムのパフォーマンスと有効性の改善について述べています。パフォーマンスとは測定可能な結果であり、そして有効性とは、計画した結果（目標）を達成した程度です。前項のマネジメントレビューでも述べましたが、要求事項への適合性だけでなく、パフォーマンスと有効性の改善状況をレビューすることが重要です。

第10章　改　善

10.2　不適合および是正処置

[要求事項]（1/2）

要求事項	コメント
10.2　不適合および是正処置 10.2.1　（一般）	
① 不適合が発生した場合、次の事項を行う（顧客苦情を含む）。	
a）　その不適合に対処し、次の事項を行う（該当する場合は必ず）。	・不適合製品が誤って使用されないように管理する。
1）　その不適合を管理し、修正するための処置をとる。	・修正は、不適合でないようにすること
2）　**人的要因に関する原因を含む**、その不適合によって起こった結果に対処する**（該当する場合は必ず）**。	・不適合の原因が人的要因（human factors、いわゆるヒューマンエラー）に対しても対応する。
② b）　その不適合が再発または他のところで発生しないようにするため、次の事項によって、不適合の原因を除去するための処置をとる必要性を評価する。	・不適合に対して是正処置（不適合の原因の除去、再発防止）を行う。
1）　その不適合をレビューし分析する。	・不適合の内容を確認する。
2）　その不適合の原因を明確にする。	・不適合の原因を調査する。
3）　類似の不適合の有無、またはそれが発生する可能性を明確にする。	・他にも同様の不適合がないかどうかを調べる。
c）　必要な処置を実施する。	・是正処置を実施する。
d）　とったすべての是正処置の有効性をレビューする。	・是正処置が有効であったか（効果があったか）どうかを確認する。
e）　計画の策定段階で決定したリスクおよび機会を更新する（必要な場合）。	・最初に想定したリスクの見直しを行う。
f）　品質マネジメントシステムの変更を行う（必要な場合）。	・品質マネジメントシステムの変更を行う。
g）　外部提供者に責任があると判定する場合、外部提供者に是正処置を要求する。	・不適合の原因が供給者にある場合、是正処置を要求する。
h）　適時および効果的な是正処置がとられていない場合、特別な処置をとる。	・是正処置が適切・タイムリーでない場合、特別な処置をとる。 　－例：特別監査、設計変更の実施
③ 是正処置は、検出された不適合のもつ影響に応じたものとする。	・常に完璧な是正処置が必要ということではない。

223

第Ⅱ部　JIS Q 9100 要求事項の解説

[要求事項]（2/2）

要求事項	コメント
④ 不適合および是正処置の管理プロセスを定める、文書化した情報を維持する。	・不適合の管理と是正処置の手順を決めて、文書化する。
10.2.2 （文書化） ⑤ 次に示す事項の証拠として、文書化した情報を保持する。 　a） 不適合の性質およびとった処置 　b） 是正処置の結果	・不適合に対してとった処置と、是正処置の結果を記録する。

[用語の定義]

用　語	定　義
修正 correction	・検出された不適合を除去するための処置 ・修正として、例えば、手直しまたは再格付けがある。
是正処置 corrective action	・検出された不適合またはその他の検出された望ましくない状況の原因を除去するための処置 ・修正と是正処置とは異なる。

[要求事項のポイント]

　要求事項① a ）は、不適合製品が誤って使用されないように管理すること、そして 1)は、不適合でないように修正すること、2)は、不適合の原因が人的要因(ヒューマンエラー)に対しても対応することを述べています。

　②は、発生した不適合に対して是正処置をとることを述べています。是正処置とは、不適合の原因を除去すること、すなわち再発防止処置です。

　是正処置の情報源には、顧客の苦情、社内で発見された不適合、内部監査の結果、マネジメントレビューの結果、プロセスの監視・測定の結果、データ分析の結果、顧客満足度情報、供給者の不適合などがあります。

　g ）は、不適合の原因が供給者にある場合は、供給者に対して是正処置を要求すること、 h ）は、（必要な場合は）特別監査などの特別な処置をとることを述べています。

　④、⑤は、文書化(記録の作成)について述べています。

第10章 改 善

10.3 継続的改善

[要求事項]

要求事項	コメント
10.3　継続的改善	
① 品質マネジメントシステムの適切性・妥当性・有効性を継続的に改善する。	・適切性・妥当性・有効性を継続的に改善する。
② 継続的改善の一環として取り組まなければならない必要性・機会があるかどうかを明確にするために、分析・評価の結果およびマネジメントレビューからのアウトプットを検討する。	・継続的改善の必要性・機会があるかどうかを明確にするために、下記を検討する。 －分析・評価の結果(9.1.3 参照) －マネジメントレビューのアウトプット(9.3.3 参照)
③ 改善活動の実施状況を監視し、その結果の有効性を評価する。	・改善活動の実施状況を監視する。 ・その結果の有効性を評価する。
④ 注記　継続的改善の機会の例には、教訓、問題解決事例および最善の慣行のベンチマーキングを含み得る。	・継続的改善の機会の例： －教訓 －問題解決事例 －ベストプラクティス －ベンチマーク

[要求事項のポイント]

要求事項①の適切性(suitability)は、目的に合っているかどうか、妥当性(adequacy)は、目的に対して十分であるかどうか、有効性(effectiveness)は、計画した結果(目標)が達成された程度です。

②は、継続的改善の必要性について検討することを述べています。これには、箇条 9.1.3 a)～ g)に記した各項目が含まれます。

③は、改善活動の実施状況を監視し、その結果の有効性を評価することを述べています。

④は、継続的改善の例として、教訓(lessons learned)、問題解決事例(problem solving)、ベストプラクティス(最善の方法、best practice)、ベンチマーク(基準、benchmark)などを利用することを述べています。

第Ⅲ部

APQP/PPAP、
AS 13100 および
関連技法

航空・宇宙・防衛産業では、JIS Q 9100 の運用（製品実現）プロセスをプロジェクトマネジメントで進めることを要求していますが、その代表的なものがAPQP/PPAP（先行製品品質計画／生産部品承認プロセス）です。そして、JIS Q 1900 および APQP/PPAP の要求事項に対する具体的な実施事項を規定したAS 13100（航空宇宙エンジンサプライヤー品質）があります。また APQP では、FMEA（故障モード影響解析）、SPC（統計的工程管理）および MSA（測定システム解析）の実施を求めています。第Ⅲ部では、これらの技法について解説します。

　第Ⅲ部は、次の章で構成されています。
　第 11 章　APQP/PPAP 先行製品品質計画および生産部品承認プロセス
　第 12 章　AS 13100
　第 13 章　FMEA、SPC および MSA

第11章 APQP/PPAP
先行製品品質計画および生産部品承認プロセス

　本章では、航空・宇宙・防衛産業における、APQP/PPAP（先行製品品質計画および生産部品承認プロセス）について、「航空宇宙　先行製品品質計画および生産部品承認プロセスに関する要求事項」（SJAC 9145）の内容について説明します。

　詳細については、SJAC 9145 規格を参照ください。

　この章の項目は、次のようになります。

　　11.1　　APQP とは

　　11.2　　APQP のフェーズとアウトプット

　　11.3　　APQP の各フェーズにおける実施事項

　　11.4　　管理計画（コントロールプラン）

　　11.5　　PPAP 要求事項

　　11.6　　用語の定義および APQP 成熟度評価表

第Ⅲ部　APQP/PPAP、AS 13100 および関連技法

11.1　APQP とは

　航空・宇宙・防衛産業の品質マネジメントシステム規格 JIS Q 9100（箇条 8）
では、運用（製品実現）プロセスは、プロジェクトマネジメントで推進すること
を求めています。

　このプロジェクトマネジメントの代表的なものとして、自動車産業用のプ
ロジェクトマネジメント技法である、APQP（先行製品品質計画、advanced
product quality planning）および PPAP（生産部品承認プロセス、production
part approval process）をモデルとして、航空・宇宙・防衛産業用に、「航空宇
宙　先行製品品質計画および生産部品承認プロセスに関する要求事項」（SJAC
9145）という規格が制定されました。APQP/PPAP 規格（SJAC 9145）制定の目
的を図 11.1 に示します。

項　目	内　容
APQP/PPAP 規格 (SJAC 9145)制定 の目的	・APQP/PPAP 規格（SJAC 9145）は、先行製品品質計画（APQP） 　および生産部品承認プロセス（PPAP）を実施し、文書化する 　ための要求事項を規定する。 ・APQP は、製品コンセプト（概念設計）に対する顧客のニー 　ズに始まり、製品の定義、生産計画、製品・製造工程設計・ 　開発の妥当性確認、製品の使用および引渡し後のサービスま 　で（すなわち、製品実現プロセスの全範囲）を含む。 ・SJAC 9145 規格は、SJAC 9100、9102、9103 および 9110 規 　格と併せて使用する（第 1 章参照）。 ・この規格で規定する要求事項は、契約および適用される法 　令・規制要求事項を（代替するものではなく）補足するもので 　ある。 ・この規格の目的は、コストパフォーマンスを満たしながら、 　高品質の製品を、納期どおりに引渡すことを確実にする、航 　空・宇宙・防衛産業における、製品実現の統一的なアプロー 　チ方法を確立することである。

図 11.1　APQP/PPAP 規格（SJAC 9145）制定の目的

第 11 章　APQP/PPAP 先行製品品質計画および生産部品承認プロセス

航空・宇宙・防衛産業界の現状と、APQP/PPAP 規格(SJAC 9145)制定の背景は、下記のとおりです。

(1)　顧客満足を保証するため、航空・宇宙・防衛産業の組織は、顧客および監督官庁の要求事項を満たす、またはそれを上回る安全性と信頼性のある製品を生産し、継続的に改善することが求められている。

(2)　最終製品を提供する組織は、世界中にわたるサプライチェーン内のあらゆるレベルの供給者から購入した製品の品質を保証し、統合するという課題に直面している。また供給者は、品質に対する異なる期待・要求事項を持つ多様な顧客に製品を引き渡すという課題に直面している。

APQP/PPAP 規格(SJAC 9145)の適用範囲を図 11.2 に示します。

項　　目	内　　容
SJAC 9145 の適用範囲	・APQP/PPAP 規格(SJAC 9145)は、次の段階の製品に適用される。 　−新規開発製品 　−生産中の製品の設計変更 ・SJAC 9145 規格は次のレベルの製品に適用される。 　−最終製品 　−部品 ・SJAC 9145 規格が一般契約事項として使用される場合(特定のプログラム／プロジェクト向けではない場合)、適用範囲は、組織と顧客の間で決められる。 ・この規格は、通常、標準部品または民生品(COTS、commercial-off-the-shelf)には適用されない。 ・生産者(組織)および供給者は、製品を設計・生産する供給者に、この規格の要求事項を展開する責任がある(必要に応じて)。 ・下記のように承認された製品・工程が変更される場合、APQP/PPAP は継続して適用される。 　−新規生産工程の導入 　−既存生産工程の変更 　−生産供給者の変更 　−生産供給者の追加

図 11.2　SJAC 9145 の適用範囲

第Ⅲ部　APQP/PPAP、AS 13100 および関連技法

SJAC 9145 の内容と APQP 成功のための条件を図 11.3 に示します。

項　目	内　容
SJAC 9145 の内容	・SJAC 9145 は、次の事項の達成に必要な、組織化された製品実現プロセスの計画と活動を完了させるための要求事項を規定する。 －コストパフォーマンスの目標 －高品質の製品の提供 －納期どおりの引渡し ・先行製品品質計画（APQP）は、特定されたリスクを低減し、特定の成果物を作成・監視し、最後まで追跡する段階化された、製品実現計画プロセスを用いることによって、製品開発に関する品質重視のアプローチを推進する。 ・生産部品承認プロセス（PPAP）は、APQP のアウトプットであり、顧客要求レート（rate）（生産量、納期）で生産する際に、一貫してすべての要求事項を満たす製品を生産することができるか、生産工程の確認を行うものである。
APQP 成功のための条件	・経営者のコミットメントと支援 －製品開発プロセスの最初から、経営者がコミットメントと支援を行う。 ・部門横断的プロジェクトチームによる推進 －すべての利害関係者（stakeholder）と統合した部門横断的プロジェクトチームを編成し、活動計画を実行するために決定された期限を守る。 ・APQP の 5 つのフェーズ － APQP には、製品コンセプト（概念設計）に対する顧客のニーズの把握から始まり、製品ライフサイクル全体に及ぶ 5 つのフェーズがある（図 11.5 参照）。 －各フェーズの期間は、特定の製品／生産開発プロジェクトの範囲とタイミングによって異なる。

図 11.3　SJAC 9145 の内容と APQP 成功のための条件

第 11 章　APQP/PPAP 先行製品品質計画および生産部品承認プロセス

APQP 要求事項を図 11.4 に示します。

項　目	内　容
APQP に関する 一般要求事項	・製品実現のプロセスは、製品に対する、SJAC 9145 規格の要求事項を満たす。 ・注記　設計責任がない組織では、先行製品品質計画（APQP）のフェーズ 1 ／ 2 について要求事項が限定される場合がある。 ・この規格が、組織内または一般契約要求事項として展開されている場合、適用対象製品を明確にする。 ・APQP/PPAP で扱う基準を明確にする。 　－顧客要求事項を含む（ことが望ましい）。 ・APQP/PPAP の要素を管理・遂行し、資源を適切に割り当てるため、役割・責任を明確にする。 ・製品設計・工程変更を効果的に行うために、製品設計・工程変更に対する計画には、APQP を適用する。 ・SJAC 9145 規格の要求事項を含め、サプライチェーン管理計画をプロジェクトサポートに含めて、供給者に関わるリスクを特定し、リスク低減策を明確にする。
先行製品品質計画 （APQP）プロジェ クトマネジメント	・製品開発プロセス（PDP、product development process）の範囲内で、次の事項を含む APQP の適用方法を決める。 　－プロジェクトの目的を達成する責任のあるプロジェクト責任者を明確にし、特定の製品に対して適切な資源が利用できるようにする。 　－ APQP プロジェクト全体で効果的なコミュニケーションを確実にするために、部門横断的アプローチで実施する。 　－部門横断的アプローチには、通常、組織の設計、製造、技術、品質、生産スタッフおよびその他の利害関係者が含まれる。必要に応じて、顧客・供給者も含める。 　－ APQP 活動のタイミングを含む、顧客のすべての期待を確実に満たすための計画を作成・管理し、PPAP データ項目および要求事項の明確化を行う。 　－成果物の状態およびプロジェクト目標に対するリスクの増大を監視・報告する（必要に応じて）。 　－定期的なプロジェクトのレビューを行う。 　－プロジェクトの目標が満たされる（例：成果物の品質およびタイムリーな（納期どおりの）引渡し、効果的なリスクマネジメント）ことを保証するために、プロジェクトのレビューには、主要な決定および重要な活動を推進する適切な管理者層によるレビューを含める。

図 11.4　APQP 要求事項

11.2 APQPのフェーズとアウトプット

　APQP（先行製品品質計画）は、次の5つのフェーズ（phase、ステップ）で構成されます（図11.5参照）。
・フェーズ1：計　画
・フェーズ2：製品設計・開発
・フェーズ3：工程設計・開発
・フェーズ4：製品・工程の妥当性確認
・フェーズ5：継続生産、使用、引渡し後のサービス

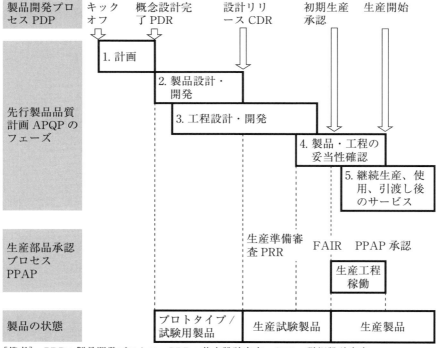

［備考］　PDP：製品開発プロセス、PDR：基本設計審査、CDR：詳細設計審査
　　　　PRR：生産準備審査、FAIR：初回製品検査報告書
　　　・APQPには、設計・開発フェーズだけでなく、生産フェーズも含まれる。
［出典］　SJAC 9145をもとに著者作成

図11.5　製品開発プロセスおよび先行製品品質計画の概念図

第 11 章　APQP/PPAP 先行製品品質計画および生産部品承認プロセス

　各フェーズは、プロジェクトマネジメント（project management）、すなわちプロジェクトマネジャーのリーダーシップのもと、各部門の代表者が参加した部門横断チームによって、同時並行方式で進められます。JIS Q 9100（箇条8.1）では運用（製品実現）プロセスをプロジェクトマネジメントで進めることを求めていますが、APQP はその代表的なものです。

　APQP の各フェーズの目標と活動内容を図 11.6 に、各フェーズのアウトプット（活動結果のとしての成果物）の例を図 11.7 に示します。

APQP フェーズ	フェーズの目標	活動内容
フェーズ 1 計画	・フェーズ 1 の目標は、顧客のインプット（要求事項）、ベンチマークデータ、教訓（lessons learned）、規制要求事項、技術仕様、企業ノウハウおよび戦略をとらえ、製品コンセプト（概念設計）および実現計画に盛り込むことである。 －ハイレベルの技術、品質およびコストの目標の明確化を含む。	・製品・関連プロジェクトに適用可能な技術的および非技術的要求事項の収集 ・作業指示書（SOW）作成 ・製品・関連プロジェクト目標の明確化 ・供給者の選定検討のための製品分割構成（ハイレベル部品表、BOM）の作成 ・利害関係者と連絡時期の調整 ・プロジェクト計画における主要日程・成果物の計画
フェーズ 2 製品設計・開発	・フェーズ 2 の目標は、技術、品質およびコスト要求事項を、管理、検証および妥当性確認された製品設計に組み入れることである。 ・設計の妥当性確認は、顧客の据付け条件および契約／規制によって要求される条件において、プロトタイプ／開発／生産部品を使用して行われる。	・製品仕様から強固な製品定義へ展開 　－設計リスク分析 　－製造性・組立性を考慮した設計（DFMA） 　－整備・修理・オーバーホールを考慮した設計（DFMRO） 　－製品キー特性（KC）の特定 　－製品エラー（error）試験 ・部品表（BOM）の作成 ・設計審査の実施 ・製品設計の妥当性確認・検証 ・製造可能性評価のため、生産供給者での設計記録審査実施

図 11.6　APQP の 5 つのフェーズの目標と活動内容（1/2）

235

第Ⅲ部　APQP/PPAP、AS 13100 および関連技法

APQP フェーズ	フェーズの目標	活動内容
フェーズ3 工程設計・開発	・フェーズ3の目標は、顧客要求レート（指定された期間に、組織が生産することを要求された製品の数）で一貫して技術、品質およびコスト要求事項を満たす製品を生産するために必要な、生産工程の設計・開発を行うことである。	・供給者選定の完了およびサプライチェーン・リスクマネジメント計画の作成 ・工程フロー図の作成 ・提案のプロセスについて工程故障モード影響解析（PFMEA）を実施し、工程キー特性（KC）の特定 ・工程 KC に着目し、PFMEA リスク軽減計画にもとづきプロセスを更新 ・PFMEA および KC の識別結果を含む管理計画（コントロールプラン）の作成 ・製造工程指示書および関連文書を作成 ・生産準備状況の評価
フェーズ4 製品・工程の妥当性確認	・フェーズ4の目標は、製品が設計要求事項を満たすこと、および生産工程に適合する製品を顧客要求レートで一貫して生産する能力があることを実証し、妥当性を確認することである。 ・製品の妥当性確認は、規定の生産工程によって生産された製品を使用して行われる。	・初回製品検査（FAI）の実施および生産部品承認プロセス（PPAP）ファイルの作成 ・生産製品稼働の完了 ・生産能力分析の実施 ・顧客要求レートで製造・組立工程が適合製品を生産できるデータの収集 ・測定システム解析（MSA）の計画と実施 ・生産工程稼働結果の審査および是正処置の確認 ・是正処置実施後、連続生産開始のための工程準備確認
フェーズ5 継続生産・使用・引渡し後のサービス	・フェーズ5の目標は、工程管理、教訓および継続的改善を利用して、顧客要求事項が継続的に満たされることを確実にすることである。	・製品・プロセス性能を監視し、次の項目を含むフェーズ1で決めた目標との比較 　－信頼性、品質、顧客満足 　－引渡し後の製品性能 　－整備・修理・オーバーホール 　　（MRO）の運用 ・生産・MRO 活動に関連する製品・工程のばらつき削減処置の実施 ・継続的改善の取組みの文書の作成 ・教訓の集積・他の設計活動への活用・教訓にもとづく FMEA の更新

図 11.6　APQP の 5 つのフェーズの目標と活動内容（2/2）

第 11 章　APQP/PPAP 先行製品品質計画および生産部品承認プロセス

APQP フェーズ	アウトプット	
フェーズ 1 計　画	・製品設計要求事項 ・各種プロジェクト目標 　－安全性、品質・製造性、耐 　　用年数、信頼性、耐久性、 　　保全性(整備性)、予定、コ 　　スト ・クリティカルアイテム(CI)・ 　キー特性(KC)の予備リスト	・先行 BOM(部品表) ・先行工程フロー図 ・作業指示書(SOW)レビュー結 　果 ・先行調達計画 ・プロジェクト計画
フェーズ 2 製品設計・開 発	・設計リスク分析(DFMEA)＊ ・設計リスク分析結果を含む設 　計記録・BOM＊ ・DFMA、公差、ヒストグラム ・製品 KC・CI リストを含む特 　別要求事項 ・調達計画の予備リスク分析	・梱包仕様書 ・設計審査報告書 ・製品組立計画書 ・設計検証・妥当性確認計画と 　結果 ・実行可能性評価
フェーズ 3 工程設計・開 発	・工程フロー図＊ ・フロアレイアウト(配置図) ・生産準備計画 ・作業要員・訓練計画(人的資 　源) ・PFMEA＊ ・工程 KC ・管理計画(コントロールプラ 　ン)＊	・生産能力予備評価 ・作業文書 ・測定システム解析(MSA)計画 ・サプライチェーン・リスクマ 　ネジメント計画 ・材料取扱い・梱包・表示・部 　品識別承認＊ ・生産準備審査(PRR)結果
フェーズ 4 製品・工程妥 当性確認	・生産工程稼働製品 ・測定システム解析(MSA)＊ ・初期工程能力調査＊ ・管理計画(コントロールプラ 　ン)＊	・生産能力検証 ・製品妥当性確認結果 ・初回製品検査報告書(FAIR)＊ ・PPAP ファイル・承認様式＊ ・顧客特別要求事項＊
フェーズ 5 継続生産・使 用・引渡し後 のサービス	・品質指数(例：C_{pk}、不良率 　ppm) ・製品品質・信頼性を反映した 　キーパフォーマンス指標(KPI) ・プロジェクト目標達成証拠 ・納期どおりの引渡し(OTD) ・生産能力の KPI	・OTD・生産能力改善計画 ・MRO KPI・目標達成計画 ・プロジェクト完了提案 ・継続的改善処置 ・教訓 ・設計リスク分析・PFMEA・ 　管理計画の更新

［備考］　＊ PPAP 要求事項となる項目
［出典］　SJAC 9145 をもとに著者作成

図 11.7　APQP 各フェーズのアウトプットの例

第Ⅲ部　APQP/PPAP、AS 13100 および関連技法

11.3　APQP の各フェーズにおける実施事項

APQP 各フェーズにおける実施事項を図 11.8 ～図 11.12 に示します。

APQP フェーズ	実施事項
フェーズ 1 要求事項 －計画	・APQP フェーズ 1 では、次のことを行う。 　－製品コンセプト(概念設計)の完成 　－先行部品表(先行 BOM)の作成 　－フェーズ 1 の活動・プロジェクト計画で定義した成果物の完成 ・次の事項を含む、製品・引渡し後のサービスの設計要求事項を明確にし、文書化し、レビューする。 　－顧客・規制・内部要求事項(特別要求事項・技術仕様を含む) 　－例：既存の設計プロジェクトの教訓、生産業者からのフィードバック、ベンチマークデータ、現在の製造工程能力、内部・外部製品の性能・信頼性データ、保証データ 　－各種目標の設定 　・製品安全性、性能、品質、製造性、信頼性、耐用年数 　・耐久性、保全性(整備性)、スケジュール ・製品分割構成またはハイレベル BOM を定義する。 ・初回の内製・購入意思決定にもとづき、可能性のある調達先を明確にし、文書化するため、先行調達計画を作成する。 ・先行 BOM 内のシステム、組立品・構成部品を明確にするために、予備リスク評価を実施する。 　－評価は、製品適用の複雑性、これまでの品質・引渡し・コストの問題、新規技術、プロセスおよび供給者による不安定要素に関連するリスクを考慮する。 ・APQP の適用範囲、活動内容および成果物を定義するプロジェクト計画を作成する。 ・附属書 B(図 11.7 参照)に含まれるすべての成果物について、当該プロジェクトへの適用を考慮する(ことが望ましい)。 ・プロジェクト計画には、次の事項を含む。 　－ APQP の成果物の完成予定日 　－顧客が設定する主要な日程 　－成果物の完成責任者 ・プロジェクト計画は、顧客・供給者を含む、利害関係者と合意し、伝達する。 ・APQP 活動および成果物は、製品の複雑さ、関連リスクおよび顧客要求事項によって変化する。 ・製品設計コンセプトを完成し、設計前準備成果物を作成する。

図 11.8　APQP フェーズ 1 計画における実施事項

第 11 章　APQP/PPAP 先行製品品質計画および生産部品承認プロセス

APQP フェーズ	実施事項
フェーズ 2 要求事項 －製品設計・ 　開発	・フェーズ 2 では、設計が検証・妥当性確認されリリースされる。 ・フェーズ 2 では、次のことが行われる。 　－設計記録・BOM のリリース 　－設計検証・妥当性確認計画(例：分析、検査、シミュレーション、試験) 　－適用となる活動および成果物の完成 ・製品設計要求事項は、検証・妥当性確認ができる用語で表す。 　－例：製品安全、性能、サービス信頼性、耐用年数、保全性(整備性)、製造性、コスト ・製品設計の成果物は、次の事項を含む。 　－設計記録 　－BOM 　－設計リスク分析 　－設計リスク分析によって決定される特別要求事項 ・製品キー特性(KC)・クリティカルアイテム(CI)を含む。 　－設計検証・妥当性確認の結果 ・設計検証・妥当性確認の計画を作成し、プロジェクト計画と適合させ、顧客の承認を得る(要求がある場合)。 ・設計検証・妥当性確認の結果は文書化し、顧客に伝達する。 　試験に使用される製品の構成は文書化する。 ・設計責任がある組織は、次のことを確実にする。 　－性能(取付け、形状、機能)、耐久性、耐用年数、信頼性、製造性、保全性(整備性)、コストに関する設計リスク分析の実施 　－適切なリスク軽減活動の特定、優先順位付けおよび完了 ・設計故障モード影響解析(DFMEA)手法は、この活動の記録として使用する(ことができる)。 ・リスク分析で特定された KC ／ CI は、設計記録に含める。 ・設計リスク分析で特定された製品 KC ／ CI は、工程故障モード影響解析(PFMEA)の検討に盛り込むため、生産者に伝達する。 ・先行調達計画に関連するリスクをレビューし、評価する。レビューでは、技術、物流、リードタイム、旧式化・枯渇、信憑性(模倣品の防止)等に関連するリスクを考慮する(ことが望ましい)。 ・組織の計画チーム(例：設計、製造、品質、調達、製品サポート、整備)は、提案された設計の実現可能性を評価し、提案された設計が受入れ可能なコストで、スケジュールどおりに十分な数量を製造・組立・試験・梱包・引渡しできることを文書化する。 ・必要処置および特定されたリスクは、文書化し、処置する。

図 11.9　APQP フェーズ 2 製品設計・開発における実施事項

239

第Ⅲ部　APQP/PPAP、AS 13100 および関連技法

APQP フェーズ	実施事項
フェーズ3 要求事項 －工程設計・ 　開発	・フェーズ3では、生産工程が定義され、確立され、検証される。 　－フェーズ3の活動は、製品が生産される場所で行われる。 　－フェーズ3では、生産準備審査(PRR)および関連する活動を行い、必要な成果物を作成する。 ・次の事項を含む生産工程設計要求事項を明確にし、レビューする。 　－製品設計記録 　－各種目標(例)：生産性・工程能力・品質・コスト 　－顧客要求レートを含む顧客および規制要求事項 　－教訓 ・工程設計による成果物には、次の項目を含める。 　－工程フロー図 　－ PFMEA 　－工程 KC 　－管理計画 　－生産準備計画 　－生産能力予備評価 　－現場文書(例：製造工程表、作業指示書、検査・試験計画書) 　－ KC および CI に対する測定システム解析(MSA)計画 　－梱包、保管および表示・部品識別の承認(適用規格、梱包承認) ・材料受入れから、保管および最終製品の出荷に至るすべての運用工程を順に含む工程フロー図を作成する。 　－これには、代替プロセス、ならびに外部作業への、および外部作業からの製品の移動も含める。 ・PFMEA 手法を使って製造工程のリスク分析を行い、高リスクに対する低減計画を明確にする(代わりの手法が顧客によって要求・承認されない限り)。 ・SAE J1739 附属書 A ／ B ／ C によって製造工程のリスクを評価できない場合は、影響度／発生度／検出度の格付け基準を定義する(備考参照)。 ・製品 KC および CI のばらつきを管理するために、PFMEA ／その他の手法を使用して、工程 KC を特定する。 　－製品・工程 KC は、最初の文書から工程フロー、PFMEA および管理計画に至るまでトレース可能とする。

[備考]　SAE J1739 附属書 A ／ B ／ C：FMEA の影響度(S) ／発生度(O) ／検出度(D)の格付け基準(第 13 章参照)

図 11.10　APQP フェーズ 3 工程設計・開発における実施事項(1/2)

第 11 章　APQP/PPAP 先行製品品質計画および生産部品承認プロセス

APQP フェーズ	実施事項
フェーズ 3 要求事項 －工程設計・ 　開発	・管理計画(コントロールプラン)に関して次の事項を実施する。 　－引き渡された製品の品質によって顧客満足を達成するため、管理計画を作成する(必要に応じて)。 ・供給する製品のシステム、サブシステム、構成部品／材料レベルにおいて 　－設計・工程 FMEA のアウトプットだけではなく、設計記録要求事項・工程フローも考慮した管理計画を作成する。 　－変更が発生した際に、管理計画をレビュー・更新するプロセスをもつ。 ・変更の例：製品、生産工程、測定、物流、供給者、PFMEA に影響を及ぼすもの 　－このプロセスは、顧客承認を得る(必要な場合)。 ・管理計画は、フェーズ 3 で作成され、フェーズ 4(製品および工程の妥当性確認)で完了する。 ・管理計画では、次の事項を実施する。 　－製造工程中に監視する設計・工程特性について、必要な管理方法とともにリストを作成する。 　－顧客・組織によって定義された製品・工程の KC ／ CI をすべて含め、識別する。 　－工程が不安定／故障した場合の対応計画を明確にする。 ・生産材料・製品の梱包、保管およびラベルの貼付が内部・顧客指定の仕様書に適合することを確実にし、顧客の承認を得る(必要に応じて)。 ・計画された梱包方法によって製品・材料が物理的な損傷を受けず、通常の輸送ルート、引渡しおよび保管中に梱包の性能低下がないことを検証する(ことが望ましい)。 　－梱包材料は、環境安全の規格を満たし、これらを扱う作業員に危険を及ぼさない材料である(ことが望ましい)。 ・梱包の使用材料・リサイクルの検討だけでなく、主梱包および補助梱包についても検討する(ことが望ましい)。 ・製造工程が文書化され、生産準備が整っていることを検証するため、PRR(生産準備審査)を実施する。 ・少なくとも PRR には、工程設計の成果物および適用される顧客要求事項を含める。 ・PRR 審査結果は、特定されたリスクまたは問題を解決するための是正処置を含め、記録する。

［備考］　管理計画：本書の 11.4 節参照

図 11.10　APQP フェーズ 3 工程設計・開発における実施事項(2/2)

241

第Ⅲ部　APQP/PPAP、AS 13100 および関連技法

APQP フェーズ	実施事項
フェーズ4 要求事項 －製品・工程の妥当性確認	・フェーズ4では、規定要求事項に適合する、計画された生産工程を使用して生産された、最初の製品の妥当性確認が行われる。 　－妥当性確認には、初回製品検査(FAI)・フェーズ4のすべての活動・成果物を含む、PPAPの完了・承認が含まれる。 ・製品・工程の妥当性確認は、連続生産を目的とした工程(PRRによって評価された工程)によって生産された製品で行われる。 ・顧客要求レートで要求事項を満たす能力を実証するため、生産工程稼働は、計画された生産現場で生産条件のもとで行われる。 　－治工具、測定器、工程、工順、作業、手順、材料、要員、環境 ・工程能力(process capability)および生産能力(process capacity)を決定するため、および生産される製品が設計要求事項を満たすことを確認するために、生産工程稼働は十分な量の製品を生産する。 　－注記　十分な量の生産には、多数個取り金型、鋳型、工具、型等のそれぞれの位置を含め、複数の製造または組立ライン／作業場所で生産される製品の評価を含める(該当する場合は必ず)。 ・製品・生産工程稼働で得たデータは、次のために使用される。 　－測定システム解析(MSA) 　－管理計画(コントロールプラン) 　－初回製品検査報告書(FAIR) 　－初期工程能力調査 　－生産能力検証 　－製品妥当性確認試験結果 　－PPAPファイル ・測定システム解析(MSA)は、(少なくとも)管理計画で識別される(製品・工程)キー特性の測定方法において実施する。 　－MSAの分析方法・合否判定基準は、組織・顧客要求事項に適合する。 　－MSAの結果が組織・顧客の合否判定基準基準を満たさない場合、処置計画(アクションプラン)を作成し、実行する。 ・MSA手法は次のような方法を用いて行う(ことができる)。 　－偏り(bias)調査 　－ゲージ繰返し性・再現性(gage R&R) 　－繰返し性調査(repeatability) 　　－測定不確実性分析(分散分析、ANOVA、analysis of variation) 　　－属性一致分析(go/no-go判定、attribute agreement analysis) ・管理計画に含まれるすべての測定方法・確認補助具(checking aid)が適切であり、能力があり、顧客要求レートを満足できることを実証する(ことが望ましい)。

図11.11　APQPフェーズ4製品および工程の妥当性確認における実施事項(1/2)

第11章　APQP/PPAP 先行製品品質計画および生産部品承認プロセス

APQP フェーズ	実施事項
フェーズ4 要求事項 －製品・工程の妥当性確認	・顧客・組織の要求事項(例：SJAC 9102 初回製品検査要求事項)に従い FAIR を完了する。 　－FAIR 適合の証拠は PPAP 提出物に含める。 ・業界で認知された方法を使用した初期工程能力調査を、設計記録・管理計画の中で識別された製品・工程の KC に対して実施する。 　－注記　工程能力調査は、作業者、設備、治工具、手法、材料、測定および環境状況の影響を考慮する(ことが望ましい)。 　a)　工程能力確立のために必要なサンプルの数量は、統計的に妥当なものとし、調査開始前に顧客と調整して決定される。 　b)　安定性および能力要求事項を満たすことが不可能/著しく不経済な場合は、除外について、顧客承認を得る(必要に応じて)。 　・注記　工程能力指数(例：C_{pk}, P_{pk})は、工程が安定したと確認された後、算出する(ことができる)。 　　－工程能力・安定性を判断するため統計的方法を使用する。 　c)　初期工程調査結果の評価には、次の合否判定基準を適用する(顧客によって別途指示がない限り)。 ・工程能力調査の合否判定基準

結果(C_{pk}/P_{pk})	判断・合否判定基準
$C_{pk}/P_{pk} \geq 1.33$	・工程は合否判定基準を満たす。
$1.0 \leq C_{pk}/P_{pk} < 1.33$	・内部・顧客要求事項にもとづき合否を決定する。 ・製品適合を保証するための管理手法を実行し是正処置をとる(必要に応じて)。
$C_{pk}/P_{pk} < 1.0$	・基準を満たさない。 ・製品適合を保証するための管理手法を実行し、是正処置をとる。 ・指定された顧客担当者に連絡をする(必要に応じて)。

・顧客要求事項を満たす能力を示すために生産能力検証を行う。
　－注記　生産能力検証は、装置の作動稼働時間、計画停止時間(例：切換え、予防保全)、不良率等を顧客の要求事項と比較した分析を含める(ことが望ましい)。
・顧客が追加の PPAP 要求事項を指定する場合、PPAP ファイルに当該要求事項に対する適合の記録を含める。
・PPAP 要求事項に従い、PPAP 提出物を揃える。

図 11.11　APQP フェーズ 4 製品および工程の妥当性確認における実施事項 (2/2)

第Ⅲ部　APQP/PPAP、AS 13100 および関連技法

APQP フェーズ	実施事項
フェーズ 5 要求事項 －継続生産、 　使用および 　引渡し後の 　サービス	・フェーズ 5 は、製品の寿命にまで及ぶ連続したフェーズである。 ・フェーズ 1 で定めた APQP プロジェクトの目標が達成されたか どうか評価・判断する。 　－目標が達成されていない場合、適切な処置をとる。 ・製品実現プロセスおよび将来の製品を改善するため、教訓を学 び取り入れるプロセスを確立する。 　－注記　保証データ(例：運用での故障)・是正処置計画・顧客 品質データは、教訓を学ぶ情報源として用いる(ことが望まし い)。 　－FMEA ／その他のリスク分析の記録は、設計・工程の教訓を 文書化するためのデータベースとして維持される(ことが望ま しい)。 ・顧客満足(例：引渡し、コスト、効率、ばらつき削減)を向上す るために、必要な改善の機会を明確にする。

図 11.12　APQP フェーズ 5 継続生産、使用および引渡し後のサービスにおけ る実施事項

管理計画（コントロールプラン）													
番号	プロセスステップ	工程機能	装置	特性			分類	管理方法					処置計画
				ID	製品	工程		仕様公差	測定方法	数量	頻度	管理方法	

プロセスフロー	プロセスフロー MSA	DFMEA	PFMEA	DFMEA PFMEA	DFMEA PFMEA	DFMEA PFMEA SPC MSA	PFMEA SPC	DFMEA PFMEA SPC	PFMEA SPC

図 11.13　管理計画とインプット情報

第 11 章　APQP/PPAP 先行製品品質計画および生産部品承認プロセス

11.4　管理計画(コントロールプラン)

　管理計画(コントロールプラン、control plan)とは、いわゆる QC 工程表のことです。管理計画における実施事項を図 11.14 に、管理計画の様式の例を図 11.15 に示します。効果的な管理計画は、FMEA、SPC、MSA などの検討結果を反映させて作成することが必要です(図 11.13 参照)。

項　目	内　容
管理計画(コントロールプラン)とは	・管理計画の目的は、製品・工程の管理方法を文書化することである。 ・これには、ばらつき削減および現在の品質レベルの維持を保証するための管理限界値を考慮し、監視する製品特性・工程管理の設定、測定方法、抜取りサイズ・頻度を明確にすることも含む。 ・製造工程の各段階における製品品質の管理および確認方法を詳述する。 ・管理計画には、工程が不安定になった場合、または不適合製品が検出された場合の処置(対応計画)を含める(必要な場合)。 ・管理計画には、工程の各段階における品質管理作業・活動の責任者を記載する(ことが望ましい)。 ・管理計画は、供給者の品質・生産部門、および顧客(要求される場合)によって合意される。
管理計画作成のタイミング	・管理計画は、製品開発の各フェーズで開発され、完成される。 ・生産前フェーズでは、すべてのばらつきの原因を特定・排除しないため、管理対象値が連続生産に比べて高くなる。 ・管理計画は、品質問題または製品・工程の変更に応じて、随時改訂・更新される。
管理計画に含める項目	・管理計画には、少なくとも次の情報を含める。 　－組織の名称・対象サイト　－部品番号 　－部品名称・概要　　　　　－技術変更(改訂)レベル 　－対象フェーズ(例：生産前、生産中) 　－工程の名称・作業概要・工程番号 　－キー特性(KC)およびクリティカルアイテム(CI)に関する製品・工程 　－製品・工程の仕様・公差　－評価・測定方法 　－抜取リサイズ・頻度　　　－管理手法(ポカヨケを含む) 　－処置計画

図 11.14　管理計画(コントロールプラン)における実施事項

245

第Ⅲ部　APQP/PPAP、AS 13100 および関連技法

管理計画（コントロールプラン）

□少量生産　□生産

コントロールプラン番号		問合せ先／電話		日付（初版）		日付（改訂）
部品番号／現在の変更レベル（改訂符号）		部門横断チーム		顧客技術部門承認／日付（＊）		
部品名／名称		供給者／工場承認／日付		顧客品証部門承認／日付（＊）		
供給者／工場	供給者コード	その他の承認日付（＊）		その他の承認／日付（＊）		

番号	プロセス／ステップ	工程機能／作業名称	機械／装置／治具／ツール	特性		特性分類	方法				処置計画
				製品	工程		仕様／公差	評価測定法	サンプリング	管理方法	
				ID	ID				サイズ｜頻度		

[備考]　＊：必要な場合

[出典]　IAQG SCMH をもとに著者作成

図 11.15　管理計画（コントロールプラン）様式の例

第 11 章　APQP/PPAP 先行製品品質計画および生産部品承認プロセス

11.5　PPAP 要求事項

PPAP の手順を図 11.16 に、PPAP 要求事項を図 11.17 に示します。

項　目	内　容
PPAP(生産部品承認プロセス)の手順	・適用する PPAP 要求事項を明確にする(顧客固有要求事項を含む)。 　−図 11.17 のすべての要求事項が要求される(組織が行う活動に適用がない場合を除く)。例：組織に設計権限がない場合 　−注記 2　適用する PPAP 要求事項を決定する際には、顧客に確認する(ことが望ましい)。 ・PPAP が要求製品の PPAP ファイルを作成する。 ・組織・顧客要求事項に従って、PPAP 提出に関わる要求事項に適合させる。PPAP 提出において要求される文書は、顧客・供給者の合意に従い、提供／レビュー可能なものとする。 ・PPAP ファイルは維持・閲覧できるようにする(必要に応じて)。 ・製品・工程の変更があった場合は、顧客に通知し承認を得る。 ・PPAP 要求事項が満たされていない場合、対応計画を作成する。

図 11.16　PPAP(生産部品承認プロセス)の手順

	PPAP 要求事項	APQP フェーズ
1	設計記録	2
2	設計リスク分析(例：DFMEA)（設計組織のみ対象)	2
3	工程フロー図	3
4	工程故障モード影響解析(PFMEA)	3
5	管理計画(コントロールプラン)	3
6	測定システム解析(MSA)	4
7	初期工程能力調査	4
8	梱包、保管、および表示の承認	3
9	初回製品検査報告書(FAIR)	4
10	顧客の PPAP 要求事項	4
11	PPAP 承認様式(または同等の様式)	4

［出典］　IAQG SCMH をもとに著者作成

図 11.17　PPAP 要求事項

第Ⅲ部　APQP/PPAP、AS 13100 および関連技法

PPAP 提出・承認の手順を図 11.18 に示します。

項　目	内　容
1. PPAP ファイル 提出	・図 11.17 に記載された PPAP 要求事項を PPAP ファイルに含める(該当する場合は必ず)。 ・PPAP 承認様式に示されたとおりに、顧客・内部組織に PPAP ファイルの指定された項目を提出する。 　－ SJAC 9145 附属書 D の様式(または同等の様式)を使用する(図 11.19 参照)。 　－注記 1　すべての要求事項の記録を、PPAP ファイルに含める(または参照先を明記する)。 　－注記 2　PPAP 提出項目は、通常顧客によって指定される。 ・PPAP 要求事項を完全に満たしてない場合でも、顧客の指示・許可によって、組織は PPAP を提出する(ことができる)。 　－ PPAP 承認様式に不完全な状態であることを明記し、正式承認を得るための再提出計画を提示する。 ・(PPAP 提出用に含まれるかどうかに関係なく)必要なすべての事項は PPAP ファイルに含める。 ・顧客の権限委譲を受けた者／内部の PPAP 提出を受領する者を含む、PPAP 承認の権限をもつ者を明確にする。
2. PPAP 提出の判定	・PPAP 提出の結果は、次のように判定される。 　－承認(approved)： 　　・すべての PPAP 要求事項が満たされている。 　　・製品を出荷することが許可される。 　－条件つき承認(interim approval)： 　　・すべての PPAP 要求事項が満たされているわけではない。 　　・顧客による指定条件・制約のもとで製品を出荷することが許可される。 　－非承認(rejected)： 　　・PPAP 要求事項が満たされてない。 　　・製品を出荷することが許可されない。 ・PPAP 判定の記録 　－ PPAP 判定は PPAP 承認様式に記録する。
3. PPAP の再提出	・承認済の製品／工程を変更する場合または提出済 PPAP との相違を修正する場合、PPAP の再提出が要求される。 ・製品・工程変更のために PPAP の再提出が必要な場合、適用される APQP 活動を実施し、PPAP 再提出に関わる内部・顧客の要求事項を遵守する。

図 11.18　PPAP 提出・承認の手順

第 11 章　APQP/PPAP 先行製品品質計画および生産部品承認プロセス

PPAP 承認様式の例を図 11.19 に示します。

PPAP 承認			
1. 部品番号		6. 追加変更 ＊	
2. 部品名称			
3. 部品改訂レベル ＊			
4. 図面番号 ＊		7. 顧客購買担当者 ＊	
5. 図面改訂レベル ＊		8. 注文番号 ＊	

供給者情報

9. 組織名：　　　　　　　　　　　　　　　　　　　　10. 供給者・納入業者コード ＊：

11. 住　所：　　　　　　　　　　　　　　　　　　国名：

12. 提　出
　□完全提出　　　　　　　　　□初回提出
　□部分的提出　　　　　　　　□再提出　　　理由：

13a. 準備した PPAP 要求事項				13b. PPAP 要求事項顧客承認		
Yes	No	na		Yes	No	
□	□	□	1. 設計記録	□	□	
□	□	□	2. 設計リスク分析（例：DFMEA）	□	□	
□	□	□	3. 工程フロー図	□	□	
□	□	□	4. 工程 FMEA	□	□	
□	□	□	5. 管理計画	□	□	
□	□	□	6. 測定システム解析	□	□	
□	□	□	7. 初期工程能力調査	□	□	
□	□	□	8. 梱包・保管・表示の認定	□	□	
□	□	□	9. 初回製品検査報告書	□	□	
□	□	□	10. 顧客 PPAP 要求事項	□	□	

注記：13a 項における "No" の箇所は、下記 14 項において文書化した処置計画が必要

14. 処置計画 ＊		要求事項番号	目標日程

15. 宣言
私（供給者）は、本 PPAP 承認様式の提出により、9145 規格の適用される要求に従っていることを宣言します（適用される場合、二次供給者への要求適用も含む）。
私は、弊社生産工程がすべての成果物、技術および品質要求事項を満たしていることを証明いたします。
私は、顧客による本様式の承認が、あらゆる不適合に対する責任および義務の免除ではないことを理解します。

氏名・署名	役職名	e メールアドレス	日付

16. 顧客記入欄
　□承認　　　　　□条件付承認　　　□非承認

コメント	

顧客承認：氏名・署名	役職名	e メールアドレス	日付

［備考］　＊該当する場合
［出典］　IAQG SCMH をもとに著者作成

図 11.19　生産部品承認プロセス（PPAP）承認様式の例

第Ⅲ部　APQP/PPAP、AS 13100 および関連技法

11.6　用語の定義および APQP 成熟度評価表

APQP/PPAP で使用されている用語の定義を以下に示します。

また、サプライチェーン・マネジメントハンドブック(SCMH)に含まれている APQP 成熟度評価の概要を、以下の［APQP 成熟度評価表］(p.252 参照)および［APQP 成熟度マトリックス］(p.253 〜 256 参照)に示します。これによって、組織の APQP の成熟度を評価することができます。

［用語の定義］(1/3)

用　語	定　義
部品表(BOM) bill of material	・製品の設計記録に含まれる構成部品・材料リスト
民生品(COTS) commercial off-the-shelf	・業界で認知された仕様書・規格によって定義され、一般向けカタログ記載で販売される市販製品
管理計画 control plan	・主要な検査・管理活動に対する製造工程関連手順の記述文書 ・コントロールプラン
クリティカルアイテム(CI) critical item	・安全性、性能、形状、取付け、機能、製造性、耐用年数等を含む製品実現および製品の使用に重大な影響を与えるため、適切に管理するため特定の処置が必要なアイテム ・例：安全 CI、破壊 CI、ミッション CI、キー特性(KC)・安全性に対してクリティカルな整備作業など
要求レート demand rate	・引渡し計画を満たすために指定された期間に、組織が生産することを要求される製品の数
設計リスク分析 design risk analysis	・設計責任がある組織によって使用され、製品性能(例：取付け、形状、機能)、耐久性、製造性およびコストに関する潜在的な故障モードを、可能な限り特定する分析技術
故障モード影響解析 (FMEA) failure mode and effects analysis	・システム、設計または工程の潜在的な故障モードをランク付けし、文書化してリスクを分析する構造化手法 ・例：システム FMEA、インタフェース FMEA、設計 FMEA、および工程 FMEA
キー特性(KC) key characteristic	・ばらつきが、製品の取付け、性能、耐用年数または製造性に重大な影響を与え、ばらつきを管理するために特定の処置が必要な属性または特性 ・部品／サブ組立品／システムに対する KC は、選定された寸法、材料特性、機能／外観特性である。
測定システム解析(MSA) measurement systems analysis	・測定の正確性、精密性および不確実性に対する測定プロセスの選定要素(要員、機械、ツール、方法、材料、環境)の影響の調査
先行部品表(先行 BOM) preliminary bill of material	・生産に使用するために、設計の妥当性確認・設計記録の発行前に完成される最初の BOM

［出典］　SJAC 9145 をもとに著者作成

250

第 11 章　APQP/PPAP 先行製品品質計画および生産部品承認プロセス

［用語の定義］（2/3）

用　語	定　義
生産能力予備評価 preliminary capacity assessment	・顧客要求レートで製品を生産するために必要な資源（例：要員、装置、設備、施設）を決めるため、工程計画および開発の初期段階で実施される評価
工程能力調査 process capability study	・管理された工程のアウトプットを、工程能力指数（例：C_{pk}）または工程性能指数（例：P_{pk}、ppm）として表される仕様限界値と比較する調査
製品分割構成（ハイレベル部品表） product breakdown structure	・製品をサブシステムおよび主要構成部品に分割したもの
製品開発プロセス（PDP） product development process	・一般的に、組織の製品実現プロセスとして使われる用語 ・プロセスは製品コンセプトに対する（顧客の）ニーズから始まり、製品の寿命に及ぶ。 ・一般的なマイルストーンには次を含む。 　－キックオフ、コンセプト完了（基本設計審査（PDR））、設計リリース（詳細設計審査（CDR））、初期生産承認、および生産開始
生産部品承認プロセス（PPAP）ファイル production part approval process file	・PPAP 要求事項を立証する客観的証拠を含むファイル（文書パッケージ）
生産準備審査（PRR） production readiness review	・生産工程が適切に定められ、文書化され、生産準備が整っているか検証するための、部門横断的チームによる製造工程のレビュー
特別要求事項 special requirements	・顧客によって識別された／組織によって明確化された要求事項であり、達成されないという高いリスクを伴うため、リスクマネジメントプロセスの対象としなければならない要求事項 ・特別要求事項の明確化に用いられる要素は、製品／工程の複雑さ、過去の経験、および製品／工程の成度を含む。 ・例：顧客によって課せられた産業界の能力の限界にある性能要求事項／組織が自らの技術もしくはプロセス能力の限界にあると判定した要求事項
利害関係者 stakeholder	・ある体系／特徴において、ニーズ・期待を満たす権利、役割、主張もしくは利益のある個人または組織 ・利害関係者には、次を含む。 　－顧客、供給者、監督官庁および組織機能／グループ
標準部品 standard part	・適合性を検証するために必要な設計、製造、検査データおよびマーキングの要求事項が、公表されており、公認された規格として発行・作成されている部品
妥当性確認 validation	・製品／サービス／システムが顧客およびその他の利害関係者のニーズを満たしていることを保証する。 ・妥当性確認は、外部顧客の承認が必要となる。 ・設計の妥当性確認： 　－特定の使用目的または適用に対する要求事項が満たされていることを、客観的証拠の提供によって確認する。 　－定められたユーザのニーズ・要求事項に対する製品設計の適合性を試験または分析によって確認する。 ・工程の妥当性確認：

第Ⅲ部　APQP/PPAP、AS 13100 および関連技法

［用語の定義］（3/3）

用　語	定　義
妥当性確認（続）	－所定のレベルで安定して能力がある製品または工程 KC を含め、工程が絶えず決められた仕様を満たす結果を出すまたは製品を生産することを物理的な実証によって確認する。 ・製品の妥当性確認： －生産形態の製品が、顧客・利害関係者のニーズを満たすことを保証する。外部顧客が承認に関わることがある（認定試験）。
検　証 verification	・検査および客観的証拠の提供によって、規定要求事項が満たされていることを確認する。 ・設計検証： －特定の製品要求事項への適合を客観的証拠によって確認する。 ・製品検証： －規制、要求事項、仕様または設計時の物理的条件に適合する製品の評価 －これは通常、設計要求事項に対する製品の試験／検査にて行われる（初回製品検査、FAI）。

［APQP 成熟度評価表］

	項目（重み）	評価点	コメント
1	経営者の認識とコミットメント		
1.1	先行製品品質計画（APQP）の基本と要求事項の知識（30%）		
1.2	組織的サポート（70%）		
2	組織の調整と効果的なコミュニケーション		
2.1	APQP プロセスのオーナー（40%）		
2.2	製品開発活動のコミュニケーション（20%）		
2.3	人的資源（40%）		
3	プロジェクトとリスクマネジメント		
3.1	プロジェクトマネジメントの実行（35%）		
3.2	リスクマネジメントと上申（35%）		
3.3	プロジェクトのレビューと上申（30%）		
4	APQP ツール		
4.1	故障モード影響解析（FMEA）（20%）		
4.2	プロセスフロー図（PFD）（10%）		
4.3	管理計画（コントロールプラン、CP）（10%）		
4.4	測定システム解析（MSA）（10%）		
4.5	クリティカルアイテムの識別と管理（キー特性含む）（20%）		
4.6	キープロセス特性の識別と管理（10%）		
4.7	工程能力評価（10%）		
4.8	生産能力評価（10%）		
5	外部供給者の準備		
5.1	APQP 展開に対するサプライヤーの準備（50%）		
5.2	SJAC 9145 要求事項の展開（50%）		

第 11 章　APQP/PPAP 先行製品品質計画および生産部品承認プロセス

［APQP 成熟度マトリックス］（1/4）

項目（重み）	レベル（点）				
	1	2	3	4	5
1　経営者の認識とコミットメント					
1.1 先行製品品質計画 （APQP）の基本と要求事項の知識 （30%）	APQP の知識がない。製品開発プロセスに統合されていない。	APQP の基本的な知識と認識および展開に必要な、要求事項と技能の基本的な理解がある。	APQP を製品開発プロセスに統合するための実現計画がある。主担当者は、APQP 方法論の訓練を受けている。	APQP は定義されており、製品開発プロセスに完全に統合されている。 APQP の基本を推進する戦略的コミュニケーションと目標が存在する。	APQP をサポートする組織とシステムがある。 APQP の基本が文化の変化を推進し続けることを確実にする、継続的な改善計画がある。
1.2 組織的サポート （70%）	限定的なサポートであり、APQP 経営者のリーダーシップはない。	組織の一部の部門で推進されている（例：品質・技術部門）。	機能の部門（例：技術、品質、運用、調達）のリーダーは、APQP を理解し、サポートしている。訓練を受けており、ツールとプロセスの使用が明確である。	すべてのレベルおよび関連する機能組織での賛同を得て、戦術的な目標を達成するために取り組んでいる。	リーダーシップの戦術的な目標が実行され、目標が達成されている。 結果分析は改善を推進し、ギャップを埋めている。
2　組織の調整と効果的なコミュニケーション					
2.1 APQP プロセスのオーナー （40%）	オーナーは定義されていない。 機能は、部門ごと、業務ごとに行われている。	複数オーナーが存在し、複数部門によって推進され、方針は割り当てられていない。 使用されるツールが明確でない。	オーナーが決められ、APQP プロセスをサポートするための組織が定義されている。	部門横断的な構造が確立され、意思決定プロセスが実施されている。	資源が最適化されており、必要に応じて再割り当てするプロセスがある。
2.2 製品開発活動のコミュニケーション （20%）	製品開発の進捗状況が通知されていない。	製品開発のレビューとコミュニケーションは、独立した部門内で行われている。部門横断的ではない。 コミュニケーションの頻度は決まっていない。	部門横断的なプロジェクトレビュープロセスが定義されている。 レビューの頻度が確立され、レビューを開始している。	レビューは安定しており、部門横断的であり、プロジェクトの成果と問題を上申するために効果的に管理されている。 ゲート付きの上級管理職および定期的なカスタマーレビューが実施されている。	製品開発プロセスを管理し、情報へのアクセスを確保するために確立された中央管理が行われている。 レビューは一貫して伝達されている（例：プロジェクト状況、ニュースレター）。
2.3 人的資源 （40%）	APQP プロセスをサポートするために必要な人的資源の計画は存在しない。 人的資源は必要に応じて追加されている。	必要な人的資源はいくつかの分野で決定され、ギャップを埋める計画で能力が評価されている。	すべての機能分野の人的資源のニーズが特定され、訓練計画が完了している。	有資格者が配置されており、APQP を維持するために定義されたプロセスが存在する。	APQP の役割は、組織に組み込まれている。 APQP の機能は体系的に維持され、進行中のプロセスの有効性のために最適化されている。
3　プロジェクトとリスクマネジメント					
3.1 プロジェクトマネジメントの実行 （35%）	プロジェクト管理の知識はほとんどない。	プロジェクト管理のいくつかの要素は理解され、製品開発に使用されているが、SJAC 9145 のすべての要求事項を考慮していない。 プロジェクト管理技能のギャップが理解され、訓練が進行中である。	プロジェクト管理スキルが開発され、一部の製品開発プロジェクトに適用されている。 SJAC 9145 の要求事項が組み込まれている。 製品開発を管理するための高レベルの APQP プロジェクト計画とともに、統制のとれたプロジェクト管理アプローチを取り入れ始めている。	APQP プロジェクト管理プロセスが定義され、手順が実施されている。 製品開発を管理するための詳細レベルの APQP プロジェクト計画を確立するための実証済みの機能が存在する。 定期的なプロジェクト状況報告を使用して、フェーズごとのレビューと定期的なプロジェクトフェーズレビューを実施する機能がある。	APQP プロジェクト管理の組織／資源（プロジェクトオーナーと部門横断的な資源）および効果的なプロジェクト管理のための情報システムが存在する。 主要なプロジェクト管理と APQP の成果物を評価するために確立された基準が存在する。

253

第Ⅲ部　APQP/PPAP、AS 13100 および関連技法

［APQP 成熟度マトリックス］（2/4）

項目（重み）	レベル（点）				
	1	2	3	4	5
3.2 リスクマネジメント と上申 （35%）	リスクマネジメントの知識はほとんどない。 APQP 状況でのリスク管理は、プロジェクト、サプライヤーに適用される。 実現可能性（設計から製造へおよび販売から設計への伝達）、製品（例：DFMEA）またはプロセス（PFMEA）、測定システム解析（MSA）、および製品とプロセスの能力（C_p, C_{pk}）	リスクマネジメントに関するある程度の知識はあるが、製品開発リスクの具体的な管理の計画はない。 現在のリスクマネジメント活動はその場限りのものである。 リスクマネジメントスキルのギャップが理解され、トレーニングが進行中である。	リスクマネジメントの知識と技能がある。 リスクマネジメントの実施計画が実施されている。 製品開発リスクを管理するための定義された上申プロセスを備えた、統制のとれたリスクマネジメントアプローチを開始している。	定義されたリスクマネジメントプロセスと手順が実施されている。 製品開発におけるリスクマネジメント機能を実証している。 最高レベルの管理者の関与により、優先度の高い製品開発リスクの問題を特定、上申および管理ができる。	効果的なリスクマネジメントをサポートする、組織と情報システムが整備されている。 リスクマネジメントの基本が考慮されており、組織文化となっている。 リスクマネジメントには、以前のプロジェクトからの継続的な改善フィードバックが含まれている。
3.3 プロジェクトのレビューと上申 （30%）	APQP プロジェクトのレビューと上申プロセスに関する知識はほとんどない。	APQP プロジェクトのレビューと上申プロセスに関する知識はあるが、プロジェクトのレビューと上申を実施する計画はない。 現在のプロジェクトのレビューと上申は限定的である。	APQP プロジェクトのレビューと製品開発の上申を実施するための知識と技能がある。 APQP の実施計画、上申プロセスを含むプロジェクトのレビュープロセスが実施されている。 APQP 成果物のプロジェクトレビューを開始している（例：予備設計レビュー、重要設計レビュー、生産準備レビュー）。	定義された APQP プロジェクトのレビューと上申プロセスと手順が実施されている。 解決のために製品開発の問題を上申する実証済みの機能がある。	APQP プロジェクトのレビューをサポートする組織構造と情報システムがある。 APQP プロジェクトの資源は、プロジェクトレビューで検証可能な過去の経験に従っている。 APQP プロジェクトのレビューには、トップマネジメントが重要な決定に参加している。 プロジェクトデータは、プロジェクト KPI の追跡に使用され、プロジェクトのパフォーマンス目標の達成が実証されている。 APQP プロジェクトレビューの内容は、以前のプロジェクトからの継続的な改善フィードバックを考慮して展開している
4　APQP ツール					
4.1 故障モード影響解析 （FMEA） （20%）	FMEA の知識がない。 FMEA が製品およびプロセス開発で行われていない。	FMEA の基本的な知識と認識および展開に必要な要求事項と技能の基本的な理解がある。 FMEA 開発に限定的に参加している。	部門横断チームを使用して、FMEA ツールの使用について担当者がトレーニングされている。 学んだ教訓、履歴データは FMEA へのインプットとして使用されている。 設計 FMEA、プロセスフロー図、プロセス FMEA、および管理計画の相互関係が確立されている。	FMEA アプローチは標準化されており、製品開発プロセスで行われている。 FMEA プロセスは、RPN の削減とプロセス／品質の向上につなげている。 FMEA は、プロセスのアウトプットデータにもとづいて、必要に応じて更新されている。	FMEA の開発と保守を支援するための組織と情報システムが存在する。 FMEA は、組織の継続的改善の基本をサポートしている。

第11章　APQP/PPAP 先行製品品質計画および生産部品承認プロセス

［APQP 成熟度マトリックス］（3/4）

項目(重み)	レベル(点)				
	1	2	3	4	5
4.2 プロセスフロー図(PFD)(10%)	プロセスフロー図(PFD)の知識がない。ショップルーター／トラベラーを PFD と同等と見なしている。代替プロセス、移動、および外部操作が常に含まれるとは限らない。	展開に必要な PFD 要求事項と技能を基本的に理解している。PFD は存在するが、製品を作成するための十分な詳細が含まれていない。	要員は PFD の使用について訓練を受けている。PFD には、定義されたプロセス操作が詳細な順序で含まれている。プロセスフローを識別するために使用され、標準化された記号が使用されている。設計 FMEA、PFD、プロセス FMEA、および管理計画の相互関係が確立されている。	標準の PFD プロセスが実施されており、製品全体で実施されている。製品・プロセスファミリが識別され、運用を標準化するために使用されている。PFD は、変動とリスクの原因を特定するために使用されている。PFD は、変更や改善が行われると更新されている。	プロセスフローの改善を支援するための部門と情報システムが存在する。グループ関連の教訓とベストプラクティスが伝達されている。PFD は、変更や改善が行われると更新されている。
4.3 管理計画(コントロールプラン、CP)(10%)	管理計画の知識がない。検査計画、プロセス指示、ルーターなどは、管理計画と同等であると見なされている。	管理計画とそれらを開発するために必要な技能の基本的な理解がある。開発中の一部の管理計画はあるが、PFMEAまたはPFDに常にリンクされているわけではない。様式は標準化されていない。	要員は、管理計画の作成と使用について訓練を受けている。キー製品・プロセス特性(KC、CI)は、管理計画で特定されている。管理計画には、製品とプロセスの管理が含まれている。設計 FMEA、PFD、プロセス FMEA、および管理計画の相互関係が確立されている。	管理計画は製品全体で作成されている。製品・プロセスファミリが識別され、運用を標準化するために適切に使用されている。管理計画は、プロセスと製品の変動を管理するために使用されている。	管理計画を支援するための組織と情報システムが存在する。管理計画は製品開発フェーズで開始され、製品ライフサイクル全体を通じて展開されている。管理計画は、変更や改善が行われると更新されている。
4.4 測定システム解析(MSA)(10%)	測定システム解析の知識がない。ゲージの校正に限定された測定器管理である。	MSA の基本的な理解と実施に必要な技能がある。MSA は、ゲージの再現性・再現性(GR & R)に限定されている。	要員は MSA の使用法について訓練を受けており、MSAの結果に影響を与える基本的な要因を理解している。MSA は、キー製品・プロセス特性(KC、CI)に対して実行されている。	MSA のプロセスが定義され、実施されている。MSAは、検査プロセスが変更されたとき、および新しい検査員に対して繰り返されている。MSA の結果が合格基準を満たさない場合に、是正処置計画を実施している。	MSAの改善をサポートするための組織と情報システムが存在する。MSA計画では、すべての検査ツールと機器が特定され、摩耗や変化などの傾向分析が実行されている
4.5 クリティカルアイテムの識別と管理(キー特性含む)(20%)	クリティカルアイテムを定義・管理する方法と、それらと製品のキー特性との関係についての知識がない。	設計リスク分析によって特定されたKC・CIは、設計記録に含まれているが、製造文書(例：検査計画、管理計画)を通じて一貫して実行されていない。KC・CIに関する製造文書のギャップが特定され、ギャップを埋めるための計画が実施されている。	KC は文書化されており、製造プロセス全体を通じて KC の変化管理が実施されている(SJAC 9103 参照)。	すべての KC は、プロセス管理計画で定義されているように、識別・管理されている。工程能力が確立され、要求事項を満たすために、必要に応じて変動を減らすための計画が実施されている。KC を再評価するためのプロセスを実施している。	KC の変動データを監視、測定、分析するための情報システムが整備されている。潜在的な製品パフォーマンスの問題を予測するために分析された KC 信頼性データがある。統計分析ツールが、製品の変動を改善するために使用されている。
4.6 キープロセス特性の識別と管理(10%)	KC・CI に関連するキープロセス特性を識別・管理する方法に関する知識がない。	KC に影響を与えるキープロセス特性は、プロセス FMEA で識別されている。	キープロセス特性が文書化され、製造プロセス全体で変動管理が実施されている(SJAC 9103 参照)。	キープロセス特性は、プロセス管理計画で定義されているように、識別・管理されている。	KC の変動データを監視、測定、分析するための情報システムが整備されている。

255

第Ⅲ部　APQP/PPAP、AS 13100 および関連技法

［APQP 成熟度マトリックス］（4/4）

項目（重み）	レベル（点）				
	1	2	3	4	5
4.6 キープロセス特性の識別と管理（続）		しかし、製造文書または管理計画に一貫して含まれているわけではない。		工程能力が確立され、要求事項を満たすために、変動を減らすための計画が実施されている。 プロセスのすべての変更を再評価するための適切なプロセスが存在する。	潜在的製品パフォーマンス問題を予測するために分析されたKC 信頼性データが存在する。 統計分析ツールが、製品の変動を改善するために使用されている。
4.7 工程能力評価 （10%）	工程能力評価実施方法の知識がない。製品やプロセスの変動を管理するために使用される統計的手法はない。	工程能力評価と実行するために必要な技能の基本的な理解がある。 いくつかの工程能力評価が実施されているが、プロセス改善の処置はほとんど講じられていない。	工程能力データを収集・分析するためのシステムがある。 工程能力指数（C_{pk}、P_{pk} など）は、プロセスが安定していると判断された後に算出されている。	工程能力評価を実施するための標準的な作業が実施されている。 製品・プロセスの KC または改善のための計画について、工程能力の要求事項が達成されている。	工程能力データを監視、測定、分析するための組織と情報システムが存在する。 統計分析ツールは、工程能力を向上させるために使用されている。
4.8 生産能力評価 （10%）	生産能力評価を実行する方法についての知識がない。 生産能力評価を行っていない。	生産能力評価と実行するために必要な技能の基本的な理解がある。 いくつかの生産能力評価が実施されているが、プロセス改善するための処置はほとんど講じられていない。 ギャップが理解され、トレーニングが進行中である。	生産能力データを収集して分析するためのシステムがある。 生産能力評価の実施計画が実施されている。 生産能力評価ツールを限定的に使用している。	生産能力評価を実行するための標準的な作業が実施されている。 生産能力評価が実行され、結果は顧客の需要を満たすための改善を行うために使用されている。	継続的な改善のための生産能力評価をサポートするための組織と情報システムが存在する。
5　外部供給者への対応					
5.1 APQP 展開に対するサプライヤーへの対応 （50%）	APQP 対応評価をサプライヤーに展開する計画はない。	サプライヤーへのAPQP 対応評価の現在の展開は限定的である。	サプライヤーへのAPQP 対応評価の展開に関する知識とスキルがある。 APQP を展開するための実施計画があり、サプライヤーへの対応評価が実施されている。 APQP 対応評価要求事項をサプライヤーの展開要求事項に組み込み始めている。	サプライヤーへのAPQP 対応評価のための定義済みのプロセスと手順がある。 APQP 対応評価をサプライヤーに展開するための実証済みの機能がある。 サプライヤーは自己評価を行い、結果を報告している。 サプライヤーのAPQP 対応評価結果を評価する実証済みの機能がある。	サプライヤーへのAPQP 対応評価を管理する組織と情報システムがある。 組織のサプライヤーと APQP の成熟度レベル改善のために自己評価結果を使用している。 継続的改善の開発計画がある。 サプライヤーは、APQP 対応評価要求事項をサプライヤーに展開している。
5.2 SJAC 9145 要求事項の展開 （50%）	SJAC 9145 要求事項をサブティアサプライヤーに展開する計画はない。	サプライヤーへのSJAC 9145 要求事項の現在の展開には一貫性がない。 いつSJAC 9145 を展開するかを決定するための定義されたプロセスはない。	SJAC 9145 要求事項をサプライヤーにいつどのように展開するかを定義する知識がある。 実施計画が実施されている。 SJAC 9145 の要求事項をサブティアサプライヤーに展開し始めている。	サプライヤーへのSJAC 9145 要求事項展開のために実施されている定義済みのプロセスと手順がある。計画どおり、一貫してサブティアサプライヤーに展開されている。 サブティアサプライヤーの能力と SJAC 9145 要求事項への準拠を評価するための適切なプロセスがある。	サプライヤーへのSJAC 9145 要求事項の展開を管理するための組織と情報システムがある。 組織は、サプライヤーでの主要な SJAC 9145 成果物を可視化できる（例：SJAC 9145 成果物のデジタル自動レポート）。

第12章

AS 13100

本章では、SAE(米国自動車技術者協会)によって発行された、AS 13100 (航空エンジンの設計および製造組織向けの AESQ 品質マネジメントシステム要求事項)について解説します。

この章の項目は、次のようになります。

12.1	AS 13100 とは
12.2	JIS Q 9100 に対する AS 13100 要求事項
12.3	APQP/PPAP に対する AS 13100 要求事項

第Ⅲ部　APQP/PPAP、AS13100 および関連技法

12.1　AS 13100 とは

AS 13100 は、SAE(米国自動車技術者協会、society of automotive engineers)によって発行された、航空エンジンの設計および製造組織向けの AESQ 品質マネジメントシステム要求事項(AESQ quality management system requirements for aero engine design and production organizations) の規格です。ここで AESQ は、航空宇宙エンジン供給者品質(aerospace engine supplier quality)を意味します。

AS 13100 は、航空・宇宙・防衛産業の品質マネジメンメントシステム規格 JIS Q 9100 の要求事項、および航空・宇宙・防衛産業の製品の設計開発の手順を規定した SJAC 9145(航空宇宙先行製品品質計画および生産部品承認プロセスに関する要求事項(APQP/PPAP))に対して、具体的に何をどの程度実施すべきかを述べた規格です。

AESQ の品質方針に相当する"AESQ ビジョンステートメント(vision statement)"と AESQ の目標を図 12.1 に、AS 13100 と JIS Q 9100 および SJAC 9145 規格との関係を図 12.2 に、AS 13100 規格の目次を［AS 13100 の目次］(p.261)に示します。ビジョンステートメントは、企業の経営理念あるいは品質方針と考えればよいでしょう。

第 3 章において、JIS Q 9100 と自動車の IATF 16949 の相違点について述べた際に、品質管理方式に関して、JIS Q 9100 は欧米式品質管理(品質第一、検査重視)、IATF 16949 は日本式品質管理(作り込みの品質、生産性重視)であり、JIS Q 9100 は継続の文化、IATF 16949 は改善の文化であると延べました。しかし AESQ ビジョンステートメントには、"無駄のないプロセスと継続的な改善"について述べており、航空・宇宙・防衛産業の品質マネジメンメントシステムでも、自動車と同様、効率や継続的改善を求めていることがわかります。このことは、今後の航空・宇宙・防衛産業の品質マネジメンメントシステムの方向性を示すものと考えられます。

258

第 12 章 AS 13100

AESQ Vision Statement

To establish and maintain a common set of Quality Requirements
that enable the Global Aero Engine Supply Chain
to be truly competitive through lean, capable processes
and a culture of Continuous Improvement.

The AESQ defined objectives are to :

1. Simplify and Standardize supplier requirements.
2. Build on existing industry standards where possible.
3. Create a common language for Quality throughout the Supply Chain.
4. Publish Standards that are simple, prescriptive, and auditable.
5. Adopt easily within existing process/systems.
6. Deliver results rapidly, through focused activities.

AESQ ビジョンステートメント

グローバル航空エンジンサプライチェーンが、無駄のない有能なプロセスと継続的な改善の文化を通じて真に競争力を持つことを可能にする共通の品質要求事項を確立し、維持する。

AESQ の目標：

1. 供給者の要求事項を簡素化し、標準化する。
2. 可能な限り、既存の業界標準にもとづいて構築する。
3. サプライチェーン全体で品質に関する共通言語を作成する。
4. シンプルで、規範的で、監査可能な基準を公表する。
5. 既存のプロセス／システム内で簡単に採用できる。
6. 集中的な活動を通じて、迅速に結果を出す。

図 12.1　AESQ ビジョンステートメントと目標

JIS Q 9100		SJAC 9145		AS 13100		
1	適用範囲				1	適用範囲
2	引用規格				2	対象規格
3	用語および定義				3	用語および定義
4	組織の状況				4	組織の状況
5	リーダーシップ				5	リーダーシップ
6	計　画				6	計　画
7	支　援			A 章	7	支　援
8	運　用				8	運　用
9	パフォーマンス評価				9	パフォーマンス評価
10	改　善				10	改　善
		0.1	序文－一般		11	全　般
		0.2	序文－適用		12	適　用
		1	適用範囲		13	適用範囲
		2	参照文書		14	参照文書
		3	用語および定義	B 章	15	用語および定義
		4	先行製品品質計画要求事項		16	先行製品品質計画要求事項
		5	生産部品承認プロセス要求事項		17	生産部品承認プロセス要求事項
					18	*AESQ サプライチェーンリスクマネジメントプロセス*
					19	*管理計画*
					20	*概　要*
				C 章	21	*品質計画ツールの導入に関する要求事項*
					22	*注意事項*

［備考］

・JIS Q 9100：航空・宇宙・防衛産業の品質マネジメントシステム要求事項

・SJAC 9145：航空・宇宙産業の先行製品品質計画・生産承認プロセス要求事項（APQP/ PPAP）

・AS 13100：航空エンジン部品の設計・製造組織の品質マネジメントシステム要求事項

・A 章：JIS Q 9100 品質マネジメントシステム－航空、宇宙、防衛組織の要求事項－補足

・B 章：SJAC 9145 先行製品品質計画（APQP）・生産部品承認プロセス（PPAP）－補足

・C 章：APQP と PPAP をサポートするコア欠陥防止品質ツール

・斜字体は本書での解説を省略している項目を示す。

・詳細は AS 13100 を参照。

図 12.2　AS 13100 と JIS Q 9100 および SJAC 9145 規格との関係

第12章 AS 13100

［AS 13100 の目次］

	1. 適用範囲 2. 対象書類 2.1 SAE 出版物 2.2 AESQ 出版物 2.3 PRI-Nadcap 監査基準の出版物 2.4 その他の出版物 3. 用語および定義	B章 （続）	17.1 生産部品承認プロセスのプロセス要求事項 17.2 生産部品承認プロセスファイルおよび提出 17.3 生産部品承認プロセスの判定 17.4 生産部品承認プロセスの再提出 18. AESQ サプライチェーンリスクマネジメントプロセス 19. 管理計画 19.1 先行生産管理計画
A章 JIS Q 9100 品質マネジメントシステム－航空、宇宙、防衛組織の要求事項－AESQ補足要求事項	4. 組織の状況 4.1 組織およびその状況の理解 4.2 利害関係者のニーズおよび期待の理解 4.3 品質マネジメントシステムの適用範囲の決定 4.4 品質マネジメントシステムおよびプロセス 5. リーダーシップ 5.1 リーダーシップおよびコミットメント 5.2 方針 5.3 組織の役割、責任、権限 6. 計画 6.1 リスクおよび機会への取組み 6.2 品質目標およびそれを達成するための計画策定 6.3 変更の計画 7. 支援 7.1 資源 7.2 力量 7.3 認識 7.4 コミュニケーション 7.5 文書化された情報 8. 運用 8.1 運用の計画および管理 8.2 製品およびサービスに関する要求事項 8.3 製品およびサービスの設計・開発 8.4 外部から提供されるプロセス、製品、およびサービスの管理 8.5 製造およびサービスの提供 8.6 製品およびサービスのリリース 8.7 不適合なアウトプットの管理 9. パフォーマンス評価 9.1 監視、測定、分析および評価 9.2 内部監査 9.3 マネジメントレビュー 10. 改善 10.1 一般 10.2 不適合および是正措置 10.3 継続的改善	C章 APQP/ PPAPをサポートするコア欠陥防止品質ツール - サポート要求事項	20. 概要 20.1 APQP および PPAP プロセスをサポートするための主要な品質計画ツール 21 品質計画ツールの導入に関する主要な要求事項 21.1 設計 FMEA 21.2 製品のキー特性（KC） 21.3 プロセスフロー図（PFD） 21.4 プロセス FMEA 21.5 プロセスのキー特性（KC） 21.6 生産管理計画 21.7 測定システム解析（MSA） 21.8 初期工程能力調査 22. 注意事項 22.1 リビジョンインジケーター
		附録	*附録A 標準リレーションシップ* *附録B AS 13100 要求事項の適用マトリックス－組織の種類と適用対象を定義するフローチャート* *附録C 略語*
B章 SJAC 9145 先行製品品質計画（APQP）および生産部品承認プロセス（PPAP）－AESQ補足要求事項	11. 一般 12. 凡例 13. 適用範囲-補足要求事項 14. 参考文書 15. 用語および定義 16. 先行製品品質計画要求事項 16.1 一般要求事項 16.2 先行製品品質計画プロジェクト管理 16.3 フェーズ1 要求事項-計画 16.4 フェーズ2 要求事項-製品の設計・開発 16.5 フェーズ3 要求事項-プロセスの設計・開発 16.6 フェーズ4 要求事項-製品・プロセスの妥当性確認 16.7 フェーズ5要求事項-継続的生産、使用、および引渡し後のサービス 17. 生産部品承認プロセス要求事項	図	*図1 AESQ ビジョンステートメント* 図2 AS 13100 と他の品質マネジメントシステム規格との規格関係 *図3 APQP と PPAP のフロープラン図* *図4 APQP と PPAP のタイミング チャートの図* *図5 アプリケーションの AESQ タイミング* *図6 APQP と PPAP の概略図をサポートする主要な品質計画ツール* *図7 AS 13100 相互接続の概要* *図8 ハードウェア組織に適用可能な組織の種類* *図9 サービスプロバイダーに適用可能な組織の種類*
		表	表1 AS 13100 補足要求事項の適用性 表2 QMS 認証要求事項 表3 測定能力評価を適用するタイミング 表4 MSA 許容限界 表5 監査員の資格-初期教育訓練 表6 監査員の資格-経験 表7 監査員の資格-維持 表8 文書化された情報の保持期間 表9 内部監査の種類と頻度 表10 AESQ PPAP イベント 表11 提出／保持レベル 表12 PPAP 要素の使用方法 表13 AESQ PPAP 要素の要求事項 表14 AESQ 顧客固有の要求事項 *表15 AESQ APQP 保証フレームワーク* *表16 AS 13100 SAE（IAOG）規格との関係* *表17 AS 13100 と関連する国際標準および国内標準との関係* *表18 AS 13100 と関連する AESQ リファレンスマニュアルとの関係* *表19 AS 13100 と関連する Nadcap 監査基準（特別プロセスチェックリスト）の出版物との関係* *表20 AS 13100 要求事項適用マトリックス－組織タイプ*

［備考］斜字体は本書での解説を省略している項目。詳細は AS 13100 を参照。

261

第Ⅲ部　APQP/PPAP、AS13100 および関連技法

12.2　JIS Q 9100 に対する AS 13100 要求事項

　AS 13100 の A 章は、JIS Q 9100 に対する AS 13100 の追加要求事項について述べています。JIS Q 9100 に対する AS 13100 追加要求事項を［AS 13100 − A 章(pp.270 〜 285)］に示します。

　AESQ 参照マニュアルの一覧を図 12.3 に、組織の業種(タイプ)ごとの AS 13100 補足要求事項の適用を図 12.4 に、品質マネジメントシステム認証要求事項を図 12.5 に、測定能力評価実施のタイミングを図 12.6 に、MSA 許容基準を図 12.7 に、監査員資格 − 初期教育訓練を図 12.8 に、監査員資格 − 経験を図 12.10 に、監査員資格 − 維持を図 12.9 に、内部監査のタイプと頻度を図 12.11 (p.269)に示します。また、記録の保管期間を図 12.12 (p.269)に示します。

番　　号	名　　　称
RM 13000	問題解決法(8D を含む)
RM 13002	代替検査頻度計画
RM 13003	測定システム解析(MSA)
RM 13004	APQP および PPAP を支援する欠陥防止品質技法
RM 13005	品質監査方法
RM 13006	プロセス管理方法
RM 13007	階層別管理
RM 13008	デザインワーク
RM 13009	AS 13100 コンプライアンスマトリックス
RM 13010	ヒューマンファクター
RM 13011	手直しおよび修理の管理
RM 13012	初回品検査要求事項(FAIR)
RM 13145	先行製品品質計画(APOP)および生産部品承認プロセス(PPAP)

［備考］ AESQ 参照マニュアルは、AS 13100 の要求事項を支援するために作成され、AS 13100 規格で要求される各プロセスの適用に関する方法論、様式、および例示を提供する。

図 12.3　AESQ 参照マニュアル

組織タイプ AS 13100	タイプ1 製造	タイプ2A 設計・製造	タイプ2B 設計	タイプ3 販売組織	タイプ4 特殊工程	タイプ5 材料
4.3.1	○	○	○	○	○	○
4.3.2	○	○	○			
4.3.3	○	○	○	○	○	○
4.3.4	○	○	○	○	○	○
4.3.5	○	○	○	○	○	○
4.4.3	○	○	○	○	○	○
5.1.1.1	○	○	○	○	○	○
5.2.1.1	○	○	○	○	○	○
5.3.1	○	○	○	○	○	○
6.1.3	○	○	○	○	○	○
7.1.3.1	○	○	○	○	○	○
7.1.5.1.1	○	○				○
7.1.5.1.2	○	○				○
7.1.5.1.3	○	○				○
7.1.5.1.4	○	○				○
7.2.1	○	○	○	○	○	○
7.2.2	○	○	○	○	○	○
7.2.3	○	○	○	○	○	○
7.2.4	○	○	○	○	○	○
7.3.1	○	○	○	○	○	○
7.5.2.1	○	○	○	○	○	○
7.5.3.3	○	○	○	○	○	○
7.5.3.4		○	○			
7.5.3.5	○	○	○	○	○	○
8.1.3.1	○	○	○	○	○	○
8.1.4.1	○	○	○	○	○	○
8.2.1.1	○	○	○	○	○	○
8.2.2.1	○	○			○	○
8.2.3.3	○	○	○	○	○	○
8.3.1.1		○	○			
8.3.2.1		○	○			
8.3.2.2		○	○			
8.3.2.3		○	○			
8.3.3.1		○	○			
8.3.3.2		○	○			
8.3.3.2.1		○	○			
8.3.3.3		○	○			
8.3.4.2		○	○			
8.3.4.3		○	○			
8.3.4.4		○	○			
8.3.4.5		○	○			

組織タイプ AS 13100	タイプ1 製造	タイプ2A 設計・製造	タイプ2B 設計	タイプ3 販売組織	タイプ4 特殊工程	タイプ5 材料
8.3.4.6		○	○			
8.3.5.1		○	○			
8.3.5.2		○	○			
8.3.5.3		○	○			
8.3.5.4		○	○			
8.3.6.1		○	○			
8.4.1.2	○	○			○	
8.4.1.3	○	○			○	
8.4.1.4	○	○			○	
8.4.2.1	○	○		○	○	○
8.4.2.2	○	○			○	○
8.4.2.3	○	○			○	○
8.4.2.4	○	○		○	○	○
8.4.2.5	○	○			○	○
8.4.2.6	○	○			○	○
8.4.3.1	○	○			○	○
8.5.1.1.1	○	○				○
8.5.1.2.1	○	○	○		○	○
8.5.1.4	○	○			○	○
8.5.1.5	○	○			○	
8.5.1.6	○	○			○	○
8.5.1.7	○	○			○	
8.5.1.8	○	○			○	○
8.5.1.9	○	○		○	○	○
8.5.2.1	○	○			○	○
8.5.4.1	○	○		○	○	○
8.5.6.1	○	○	○		○	○
8.6.1	○	○			○	○
8.7.1.1	○	○			○	○
9.1.1.1	○	○			○	○
9.1.1.2	○	○			○	○
9.1.1.3	○	○			○	○
9.1.2.1	○	○	○	○	○	○
9.2.3	○	○	○	○	○	○
9.2.4	○	○	○	○	○	○
9.2.5	○	○	○	○	○	○
9.3.2.1	○	○	○	○	○	○
9.3.3.1	○	○	○	○	○	○
10.2.3	○	○	○	○	○	○
10.2.4	○	○	○	○	○	○
10.3.1	○	○		○	○	○

図 12.4　組織の業種（タイプ）ごとの AS 13100 補足要求事項の適用

第Ⅲ部　APQP/PPAP、AS13100 および関連技法

組織のタイプ	品質マネジメントシステム認証
タイプ1：製造 タイプ2A：設計・製造 ・半製品・完成品（航空宇宙エンジンおよびその製品のコンポーネント）の、独自のエンジニアリング図面への適合性を製造、検査、テスト、および認証する組織（顧客の設計または組織の設計にかかわらず）	・JIS Q 9100 認証
タイプ2B：設計 ・設計のみの契約設計責任組織／パートナー／供給者タスク組織	・顧客要求事項によって定義
タイプ3：販売業者	・SJAC 9120 認証
タイプ4：特殊工程 ・組織の製造範囲／特殊工程ハウスの一部として	・Nadcap 認証または顧客要求事項
タイプ5：材料 ・原材料の独自の技術仕様書への適合性を製造、検査、テスト、および認証	・ISO 9001 認証
・一部の製造工程（production shop assist only） 　－計画された製造業務の負荷を軽減	・作業範囲にもとづく組織の要求事項（顧客の指定がない限り）
・外部校正・校正サービス提供者	・ISO/IEC 17025 または国内同等規格認証（例：UKAS、COFRAC、NIST）
・業界標準の部品・原材料の製造	・ISO 9001 認証
・独自設計で製造された鋳物と鍛造品	・JIS Q 9100 認証

図 12.5　品質マネジメントシステム認証要求事項

区分	項　目	特性分類ごとのレベル			注　記
		致命的 critical	重　大 major	軽　微 minor	
1	新規検証デバイス／方法	3	3	2	レベルによって決定された MSA の実行　[2]
2	検証方法の大幅な変更	3	3	2	MSA の前に結果を相関させ、レベルごとの要求事項を引続き満たしていることを確認 [2]
3	製品品質の逸脱または監査結果から、検証結果が疑われる場合	3	2	1	MSA をレベルごとに評価／実行　[1] [2]
4	製品要求事項の限定的／重大な変更(例：仕様限界の変更)	3	2	1	MSA をレベル別に評価　[2]
5	使用終了後の FAI の一部	3	2	2	顧客が決定した MSA を評価 [2]
6	プロセス監視方法から製品受入れ検査方法に昇格	3	3	1	MSA をレベル別に評価　[2]
7	代替検査頻度を実施する前に、検証システムが適切であることを確認	3	3	1	レベルによって決定された MSA を評価／実行　[1] [2]
8	コンピュータ制御測定システム(CDMS)の適用	3	3	2	"現在の CDMS 検討を評価するか、実行するか"をレベルごとに決定　[2]

[1]　"現在の評価または実行"は、既存の MSA 調査をレビューして、この規格の要求事項を満たしていることを確認する。追加のデータを取り込む、新しいデータで計算を再実行する、新しい公差を適用する、または新しい MSA 検討を実行して、測定システムの能力を証明する。
[2]　レベル
1.　ベストプラクティス(オプション)
2.　顧客の判断による。
3.　必　須
[3]　キー特性(KC、key characteristics)は、ばらつきが管理される属性または機能。MSA の目的上、KC はクリティカル、メジャー、またはマイナーに分類される場合がある。KC が MSA 特性分類でどのように解釈されるかを判断するには、顧客とのコミュニケーションが必要。

図 12.6　測定能力評価実施のタイミング

第Ⅲ部　APQP/PPAP、AS13100 および関連技法

測定プロセス特性	特性分類			コメント
	致命的	重　大	軽　微	
分解能（resolution）	≦公差（total tolerance）の 10%			
精度比（accuracy ratio）［2］	要求（requirement）= 10:1		要求 = 4:1	
精度誤差／偏り（accuracy error/ bias）［4］	≦公差の 10%			
繰返し性（repeatability）	≦公差の 10%	≦公差の 20%	≦公差の 30% ［1］	
ゲージ繰返し性・再現性（gauge R & R）	≦公差の 10%	≦公差の 20%	≦公差の 30% ［1］	
CDMS（コンピュータ制御測定システム）調査［3］	≦公差の 10%		≦公差の 20%	CMM（座標測定機）、多関節アーム（articulated arms）、3D 光 X 線
直線性（linearity）［2］	≦公差の 1%			
特性調査： 合格／不合格	カッパ係数 > 0.8			作業者依存の解釈にのみ必要 測定者の値が許容限界を下回っている場合検証（peer review）が必要
	フォルスフェール（false fail）	フォルスパス（false pass）		
測定者一貫性（appraiser consistency）	> 75%	> 95%		
測定者対測定者（appraiser to appraiser）	> 75%	> 95%		
測定者対標準（appraiser to standard）	> 75%	> 95%		
一貫性（consistency）	すべての測定値は一貫性を実証する必要あり。			RM 13003 参照

［1］　繰返し性およびゲージ R&R 検討は、その特徴に関連する逸脱があった場合、または顧客が別途指定しない限り、マイナーな特性に対してのみ実施
［2］　顧客が指定した場合のみ実施
［3］　CDMS 調査は、CDMS パートプログラムの繰返し性・再現性のテストであり、別のバイアス評価が行われる。測定機能の読み取りには顧客の承認が必要
［4］　0.05mm 未満のフィーチャ許容帯域のバイアス値を達成するのは困難であり、緩和戦略が必要になる場合がある（RM 13003 参照）。

図 12.7　MSA 許容基準

教育訓練	内　容
主任監査員資格	・主任監査員資格のトレーニングは、内部監査および供給者監査を主導する監査員に必要 [1] ・主任監査員は、航空宇宙主任審査員研修を受ける。[1]
内部監査員資格	・内部監査員資格は、主任監査員を補助する内部監査を実施する監査員または供給者監査に参加する監査員が取得する。 ・外部機関(航空宇宙経験のある監査員を活用し、最低2日間、監査方法と ISO 9100 を含む教育訓練機関を推奨)または承認された内部主任監査員によって実施されるトレーニング
ISO 9100 の習熟	・ISO 9100 以外の基準に対して、主任監査員または内部監査員のトレーニングを受けた監査員は、9100 の習熟が必須
AS 13100 の習熟	・監査員は、AS 13100 規格および関連する欠陥防止ツール(例：8D、設計 FMEA、プロセス FMEA、MSA)について研修を受ける。 ・監査員は、AS 13100 関連の参照マニュアルに関する研修を受ける。
政府・航空当局の規制	・監査員は、サイト(site)の承認に適用される規制要求事項に関するトレーニング(内部／外部)を受ける。
[1]　トレーニングは、組織の認証レベルに適した認証トレーニングを備えた外部機関によって提供されることが望ましい。	

図 12.8　監査員資格－初期教育訓練

維持項目		内　容
監査頻度		監査員は、年に1回以上、3年間で6回の監査を完了する。
再訓練	監査の訓練	監査員は、3年ごとに以下の内容について再訓練を受ける。 ・監査方法 ・NCR(不適合報告書、non-conformance report)の作成 ・監査報告書の作成
	最新情報の習得	監査員は、次の項目(例：新規改訂内容、顧客要求事項の変更)について再訓練を受ける。 ・JIS Q 9100 ・AS 13100 ・規制要求事項 ・顧客要求事項 ・技術的な知識

図 12.9　監査員資格－維持

第Ⅲ部　APQP/PPAP、AS13100 および関連技法

経　験	内　容
一般的な知識	監査員は、以下の事項を有するものとする。 ・技術学位またはそれに準ずる経験があり、最低 1 年間の実務経験(例：品質、技術、製造) ・最低 3 年間の高度な機能経験
顧客固有の要求事項	・監査員は、監査対象の製品／プロセスに適用される顧客の要求事項について、実証された実務知識を持っている。または、 ・組織は、顧客の要求事項を含むチェックリストを作成し、監査員はこれらのチェックリストの利用について訓練を受ける。
政府／航空当局の規制	・監査員は、監査対象の製品／プロセスに適用される規制要求事項に関する実務知識を持っている。または、 ・組織は、規制要求事項を含むチェックリストを作成し、監査員はこれらのチェックリストの利用について訓練を受ける。
技術的な知識	監査員は、以下に関する技術的な知識と理解を持っている。 ・プロセス ・製　品 ・特殊工程の理論的・実践的な経験 ・組織の品質マネジメントシステム
実務経験	監査員が単独で監査を実施する前に以下を行う。 ・監査に 1 回以上立ち会い(witness)を受ける。 ・既存の認定監査員／認定担当者による評価を受けた監査を少なくとも 1 回実施する。

図 12.10　監査員資格－経験

第 12 章　AS 13100

監査タイプ	監査範囲	監査頻度
品質システム監査 quality system audit	・品質マネジメントシステム全体	3 年以内
	・内部監査マネジメント ・マネジメントレビュー ・契約検討と顧客要求事項のつながり ・業務異動の管理 ・要求事項のつながりを含む供給者の管理 ・設計・開発の変更管理 ・不適合製品の管理 ・固定プロセス(fixed processes)の管理	毎　年
製造工程監査 production process audits	・すべての生産プロセス	3 年以内
製品監査 product audits	・顧客との合意どおり	毎　年
特殊工程監査 special process audits	・すべての特殊工程	毎　年

図 12.11　内部監査のタイプと頻度

部品タイプ	記録保管期間(製造日から)
重要安全項目(critical safety item)	40 年
その他のシリアル化(シリアル番号付け) された部品	10 年
その他のシリアル化されていない部品	10 年

図 12.12　記録の保管期間

第Ⅲ部　APQP/PPAP、AS13100 および関連技法

［AS 13100 － A 章］（1/16）

－ JIS Q 9100 に対する AS 13100 追加要求事項－

JIS Q 9100 項番	AS 13100 追加要求事項
4.　組織の状況	
4.1　組織およびその状況の理解	
4.2　利害関係者のニーズおよび期待の理解	
	4.2.1　利害関係者のニーズおよび期待の理解－補足 ・組織は、顧客、政府、規制当局、および顧客によって要求された第三者、および顧客の代表者に同行する契約当事者に対して、文書化された情報へのアクセス、監査の実施、品質調査のレビュー、および製品・プロセスの検証を行う能力を含む、敷地内の立ち入り権を保証する。
4.3　品質マネジメントシステムの適用範囲の決定	
	4.3.1　品質マネジメントシステムの範囲の決定－補足 ・組織の業種（タイプ）ごとの要求事項を図 12.4（p.263）に示す。
	4.3.2　ソフトウェアの設計・開発・管理活動を計画・評価する際は、SJAC 9115（p.17 参照）に準拠する。
	4.3.3　組織は、品質マネジメントシステム認証を取得する（図 12.5、p.264 参照）。 ・Nadcap 認証は、PRI（米国評価認証機関）によって管理される。
	4.3.4　組織は、OASIS および Nadcap データベースへのアクセスを顧客に提供する。
	4.3.5　組織は、AS 13100 遵守自己評価を実施する（RM 13009 参照）。
4.4　品質マネジメントシステムおよびそのプロセス	
4.4.1　（一　　般）	
4.4.2　（文書化）	
	4.4.3　品質マネジメントシステムおよびそのプロセス－補足 ・組織の品質マネジメントシステムには、そのプロセスに人的要員の管理を含める。 ・ヒューマンファクター（human factor）の展開については、RM 13010 を参照
5.　リーダーシップ	
5.1　リーダーシップおよびコミットメント	
5.1.1　一　　般	
	5.1.1.1　一般－補足 ・トップマネジメントは、4.4.3 および 7.3.1 に従ってヒューマンファクターへのコミットメントを示す（RM 13010 参照）。
5.1.2　顧客重視	
5.2　方　　針	
5.2.1　品質方針の確立	
	5.2.1.1　品質方針の確立－補足 ・品質方針にはヒューマンファクターを含む。

270

第 12 章　AS 13100

［AS 13100 － A 章］ （2/16）

JIS Q 9100 項番	AS 13100 追加要求事項
5.2.2　品質方針の伝達	
5.3　組織の役割、責任および権限	
	5.3.1　組織の役割、責任および権限 – 補足 ・製品要求事項への適合に責任を持つ人は、品質問題を停止し、修正する権限を有する。 ・プロセス設計が品質問題の検出時に即時のシャットダウンを防ぐ場合、製品・サービスは、顧客に提供されるのを防ぐように封じ込める。 ・生産が異なるシフトで行われる場合、製品要求事項への適合性を確保する責任を負う人員を特定する。
6.　計　画	
6.1　リスクおよび機会への取組み	
6.1.1　（リスクおよび機会の決定）	
6.1.2　（リスクおよび機会への取組み計画の策定）	
	6.1.3　リスクおよび機会への取組み – 補足 ・組織は、ISO 31000 などのリスクマネジメントプロセスを組織全体に導入し、適切な管理（統制、governance）を導入する必要がある。 ・リスクマネジメント体制（内部統制を含む）の有効性について、少なくとも年に 1 度のレビューを実施する。 ・特定されたリスクに対して、適切なリスク低減（内部統制を含む）が実施されていることを確認する。 ・組織は、危機管理および事業継続計画を策定し、重大な問題を認識してから 3 営業日以内に顧客の購買担当者に通知する。
6.2　品質目標およびそれを達成するための計画策定	
6.2.1　（品質目標の策定）	
6.2.2　（品質目標達成計画の策定）	
6.3　変更の計画	
7.　支　援	
7.1　資　源	
7.1.1　一　般	
7.1.2　人　々	
7.1.3　インフラストラクチャ	
	7.1.3.1　プラント、施設、および機器 – 補足 ・組織は、新しいプラント、施設、または機器を実装する際に、部門横断的なアプローチを使用してプロジェクト計画を策定する。
7.1.4　プロセスの運用に関する環境	
7.1.5　監視および測定のための資源	
7.1.5.1　一　般	
	7.1.5.1.1　測定システム解析（MSA）– 補足 ・図 12.6（p.265）に従って MSA を適用するタイミングを評価する。 ・MSA ガイダンスは、RM 13003 を参照

271

第Ⅲ部　APQP/PPAP、AS13100 および関連技法

［AS 13100 － A 章］ （3/16）

JIS Q 9100 項番	AS 13100 追加要求事項
	7.1.5.1.2　MSA を計画どおりに実施 – 補足 ・業界で認められている手法に従って MSA 解析を実施する。
	7.1.5.1.3　承認の確認 – 補足 ・図 12.7　MSA 許容基準参照
	7.1.5.1.4　改善処置 – 補足 ・MSA 改善処置の計画と実施
7.1.5.2　測定のトレーサビリティ	
7.1.6　組織の知識	
7.2　力　量	
	7.2.1　OJT（業務を通じた教育訓練、on-the-job training）によって達成される能力 – 補足 ・顧客、品質への適合、内部、規制、または法律を含む、該当する要求事項の実地訓練を実施する。 ・OJT の対象には、契約社員または代理店職員も含まれる。
	7.2.2　監査員の能力 – 補足 ・すべての監査員資格の設定・維持のプロセスを持つ（RM 13005 参照）。 ・図 12.8、図 12.9、および図 12.10 参照
	7.2.3　DPRV（委任された製品リリースの検証、delegated product release verification）代表者トレーニング ・DPRV の担当者は、AS 13001 で委任された製品リリース検証トレーニング要求事項に従ってトレーニングを受け、認定を受ける。
	7.2.4　AS 13100 要求事項と AESQ 品質基礎トレーニング ・AS 13100 要求事項を展開する責任を持つ品質リーダーが、AESQ 承認 AS 13100 要求事項トレーニングコースを通じて、AS 13100 および関連する品質管理基準の要求事項について教育訓練を受ける。 ・AS 13100 を通じて設計・製造・組立て作業を支援する責任を持つリーダーは、AESQ 品質基礎トレーニングコースの教育訓練を受ける。 ・AESQ AS 13100 要求事項および品質基礎コースの概要（syllabus）を満たす同等のトレーニングは、AESQ によって承認される。
7.3　認　識	
	7.3.1　ヒューマンファクターの認識 ・役割にもとづいてヒューマンファクターの適切な教育訓練と認識のプログラムを提供する（RM 13010 参照）。
7.4　コミュニケーション	
7.5　文書化した情報	
7.5.1　一　般	
7.5.2　（文書の）作成および更新	
	7.5.2.1　文書化された情報の作成および更新 ・文書化された情報を作成・更新する場合、変更を行う責任者へのトレーサビリティを記録、日付付け、および確保する。

第 12 章　AS 13100

［AS 13100 － A 章］（4/16）

JIS Q 9100 項番	AS 13100 追加要求事項
7.5.3　文書化した情報の管理	
7.5.3.1　（一　般）	
7.5.3.2　（文書管理）	
	7.5.3.3　文書化された情報取得のタイムスケール ・通知から 3 営業日以内に、レビューに必要な文書化された情報（データ）が顧客、顧客の顧客、および規制当局が利用可能であることを保証する。
	7.5.3.4　自己の責任の下での設計・開発のアウトプット文書に損害（damage）が発生した場合、または活動の終了後に、直ちに顧客に通知し、書面で確認する。
	7.5.3.5　文書化された情報（記録）の保存期間 ・文書化された情報は、図 12.12（p.269）で定義された期間保持する。
	7.5.3.5.1　文書化された情報（設計記録）は、製品運用の終了にプラス（＋）10 年間保持する。
	7.5.3.5.2　X 線写真フィルムを含むがこれに限定されない元の非破壊評価／テストプロセス関連記録は、図 12.12 で指定された保持期間に従って、製品の最終的な品質認証を担当する情報源によって維持する。
	7.5.3.5.3　法規・規制上の理由で保持が義務付けられている計算データがコンピュータプログラムの出力である場合、元の入力データと方法は再計算を可能にするために保持する。
8.　運　用	
8.1　運用の計画および管理	
8.1.1　運用リスクマネジメント	
8.1.2　形態管理（コンフィギュレーションマネジメント）	
8.1.3　製品安全	
	8.1.3.1　製品安全 – 補足 ・組織は、検証から 24 時間以内に、製品の寿命のどの段階でも特定された製品の安全で信頼性の高い動作に影響を与える可能性のあるものについて、顧客、OEM（航空機メーカー、original equipment manufacturer）、またはエンジンタイプ証明書保有者に報告する。
8.1.4　模倣品の防止	
	8.1.4.1　模倣品の防止 – 補足 ・AS 6174 または AS 5553（該当する場合）に従って、模倣品防止プロセスを計画、実施、および管理する。 ・模倣品防止プロセスに、模倣品が確認されてから 24 時間以内に顧客の購入担当者に報告する仕組みが含まれていることを確認する。
8.2　製品およびサービスに関する要求事項	
8.2.1　顧客とのコミュニケーション	

273

第Ⅲ部 APQP/PPAP、AS13100 および関連技法

［AS 13100 － A 章］（5/16）

JIS Q 9100 項番	AS 13100 追加要求事項
	8.2.1.1 顧客とのコミュニケーション‐補足 ・組織は、特権、契約、および書面による指示のみを受け入れる。 ・組織は、OASIS および Nadcap データベース内のデータへのアクセスを顧客に提供する。 ・組織は、認証、登録、または認定に変更があった場合は、変更から 3 営業日以内に顧客に通知する。
8.2.2 製品およびサービスに関する要求事項の明確化	
	8.2.2.1 製品およびサービスに関する要求事項の明確化‐補足 ・顧客固有の手順／様式／テンプレートを使用する。
8.2.3 製品およびサービスに関する要求事項のレビュー	
8.2.3.1 （一 般）	
8.2.3.2 （文書化）	
	8.2.3.3 技術仕様書‐補足 ・組織は、すべての顧客の技術仕様書のレビュー、配布、実施、および顧客のスケジュールにもとづく関連する改訂を説明する文書化されたプロセスを持つ（必要に応じて）。
8.2.4 製品およびサービスに関する要求事項の変更	
8.3 製品およびサービスの設計・開発	
8.3.1 一 般	
	8.3.1.1 製品およびサービスの設計・開発‐補足 ・設計・開発プロセスの文書化されたプロセスを持つ。 ・設計・開発プロセスは、SJAC 9145 および AS 13100 B 章で定義された APOP・PPAP に準拠するものとする。
8.3.2 設計・開発の計画	
	8.3.2.1 設計・開発の計画‐補足 ・設計・開発の計画に、組織内のすべての関連する利害関係者、および必要に応じてサプライチェーンが含まれるようにする。 ・このよう門横断的アプローチで行う例としては次のものがある。 　－プロジェクトマネジメント：APQP 製品・製造プロセスの設計活動 　　（例：DFM(design for manufacturing)や DFA(design for assembly)) 　－潜在的リスク低減の取り組みを含む設計 FMEA の策定・見直し 　－部門横断的アプローチには、通常、設計、製造、エンジニアリング、品質、生産、購買、顧客(内部・外部)、供給者、保守、およびその他の適切な機能が含まれる。
	8.3.2.2 設計・開発活動を成功裏に進行させるために必要な関連する依存関係（例：組織が顧客からの情報を必要とするもの）を特定し、それらのマイルストーンの日付を設計・開発計画に含める。組織は、これらのマイルストーンの日付を顧客に正式に伝えて受け入れてもらう必要がある。

第 12 章　AS 13100

［AS 13100 － A 章］（6/16）

JIS Q 9100 項番	AS 13100 追加要求事項
	8.3.2.3　組織は、規模、複雑さ、新規性、リスクを考慮して、プロジェクトに適したデザインレビューを計画し、それらのマイルストーンの日付を設計・開発計画に含める。
8.3.3　設計・開発へのインプット	
	8.3.3.1　設計・開発へのインプット－補足 設計・開発へのインプットに次の事項を追加する(該当する場合)。 ・安全性評価の結果、部品分類などの安全要求事項 ・顧客要求事項(例：プロジェクトのスケジュール、部品の寿命を含むアフターマーケット戦略、サービス間隔) ・流体力学、荷重、速度、運転環境、操縦特性、ジャイロ荷重などの運転要求事項 ・境界・インターフェースの要求事項 ・識別、トレーサビリティ、包装に関する要求事項 ・設計代替案の検討 ・組込みソフトウェアの要求事項 ・学んだ教訓、設計標準、ベストプラクティス
	8.3.3.2　設計リスク分析 ・顧客が APQP を要求した場合、設計 FMEA を実施する(AS 13100 C 章および RM 13004 参照)。
	8.3.3.2.1　新技術 ・組織が製品の設計に関連する新規技術または新規技術の要求事項を特定した場合、適切なリスク評価を実施し、軽減処置を特定する。
	8.3.3.3　異物損傷(FOD、foreign objective damage) ・SJAC 9146 FOD 防止プログラムの要求事項に準拠し、開口部、オリフィス、鋭い曲がり、コーナーなどの機能の製造、保守、または修理中に閉じ込められる異物および汚染の防止、検出、および安全な除去を設計する。
8.3.4　設計・開発の管理	
8.3.4.1　(検証・妥当性確認試験)	
	8.3.4.2　革新的な(progressive)製品定義リリース ・利害関係者の機能(例：製造、外部提供者)に正式な事前情報を提供できるように、適切でトレース可能な進歩的な製品定義リリースプロセスを採用する。
	8.3.4.3　デザインレビュー ・設計範囲に関連して、各適切なデザインレビューの適用可能性を顧客と合意し、各デザインレビューの役割、説明責任、責任、成果物、参加者、および議題について顧客と合意する。

275

第Ⅲ部　APQP/PPAP、AS13100 および関連技法

［AS 13100 － A 章］（7/16）

JIS Q 9100 項番	AS 13100 追加要求事項
	8.3.4.4　設計検証および妥当性確認 ・確立された方法と技術を使用して、設計のアウトプットが設計のインプットを満たしていることを確認するために必要な活動を文書化した検証戦略を作成する。 ・顧客と合意した検証および妥当性確認活動の結果を文書化する ・検証および妥当性確認テストの失敗（failure）を顧客に報告する。
	8.3.4.5　X の設計（DfX） ・次のような基準に照らして設計を最適化するために、部門横断的アプローチを利用する。 　－製造設計（DFM、design for manufacturing） 　－組立設計（DFA、design for assembly） 　－コスト設計（DFC、design for cost） 　－重量 　－アフターマーケット：顧客オーバーホール戦略、製品リファイ（refine）、修理能力（design for service） ・その他の設計の推進要因と脅威には、変動性と不確実性の考慮が含まれまる（例：ロバスト設計、6 シグマ）。 ・DfX をツールとして活用し、設計を最適化するための部門横断的アプローチ（RM13008 参照）
	8.3.4.6　故障レポート ・組織の品質手順には、10.2.4 に規定されている故障の報告、分析、および是正処置を含める。
8.3.5　設計・開発からのアウトプット	
	8.3.5.1　設計の根拠（design rationale） ・代替設計、主要決定事項、遭遇した問題とその解決方法、考慮事項、トレードオフ（trade-off）、使用した設計基準など、設計の開発全体に影響を与えたすべての側面に関する包括的な技術文書情報を作成し、保持する。
	8.3.5.2　クリティカルアイテム（CI）とキー特性（KC） ・組織は、CI と KC を文書化し、次のことを行う。 　－顧客の同意があることを確認する（必要に応じて）。 　－記号や表記に関する顧客の要求に対応する。 　－ KC が関連文書で顧客の同意にもとづいて識別されていることを確認する。 　－機能の一意の識別の詳細については RM 13008 を参照
	8.3.5.3　設計・開発のアウトプット－補足 ・製品設計のアウトプット（例：設計技術データパッケージ（DTDP）は、顧客と合意する（RM 13008 参照）。 ・DTDP の内容が著者以外の適切な資格を持つ個人によって独立してレビューされることを確保する。

第 12 章　AS 13100

［AS 13100 － A 章］ （8/16）

JIS Q 9100 項番	AS 13100 追加要求事項
	8.3.5.4　製品のサポート終了 ・設計した "サポート終了" 製品の廃棄に関する適切な手順と指示を定義して文書化する(該当する場合)。 ・この情報を該当するメンテナンスマニュアルに含めるために顧客に提供する。 ・以下を考慮することを含む。 　－不正再利用の防止 　－環境負荷の最小化 　－国内外の健康、安全、環境規制の遵守 　－国家安全保障規制の遵守 　－顧客の知的財産の保護 ・顧客と廃棄手続きについて合意する。
8.3.6　設計・開発の変更	
	8.3.6.1　設計・開発の変更－補足 ・SJAC 9116 および顧客固有の要求事項に準拠した設計変更プロセスを運用する。 ・顧客と合意した顧客の変更通知(NOC、notice of change)様式または代替案を使用して、変更通知(NOC)データを発行する。 ・顧客からの要求に応じて、次のことを保証するためのシステムを備える。 　－クラス I およびクラス II の設計変更は、顧客が書面による許可を得て異なる進行をした場合(クラス I の設計変更の場合)、または分類承認(クラス II の設計変更の場合)を除き、変更承認のために顧客に提出する。 ・却下された設計変更は、図面や顧客に出荷されるハードウェアには組み込まれない。
8.4　外部から提供されるプロセス、製品およびサービスの管理	
8.4.1　一　般	
8.4.1.1　（外部提供者の承認状態）	
	8.4.1.2　供給者の評価 ・供給者の承認・契約発行に先立ち、組織は供給者の評価を実施する。 ・評価のレベルは、リスク、製品・プロセスの重要度、および期待に応じて、組織が決定する。 ・重大なリスクが特定された場合、組織は現地評価を実施する。 ・注：IAQG の供給者選択能力評価モデル(SSCAM)は、供給者評価の参考資料を提供する。SSCAM の詳細については、IAQG サプライチェーンマネジメントハンドブック(SCMH)を参照
	8.4.1.3　供給者の選択 ・評価結果から特定されたリスクを管理するためのリスク軽減計画を文書化する。

277

第Ⅲ部　APQP/PPAP、AS13100 および関連技法

［AS 13100 − A 章］（9/16）

JIS Q 9100 項番	AS 13100 追加要求事項
	8.4.1.4　供給者登録の維持 ・組織は、供給者の QMS およびその他の必要な認証と承認が有効であることを保証するための文書化されたプロセスを持つ。 ・JIS Q 9100 認定供給者については、OASIS データベースと OASIS NG（next generation）フィードバックプロセスを使用する。
8.4.2　（供給者の）管理の方式および程度	
	8.4.2.1　管理の種類と範囲 ・供給者の QMS 認証は、組織タイプによって定義され図 12.5（p.264）に準拠する。 ・供給者は、SJAC 9146 の要求事項を満たす効果的な FOD 防止プログラムを確立し、維持する。 ・供給者は、AS 6174 または AS 5553（該当する場合）に従って、模倣部品防止プロセスを計画、実施、および管理する。 ・供給者は、模倣品防止プロセスに、模倣品が確認されてから 3 営業日以内に組織の購買担当者に報告する仕組みが含まれていることを確認する。 ・組織は、供給者の施設へのアクセス権に対する制限に対処するために、供給者と組織の間で実施されるリスク分析および軽減計画を作成する。
	8.4.2.2　購入製品の検証 ・組織が検証活動を供給者に委任する場合、顧客に委任された製品リリース検証の使用は、顧客によって正式に承認された場合にのみ、委任される。 ・組織が製品のリリースを委任する場合、委任された資格を得るには、自己リリースの委任者のためのトレーニングを完了する必要がある。この要求事項を満たすために、供給者の自己リリース訓練要求事項を実施することができる（AS 13001、SJAC 9117 参照）。
	8.4.2.3　材料および特殊プロセス ・材料および特殊工程テストの結果は、図面・仕様書のすべての要求事項を反映し、図面・仕様書に準拠する。
	8.4.2.4　製品の受け入れ ・製品承認機関のメディア（スタンプ、電子署名、パスワードなど）を使用する場合、供給者は、適切なメディアの管理を確立する。
	8.4.2.5　供給者サーベイランス ・組織は、供給者のリスク評価を実施し、これには、供給者の内部監査の結果、供給者の現在の品質パフォーマンス、および部品の複雑さの評価が含まれる。 ・組織は、リスク評価にもとづいて、供給者のシステム、プロセス、および製品を監視するための適切な監視方法を確立し、実施する。

第 12 章　AS 13100

［AS 13100 － A 章］（10/16）

JIS Q 9100 項番	AS 13100 追加要求事項
	8.4.2.6　供給者パフォーマンスの監視 ・パフォーマンス監視は、品質と納期を含めた主要業績評価指標（KPI）として実行され、含まれる。 ・組織は、パフォーマンス監視結果を、最低でも毎年、定期的に供給者に提供する。
8.4.3　外部提供者に対する情報	
	8.4.3.1　外部プロバイダー向けの情報 ・組織は、供給者が契約要求事項を理解し、該当する仕様と要求事項をサプライチェーンに伝達することを保証するプロセスを持つ必要がある（RM 13007 を参照）。
8.5　製造およびサービス提供	
8.5.1　製造およびサービス提供の管理	
8.5.1.1　設備、治工具およびソフトウェアプログラムの管理	
	8.5.1.1.1　設備、治工具、およびソフトウェアの管理 ・引渡しできない（non-deliverable）ソフトウェアの品質保証プログラムは、実装、文書化、および保守する必要がある。 ・ソフトウェア品質保証プログラムには、ソフトウェア変更が適切にレビューされることを文書化する変更管理プロセスを含める。
8.5.1.2　特殊工程の妥当性確認および管理	
	8.5.1.2.1　特殊工程の検証と管理 ・NDT（非破壊検査、nondestructive test）が図面または仕様要求事項を満たすために実施される場合、顧客の承認がない限り、NDT のサンプリングは許可されない。これは、歩留りの向上に使用される工程内 NDT には適用されない。
8.5.1.3　製造工程の検証	
	8.5.1.4　生産管理およびサービス提供 8.5.1.4.1　組織は、生産のために発行されたとき、または最初の運用プロセスステップの開始と同時に、正しい金属原料が使用されていることを確認するプロセスを持つ。 ・この要求事項の目的は、原材料の製造を測定・管理することではなく、部品メーカーでの入手材料が正しいことを確認することである。 ・携帯用（handheld）分光装置または同等の装置を使用して、材料を100% 検証する。業界のサンプリング計画または同等のゼロベース受入れサンプリング計画は、材料の大量購入にのみ使用できる。
	8.5.1.4.2　組織は、プロトタイプを含む、設計組織から生産組織への承認された製品定義の転送を管理するための文書化されたプロセスを持つ（該当する場合）。 ・組織は、データのすべての転送が輸出管理要求事項に準拠していることを確認する。

279

第Ⅲ部　APQP/PPAP、AS13100 および関連技法

［AS 13100 － A 章］（11/16）

JIS Q 9100 項番	AS 13100 追加要求事項
	8.5.1.4.3　組織は、以下のことを行う。 ・すべての製品特性と生産作業について、管理計画を作成する（RM 13004 参照）。 ・すべての製品特性を最終状態、すなわちその後の処理が製品特性検証結果に影響を与えないことを確認した段階で、100% 検証する。 ・製品の試験・検査活動が許容可能な環境で実施されていることを確認する。これには、照明条件が少なくとも 700 ルクスを提供し、正確な目視検査が行われる場合は、少なくとも 1,000 ルクスの白色光強度を提供するという要求事項が含まれる。
	8.5.1.5　製品プロセス検証 ・これらの要求事項は、SJAC 9145 APQP/PPAP に準拠する（AS 13100-B 章参照）。
	8.5.1.6　初回品検査（FAI） ・SJAC 9102 に準拠した FAI を実施する（RM 13102 参照）。 ・トレーサブルに校正され、有効な校正期間内に評価される測定システムは、7.1.5.1.1 および図 12.6（p.265）に準拠する。
	8.5.1.7　固定生産方法（fixed production method） ・"固定生産方式" は、製品定義で "固定プロセス管理" または類似のものが指定されている場合、すべての組織に適用される（例：生産プロセス、凍結プロセス、エンジニアリングソース承認／実証）。 ・組織は、顧客が定義した必要な固定生産管理を実施する。
	8.5.1.8　ビジョン基準（vision standard） ・非破壊検査（NDT）担当者は、該当する NDT 担当者の資格および認証基準に従って審査される（例：EN 4179、NAS 410、SNT-TC-1A、ISO 9712）。溶接検査官と材料の不連続性を検出するために目視検査を行う人員は、このカテゴリに含まれ、ISO 19828 に従って訓練および検査を受ける。 ・NDT 担当者は、5 年ごとに色覚の検査を受ける。色覚知覚検査に失敗した場合、該当する製品の検証・検査活動の実行に使用される色を区別する能力が決定される。 ・溶接担当者（溶接工・溶融作業者）は、AWS Dl7.1 および ISO 24394 に従って、2 年ごとに検査を受ける。視力の要求事項は、近視では Curpax N5、Jaeger #2、遠視では Snellen 20/30、ろう付け担当者（手動火鉢、真空火鉢）は ISO 11745 に従って検査される。 ・製品検証・検査活動に従事する非 NDT 担当者に対しては、毎年検査を実施する。視力の要求事項は、少なくとも片眼で Curpax N5、Jaeger #2、または両目を一緒に使用する場合である。非 NDT 検査官は、色覚知覚テストにも合格する必要がある。 ・視力検査が適切な訓練を受けた有資格者によって実施されることを確認する。NDT 担当者は、責任レベル 3 によって指定された個人または資格のある人によって実行される。

第 12 章 AS 13100

［AS 13100 － A 章］（12/16）

JIS Q 9100 項番	AS 13100 追加要求事項
	8.5.1.9 必要な資格を含む有能な要員の任命 ・製品を直接検査する従業員が正式に許可されていること、および製品が許可された担当者によってリリースされていることを確認する。 ・SJAC 9162 の要求事項に準拠した文書化された作業者自己検証プログラムを持っていること。 ・材料・特殊プロセス試験報告書のレビューの担当者は、最終製品の図面・仕様書の要求事項が満たされていることを確認する目的で、試験結果を読み、解釈し、評価する訓練を受ける。
8.5.2 識別およびトレーサビリティ	
	8.5.2.1 識別およびトレーサビリティ ・シリアル番号を割り当てるシステムは、次の情報に対するトレーサビリティを提供する。 ・シリアル化された部品またはロット番号が付けられた材料から製造される場合、それらの詳細とその製品受け入れ記録に対するトレーサビリティを維持する。
8.5.3 顧客または外部提供者の所有物	
8.5.4 保 存	
	8.5.4.1 保存 ・SJAC 9146 に準拠した FOD 予防プログラムを開発・確立する。
8.5.5 引渡し後の活動	
8.5.6 変更の管理	
	8.5.6.1 変更の管理－補足 ・シフトとタスクの引き継ぎを管理するプロセスを持つ。 ・生産・サービス提供の変更について顧客の承認が必要な場合、組織は、変更が SJAC 9145 を通じて管理され、変更のタイプに合わせて構成され、提案された変更が実施前に顧客によって承認されていることを確認する（AS 13100 B 章を参照）。
8.6 製品およびサービスのリリース	
	8.6.1 製品およびサービスのリリース－補足 ・「リスクのある製品・サービスのリリース」に関連するリスクの管理は、組織によって文書化され、利害関係者を含む必要な管理が実施されることを確保するための説明責任を定義する。 ・サプライチェーン全体にわたる製品・サービスのリスクリリース（risk release）は、必要な承認が受領された後にのみ行われる。 ・リスクリリースの対象となる製品は、承認までのトレーサビリティを備えたリスクリリースの対象として明確に特定する。 ・顧客の要求に応じて、組織は、SJAC 9117 委任された製品リリースの検証および AS 13001 委任された製品リリース検証トレーニングの要求事項に従って、顧客の製品リリースプログラムの最小システム要求事項と人員要求事項を定義する。

第Ⅲ部　APQP/PPAP、AS13100 および関連技法

［AS 13100 － A 章］（13/16）

JIS Q 9100 項番	AS 13100 追加要求事項
8.7　不適合なアウトプットの管理	
8.7.1　（一般）	
	8.7.1.1　不適合製品の管理－補足 ・再加工または生産修理による不適合製品の修正： ・組織は、製品要求事項を満たすために製品を作り直すことが可能かどうかを判断するために、不適合をレビューする。 ・手直しが不可能な場合、組織は修理が必要かどうかを評価する。 ・修理が必要な場合は、設計担当組織が適切かどうかを判断する。 ・不適合製品の修正のための生産修理指示について承認を取得する。 ・実稼働修理または再作業が必要な場合は、RM 13011 を参照
8.7.2　（文書化）	
9.　パフォーマンス評価	
9.1　監視、測定、分析および評価	
9.1.1　一　般	
	9.1.1.1　製造プロセスの監視・測定 ・製品機能の継続的な適合性を確保するために、適切な管理方法を決定し、展開する。これは、プロセス設計と品質計画（プロセス開発、プロセス FMEA、および管理計画の作成）中に行われた可能性がある（RM 13004 を参照）。 ・プロセス能力調査を実施することにより、使用されるプロセス管理の有効性を実証する。 ・この検討では、プロセスの安定性（stability）と工程能力（capability）を調べる（RM 13006 参照）。 ・プロセス能力調査は、すべての KC で実施する。 ・このプロセスは、工程能力指数 C_{pk}/P_{pk} が 1.33 以上で安定し、能力が高い必要がある（必要に応じて）。 ・工程能力または安定性が達成されない場合、組織は、対応計画に従って是正処置を特定し、実施する。 ・KC については、継続的に工程能力を監視する。 9.1.1.2　代替検査頻度計画 ・組織は、顧客が定めた要求事項を満たす検査を管理するために、独自の品質システム内に文書化されたプロセスを持つ。 ・設計特性に対する製品の受け入れは、顧客固有のサンプリング計画が存在しない限り、または顧客が組織が使用するための承認された代替サンプリング計画を持っていない限り、100% 検査を行う。 9.1.1.3　統計概念の理解 ・組織は、変動の統計的概念が工程能力と測定能力に関して理解する。 ・管理図の作成、検査頻度、工程能力、測定能力の設定など、統計データの収集、分析、管理に従事するすべての従業員は、訓練やその他の手段を通じて能力を実証できる必要がある（RM 13006 参照）。

第 12 章　AS 13100

［AS 13100 － A 章］（14/16）

JIS Q 9100 項番	AS 13100 追加要求事項
9.1.2　顧客満足	
	9.1.2.1　顧客スコアカード ・顧客満足度監視指標として顧客スコアカードを使用する（存在する場合）。 ・100％品質の製品を達成し、維持し、時間どおりに納入するように努める。
9.1.3　分析および評価	
9.2　内部監査	
9.2.1　（内部監査の目的）	
9.2.2　（内部監査プログラム）	
	9.2.3　内部監査－補足 ・内部監査プロセスを文書化する。 ・監査計画には、次の監査を含める。 　－品質システム監査(品質マネジメントシステム監査) 　－製造工程監査 　－製品監査 　－特殊工程監査 ・各タイプの内部監査の頻度については、図 12.11（p.269）参照。 ・品質システム監査には、業界品質マネジメントシステム認証基準（例：JIS Q 9100、ISO 9001、および AS 13100 規格への準拠のレビュー）が含まれる。 ・製造工程監査は、承認されたチェックリスト（例：VDA 6.3 チェックリスト）または同等のもの（RM 13005 を参照）を使用して実施する。 ・特別工程監査は、（Nadcap メリットスキームのステータス（Nadcap merit scheme status）に関係なく）毎年実施する。 ・特殊プロセスが Nadcap 認定を受けている場合、内部監査チェックリストは、特殊工程監査基準（AC）、プロセスチェックリストとして知られる特定の Nadcap チェックリストとする。
	9.2.4　製品品質に関連する監査の不適合 ・監査により、製品の適合性に影響を与える不適合が特定された場合、その不適合に対処する必要がある。
	9.2.5　年次監査報告書 ・この規格への準拠を実証するために、年次監査報告書を作成する。 ・監査報告書には、最新の監査サイクル・プログラム、および将来の暦年の監査プログラム（供給者および内部）からの供給者、外部（認証機関、顧客など）および内部監査分析を含める。 　－注：年次監査報告書の詳細については、RM 13005 を参照。
9.3　マネジメントレビュー	
9.3.1　一　般	
9.3.2　マネジメントレビューへのインプット	

283

第Ⅲ部　APQP/PPAP、AS13100 および関連技法

［AS 13100 － A 章］（15/16）

JIS Q 9100 項番	AS 13100 追加要求事項
	9.3.2.1　マネジメントレビューへのインプット－補足 ・マネジメントレビューは、少なくとも年に1度実施し、次のパフォーマンス指標を考慮する。 　－品質不良コスト（COPQ、cost of poor quality） 　－製造・組立工程の 初回パス時間・初回パス歩留り（right first time/first pass yield） 　－顧客スコアカード（利用可能な場合） 　－ヒューマンファクター報告
9.3.3　マネジメントレビューからのアウトプット	
	9.3.3.1　マネジメントレビューからのアウトプット－補足 ・合意された顧客パフォーマンス目標が達成されない場合の行動計画を文書化し、実施する。
10.　改　善	
10.1　一　般	
10.2　不適合および是正処置	
10.2.1　（一　般）	
10.2.2　（文書化）	
	10.2.3　顧客逸脱に対する問題解決方法 ・不適合製品が顧客に流出し、問題調査を実施する必要がある場合、その基本的な問題解決方法論は 8D である。 　－問題解決プロセスアプローチ（ステップ D0 ～ D8）、RM 13000 を参照 ・8D での即時対応アクション（RM 13000－ステップ D0 参照）は、問題が特定されてから 48 時間以内に完了する。 ・逸脱を完全に封じ込め（RM 13000 ステップ D3 を参照）、バリューチェーン（value chain）全体で影響を受けるすべての部品を特定することにより、暫定封じ込めアクション（ICA）を実施する。 ・顧客や供給者（該当する場合）を含む主要な利害関係者と協力して、封じ込めが効果的であることを確認する。 ・封じ込め処置を開始し、根本原因分析（RM 13000-D4 を参照）および是正処置（RM 13000-D5 を参照）を特定し、完了する。 ・この問題や他の同様の問題の再発を防ぎ、学んだ教訓を記録するために体系的な処置を講じる。 ・関連するすべての DTDP（デザイン技術データパッケージ、design technical data package）を、根本原因の発生ポイント（generation point）と流出ポイント（escape points）に相対して更新する。 ・プロセスフロー図（PFD）、プロセス FMEA、および管理計画を更新する。 ・各タイプの不適合の原因を分析し、リスクにもとづいて優先順位をつけた改善計画を決定し、パフォーマンスを継続的に改善する。

第 12 章　AS 13100

［AS 13100 － A 章］（16/16）

JIS Q 9100 項番	AS 13100 追加要求事項
	10.2.4　顧客からの苦情とサービス中の故障 ・顧客の苦情を分析し、問題解決と再発防止のための是正処置を開始する。 ・組織が設計した製品の稼働中の故障を分析し、問題解決と再発防止のための是正処置を開始する。 ・顧客の製品のシステム内での組織の製品の組み込みソフトウェアの相互作用の分析を含む。 ・分析結果を顧客および組織内に伝達する。
10.3　継続的改善	
	10.3.1　継続的改善－補足 ・以下を含む、継続的改善への体系的なアプローチを持つ。 　－継続的改善の方法論、目的、測定、有効性、文書化された情報の特 　　定 　－工程ばらつきおよび廃棄物の削減に重点を置いた、製造工程改善計画（RM 13006 参照） 　－リスク評価プロセスを活用し、潜在的な懸念事項を特定する。 ・注：製造プロセスが統計的に安定して能力がある場合、または製品の特性が予測可能で顧客の要求事項を満たす場合に、継続的改善が実施される。 ・改善方法論には、リーン（lean）、6 シグマ、5S などのアプローチが含まれる。

12.3 APQP/PPAPに対するAS 13100要求事項

　AS 13100のB章は、SJAC 9145 APQP/PPAPに対するAS 13100の追加要求事項について述べています。SJAC 9145 APQP/PPAPに対するAS 13100の追加要求事項を、[AS 13100 - B章](pp.292〜295)に示します。

　APQP/PPAPタイミングチャートを図12.13に、AESQ PPAP項目を図12.14に、PPAPの提出/保管レベルを図12.15に、PPAP要素の使用法を図12.16に、PPAP要素とAPQPのフェーズを図12.17に、AESQの顧客固有の要求事項を図12.18に示します。

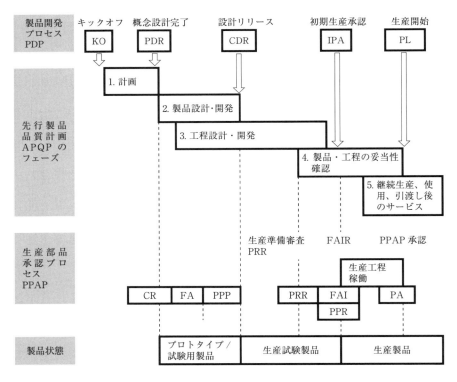

図 12.13　APQP/PPAP タイミングチャート

第 12 章　AS 13100

記号	項目 (event)	内　容
CR	顧客固有の要求事項 customer specific requirements	・顧客や組織が指定した製品に対する追加の PPAP 要求事項について早期に合意が成立したことを確認する。 ・PPAP の顧客固有の要求事項については、図 12.17 および図 12.18 参照(RM 13145 参照)。
FA	フィージビリティアセスメント feasibility assessment	・プロジェクトの早い段階で、生産中に製品設計を作成する可能性を確認する。 ・この信頼性は、関連する生産供給組織による実現可能性の評価を通じて確立される。 ・製品の施設または生産を目的とした施設は、提案された設計が十分な量で、スケジュールどおりに、顧客に許容可能なコストで製造、組立て、テスト、包装、および提供できることに満足し、同意している。 ・この文書(context)で合意された実現可能性の範囲は、新規設計、変更、または別の施設への移転など、施設にとって新しい既存の製品である可能性がある。
PPP	生産準備計画 production preparation plan	・準備計画が、管理されている複雑さのレベルと生産供給組織が必要とするリソースに適していることを確認する。 ・製品の生産を目的とした施設は、顧客の需要率を満たすのに十分な量で製品を生産するために必要なすべてのリソース(生産およびテスト／検査機器、工具、治具、固定具、計算プロセス、材料、サプライチェーン、訓練された労働力、施設など)を特定し、計画している。
PRR	生産準備状況のレビュー production readiness review	・生産プロセスが適切に定義され、文書化され、生産供給組織によって生産の準備ができていることを確認する。 ・製品の生産施設は、プロセス設計・開発活動(例：作業者の訓練、製造文書、管理計画、関連する測定ツール、機器、ツール、備品の仕様、開発されたプロセスの成熟度、および製造準備レベルなどの評価)を評価し、適合する。
PPR	生産プロセス実行開始 production process run start	・生産検証活動が進行しており、物理的なデモンストレーションが進行中であることを確認する。 ・関係する施設は、進行中の連続生産を目的としたプロセス(PRR で評価されたプロセス)から製品の生産を開始する。
FAI	初回製品検査 first article inspection	・製品検証のニーズが満たされていることを確認する。 ・施設または関係する施設は、初回製品検査を適用する。
PA	PPAP 承認 PPAP approval	・プロセス検証の結果が理解され、ニーズが満たされたと確認する。 ・関係する施設は、PPAP 提出物を評価し、提供される。

図 12.14　AESQ PPAP 項目

第Ⅲ部　APQP/PPAP、AS13100 および関連技法

No.	AESQ PPAP 要素	提出レベル（submission level）				
		SL1	SL2	SL3	SL4	SL5
1	設計記録（design record）	SR	SR	SR	CR	SRW
2	設計 FMEA（design FMEA）［1］	R	R	SR	CR	SRW
3	プロセスフロー図（process flow diagram）	R	R	SR	CR	SRW
4	プロセス FMEA（process FMEA）	R	R	SR	CR	SRW
5	管理計画（コントロールプラン、control plan）	R	SR	SR	CR	SRW
6	測定システム解析（measurement system analysis verification）［2］	R	R	SR	CR	SRW
7	初期工程能力調査（initial process capability studies）	R	SR	SR	CR	SRW
8	梱包、ラベル標準、および文書（packaging, labelling standard, and documentation）	R	R	SR	CR	SRW
9	初回製品検査（first article inspection）［3］	R	SR	SR	CR	SRW
10	顧客固有の要求事項（customer-specific requirements）	R	SR	SR	CR	SRW
10.1	寸法／非寸法結果（dimensional/nondimensional results）	R	SR	SR	CR	SRW
10.2	初期生産性能調査（initial manufacturing performance studies）	R	R	SR	CR	SRW
11	PPAP 承認様式（PPAP approval form）	SR	SR	SR	CR	SR

［1］　設計および製造組織のみ
［2］　関連する MSA プラン（APQP フェーズ 3)で指定されている場合
［3］　SJAC 9102 に準拠

S（submit）：　承認を得るために、顧客（または代理人）に提出（submit）する。
R（retain）：　PPAP ファイルとして記録を保持（retain）し、要求に応じて顧客が利用できる。
C（consult）：　顧客に相談する。顧客に提出または立会確認が必要な場合がある。
W（witness）：製造場所での裏付けとなるデータ／情報のレビューを通じて、顧客（または代理人）による立会いが行われる。

図 12.15　PPAP の提出／保管レベル

No.	AESQ PPAP 要素	状況						
		新規製品設計	製品設計変更	別施設への移動	新規プロセス	プロセス変更	製造設備の交換／再生	わずかなプロセス変更 [4]
1	設計記録	X	X					
2	設計 FMEA [1]	X	X					
3	プロセスフロー図	X	X	X	X	X		
4	プロセス FMEA	X	X	X	X	X		
5	管理計画(control plan)	X	X	X	X	X		
6	測定システム解析(MSA) [2]	X	X	X	X	X	X	
7	初期工程能力調査	P	P	P	P	P	P	
8	梱包、ラベル標準、および文書	X	X	X	X	X		
9	初回製品検査(FAI) [3]	X	X	X	X	X	X	X
10	顧客固有の要求事項(SCR)	X	X	X	X	X	X	
10.1	寸法／非寸法結果	X	X	X	X	X	X	
10.2	初期生産性能調査	X	X	X	X	X		
11	PPAP 承認様式	X	X	X	X	X	X	
X	以下のいずれかに関連する状況で推奨(顧客・規制当局がこれを必要とする場合は必須) ・新規作成 ・既存のものの更新 ・一部開発							
P	設計記録の要求事項(例：KC の識別)が考慮される。							
空欄	タスクの作成、更新、または開発はない。 保管と提出の要求事項は、図 12.15 および指定された提出レベルに従って適用する。							

[1] 設計・製造組織のみ
[2] 関連する MSA 計画(APQP フェーズ 3)で指定されている場合
[3] SJAC 9102 に準拠
[4] 無視できるプロセス変更の例：
・プロセスのパフォーマンス(品質、サイクルタイム)に影響を与える可能性のない変更
・プロセス固有でない工具の変更、およびそれに準ずる変更
・KC を管理／監視するプロセス段階に影響を与えない変更
・検査・試験方法の変更を要しない変更
・追加・代替処理を導入しない変更

図 12.16　PPAP 要素の使用法

第Ⅲ部　APQP/PPAP、AS13100 および関連技法

No.	AESQ PPAP 要素	APQP のフェーズ
1	設計記録	・APQP フェーズ 2 製品の設計・開発
2	設計 FMEA	・APQP フェーズ 2 製品の設計・開発(RM 13004 参照)
3	プロセスフロー図	・APQP フェーズ 3 プロセスの設計・開発(RM 13004 参照)
4	プロセス FMEA	・APQP フェーズ 3 プロセスの設計・開発(RM 13004 参照)
5	管理計画(コントロールプラン)	・APQP フェーズ 3 プロセスの設計・開発(要求される場合)・フェーズ 4 製品・プロセスの妥当性確認(RM 13004 テンプレート、RM 13006 プロセス管理方法参照)[1] [1]　管理計画の顧客承認は、顧客から別の定めがない限り適用される。
6	測定システム解析[2]	・APQP フェーズ 4 製品・プロセスの妥当性確認(RM 13003 参照)
7	初期工程能力調査	・APQP フェーズ 4 製品・プロセスの妥当性確認(RM 13003 参照)
8	梱包、ラベル標準、文書	・APQP フェーズ 3 プロセスの設計・開発(RM 13145 参照)
9	初回製品検査　[3]	・APQP フェーズ 4 製品・プロセスの妥当性確認
10	顧客固有の要求事項(CSR)	・APQP フェーズ 4 製品・プロセスの妥当性確認(RM 13145 参照) ・例：顧客の需要率目標、プロセス品質目標、PPAP 項目の達成日、生産プロセス実行中に生産される製品の数、追加の PPAP 要素　[1] [1]　一般的な AESQ 顧客固有の要求事項については、この標準を使用する顧客が時折必要とする可能性のある追加の PPAP 要素の説明と意味を提供する(図 12.18 参照)。
10.1	寸法／非寸法結果(dimensional/nondimensional results)	・生産プロセスの実行中にランダムに選択された製品[1]からの検査／テスト計画(ワークステーション文書)によって定義された寸法、材料、および性能テストの結果を記録する。 ・適合性[2]を評価し、結果を記録する(RM 13145 参照)。[3] [1]　使用される製品の品質は、評価の種類と顧客固有の要求事項に適合する。 [2]　適合性評価には、組織・顧客が定めたプロセス品質目標(プロセス品質パフォーマンス)の達成を含む。 [3]　結果は、プロセス品質目標の達成、サンプリング／縮小検査の承認、サンプル製品に関連するデータの確認または顧客の承認をサポートするために使用できる。
10.2	初期生産性能調査(initial manufacturing performance studies)	組織は、能力検証の一環として、次のことを行う。 ・顧客需要率を達成するための製造プロセスオペレーションの目標値(プロセスサイクルタイムと歩留まり)を設定する。 ・生産プロセスの実行中に、製造プロセスの運用(プロセスサイクルタイムと歩留まり)を測定するための初期製造調査を実施する　[1]。 ・結果を評価し、目標値の達成と顧客需要率の達成可能性を判断する。 ・顧客に結果を確認する(RM 13145 参照)。 [1]　初期製造調査(initial manufacturing studies)では、目標のプロセスサイクルタイムと歩留まりの達成が実証される。したがって、これは、顧客の需要率を満たし、一貫した品質レベルで生産量をサポートする可能性(保証ではない)を示している。
11	PPAP 承認様式	・APQP フェーズ 4 製品とプロセスの妥当性確認(PPAP 承認様式参照)

図 12.17　PPAP 要素と APQP のフェーズ

No.	AESQ PPAP 要素	内　容
10.A	顧客技術部門の承認	・これは、顧客のプロセスによって呼び出され、組織が承認を得る必要がある顧客技術部門の承認である。
10.B	プロセスの管理・監視	・これは、顧客のプロセスによって呼び出され、組織が承認を得る必要がある顧客技術部門の承認である。 ・その目的は、次のような側面を保証することである。 　－開発したワークステーションのリソースは、目的に合致した形で実施されている。 　－要員(例：生産ライン、倉庫、取り扱い、管理)が、製品について、製品で何をなすべきか、いつのどのように行うべきかを知っている。 　－購入した材料、部品、コンポーネント(構成部品)は管理下にある。 　－生産・管理機械・設備の妥当性確認とメンテナンスを行う。 　－製品に関連する文書が実施されている。 　－担当者は研修を受けている。 　－環境に悪影響を与えない。
10.C	ワークステーションの検査／テスト計画	・これにより、設計記録で定義されたすべての製品特性に、設計の要求事項(例：寸法、材料、性能)に対する適合性を検証するために、製造中に指定されたテスト・検査が行われているという確信が得られる。 ・これは、100%、サンプリング、削減、または代替の慣行である。通常、信頼性は特性マトリックスを使用して提供される(RM 13004 参照)。

図 12.18　AESQ の顧客固有の要求事項

第Ⅲ部　APQP/PPAP、AS13100 および関連技法

［AS 13100 － B 章］（1/4）

－ APQP/PPAP に対する AS 13100 追加要求事項）－

SJAC 9145 項番	AS 13100 追加要求事項
1.　適用範囲	
	13.3　適用範囲 – 補足 ・APQP のすべて（または一部）のフェーズは、以下に適用される。 　・製品の新規設計または設計変更 　・製品の新規生産または生産地・供給者の変更 　・新規プロセスまたはプロセス変更 　・プロセス固有でない工具、およびそれに準ずるものの変更 　　－ KC を管理・監視するプロセス段階に影響を与えない変更 　　－検査・試験方法の変更を必要としない変更 　　－追加または代替処理を導入しない変更 　・PPAP に適用されるすべての項目
2.　参考文献	
3.　用語および定義	
4.　先行製品品質計画要求事項	
4.1　一般要求事項	
	16.1.6　APQP – 補足 ・APQP/PPAP 要求事項に準拠するための文書化された手順を確立する。
	16.1.7　APQP/PPAP タイミングプラン ・PPAP 項目の説明は図 12.14 で定義されている。
4.2　APQP プロジェクトマネジメント	
	16.2.1　先行製品品質計画プロジェクト管理 – 補足 ・計画を策定・管理する際に、サプライチェーンリスクマネジメントプロセスを考慮する。 ・APQP/PPAP 項目の進行状況と満足度を監視する指標を開発する）。
4.3　フェーズ 1 要求事項 – 計画	
	16.3.5　フェーズ 1 計画 – 補足 ・プロジェクト計画を策定する際にサプライチェーンリスクマネジメントプロセスを考慮する。
4.4　フェーズ 2 要求事項 – 製品の設計・開発	
	16.4.7　フェーズ 2 製品の設計・開発 – 補足 ・設計リスク分析を満たすために、設計 FMEA を使用する（RM 13004 参照）。 ・注：安全性と重要度を評価するには、さらなるリスク分析が必要となる場合がある。

第 12 章　AS 13100

［AS 13100 － B 章］（2/4）

SJAC 9145 項番	AS 13100 追加要求事項
4.5　フェーズ 3 要求事項－プロセスの設計・開発	
	16.5.10　フェーズ 3 プロセスの設計・開発－補足 ・プロセスフロー図(PFD)、プロセス FMEA、管理計画の実施(RM 13004 参照)。 　－これらは、特定の部品番号に対して完了する。ファミリー／パーツのグループアプローチは、顧客の承認が必要。 ・生産準備計画を策定する際に、サプライチェーンリスクマネジメントプロセスを考慮する。 ・検査・テスト計画(ワークステーション文書)を作成する際には、設計記録のすべての要求事項を含め、代替検査頻度について組織から承認が得られない限り、100% 検査を適用する(RM 13002 参照)。 　－先行生産管理計画を策定する(製品検証、プロセス検証、およびデータ収集活動が行われる場合)。 ・MSA 計画を作成する(RM 13003、RM 13145 参照)。 ・生産準備レビュー（PRR、production readiness review）を実施する際には、本項の要求事項を盛り込む。
4.6　フェーズ 4 要求事項－製品・プロセスの妥当性確認	
	16.6.9　フェーズ 4 製品・プロセスの妥当性確認－補足 ・MSA の実施は、RM 13003 参照 ・量産プロセスの製品を使用して、初期工程性能調査を実施し、生産能力検証の一部として、寸法／非寸法結果を決定する(図 12.17、RM 13145 参照)。 ・KC の最小許容 C_{pk}/P_{pk} は 1.33 である。 ・量産管理計画書を策定する。 ・FAI は SJAC 9102 に準じて実施する。 ・AESQ PPAP 要求事項に従って PPAP 提出を完了する(図 12.15、p.288 参照)。
4.7　フェーズ 5 要求事項－継続生産、使用、および引渡し後のサービス	
5.　生産部品承認プロセス要求事項	
5.1　生産部品承認プロセス要求事項	
	17.1.1　生産部品承認プロセス要求事項－補足 ・PPAP 承認の責任者(PPAP コーディネーター)とその資格(顧客を含む)を明確にする。 　－顧客によって指定された顧客認定代表者を含む。 ・PPAP ファイル・PPAP 提出を、提出／保持レベルに従って作成する。 　－図 12.15、AESQ PPAP 要求事項(図 12.17 参照)、および顧客固有の要求事項(図 12.18 参照)を参照。 ・PPAP 提出／保持レベルについては、図 12.15 を参照 ・PPAP 要求事項の一般的な使用方法については、図 12.16 を参照

第Ⅲ部　APQP/PPAP、AS13100 および関連技法

［AS 13100 － B 章］（3/4）

SJAC 9145 項番	AS 13100 追加要求事項
5.2　生産部品承認プロセスファイルと提出	
	17.2.3　生産部品承認プロセスファイルと提出 – 補足 ・AESQ PPAP 要求事項をすべて満たす（図 12.17 参照）。 ・PPAP コーディネーターは、PPAP 提出物を審査し、承認する。 ・一般的顧客固有の要求事項である AESQ PPAP 要求事項 10（図 12.17）は、図 12.18 を参照して、PPAP 要求事項を追加することができる。
5.3　生産部品承認プロセスの判定	
5.4　生産部品承認プロセスの再提出	
その他補足	
	18.　AESQ サプライチェーンリスクマネジメントプロセス ・AESQ APQP および PPAP に関連するプロジェクトベースの APQP 保証に対する標準化されたアプローチが提供される。 ・AESQ サプライチェーンリスクマネジメントプロセス（RM 13145 参照）は、サプライチェーンおよび APQP プロジェクト中の適用レベルに関して、トップダウンで機能するリスクベースの保証方法であり、高リスクの組織、製品、または高リスク製品を提供する。
	19.　管理計画 ・管理計画は、製品とプロセスを管理するためのシステムを説明した文書である（SJAC 9145 付録 C 参照）。 ・管理計画の 2 つの異なるフェーズを適用できる。 　－先行生産（prelaunch）管理計画：寸法・非寸法測定の説明で、そのタイミングを図 12.13（p.286）に示す。 　－量産管理計画：製品／プロセスの特性、プロセスの管理、テスト、および量産開始後の立上げ時に発生する可能性のある測定システムに関する包括的な文書 ・APQP の適用フェーズ全体および変更が発生した場合（例：製品、生産プロセス、測定、物流、供給元、プロセス FMEA）に、管理計画をレビュー・更新するプロセスがある。
	19.1　先行生産管理計画 ・先行生産管理計画（コントロールプラン、control plan）を策定するにあたり、組織は、実施が必要なすべての寸法・非寸法測定を含める。 ・これには、不適合の可能性を管理する拡張機能と、生産プロセスの検証が含まれる。 ・拡張機能の例を次に示す。 　－知識から、または実験計画法（DOE）などのプロセスの検討を通じて決定された、定期的／継続的な生産を目的としたものに対する追加のプロセス管理（RM 13006 参照）。 　－意図した 100％ テスト／検査、すなわち工程内および最終チェックポイントの発生が多い。

第 12 章　AS 13100

［AS 13100 － B 章］（4/4）

SJAC 9145 項番	AS 13100 追加要求事項
	－ 削減／サンプル検査の承認をサポートするための頑健な統計的評価（RM 13006 参照）により、KC の能力を決定（初期プロセス能力調査）。 － プロセス品質性能の評価を支援するためのデータ収集（例：DPU（ユニットあたりの欠陥数、defects per unit）） － プロセスコントロールサーベイランス等の監査については、図 12.18（p.291）参照 － 効果確認のためのエラープルーフ装置の特定 － FAI などの製品検証（RM 13102 参照）

295

第13章

FMEA、SPC および MSA

本章では、航空・宇宙・防衛産業において用いられている技法のうち、FMEA（故障モード影響解析）、SPC（統計的工程管理）および MSA（測定システム解析）について解説します。

FMEA については、IAQG SCMH（サプライチェーン・マネジメントハンドブック）の内容を中心に、自動車産業の AIAG & VDA FMEA ハンドブックの内容を含めて説明します。また SPC および MSA については、わかりやすく解説している、自動車産業の SPC 参照マニュアルおよび MSA 参照マニュアルの内容にもとづいて説明します。

なおこれらの詳細については、IAQG SCMH および拙著『図解 IATF 16949 よくわかるコアツール【第4版】』をご参照ください。

この章の項目は、次のようになります。

13.1 　　　FMEA 故障モード影響解析

13.1.1 　FMEA とは

13.1.2 　FMEA の実施

13.1.3 　FMEA の評価基準

13.1.4 　FMEA の動向

13.2 　　　SPC 統計的工程管理

13.2.1 　SPC とは

13.2.2 　工程能力

13.3 　　　MSA 測定システム解析

13.3.1 　MSA とは

13.3.2 　測定システムの変動

13.3.3 　繰返し性・再現性の評価（ゲージ R&R）

13.3.4 　計数値の測定システム解析

第Ⅲ部　APQP/PPAP、AS13100 および関連技法

13.1　FMEA 故障モード影響解析

13.1.1　FMEA とは

　FMEA（故障モード影響解析、failure mode and effects analysis）は、製品や製造工程において発生する可能性のある潜在的に存在する故障を、あらかじめ予測して実際に故障が発生する前に、故障の発生を予防（または故障が発生する可能性を低減）するための解析手法です。FMEA には、設計 FMEA（DFMEA、design failure mode and effects analysis）とプロセス FMEA（工程 FMEA、PFMEA、process failure mode and effects analysis）があります。

　FMEA では、次に示す 4 人の顧客について考慮することが必要です。

　・エンドユーザー（最終顧客）：航空機の利用者

　・直接顧客：航空機メーカーまたは製品の購入者

　・サプライチェーン：組織の次工程および供給者

　・法規制：安全・環境などに関する法規制

　FMEA は、設計技術者だけでなく、各部門の代表者が参加する部門横断的アプローチ（multidisciplinary approach）で進めます。

　FMEA は、次のそれぞれの時期に実施、または見直しが必要です。

　・新規設計・開発の場合

　・設計変更の場合

　・製品の使用環境や、安全・環境関係の法規制が変わった場合

　・事故や市場不良など、品質問題が発生したとき

　・定期的な見直し（リスクの継続的低減のため）（必要な場合）

　FMEA は生きた文書であり、顧客のニーズと期待の要求に応じて、継続的に更新され、常に最新の内容に改訂しておくことが必要です。

　なおプロセス FMEA では、使用する部品・材料は問題がないものと考えます。部品・材料については、それぞれの部品・材料の FMEA として別途検討するようにします（ここまで図 13.1 参照）。

　FMEA 様式の例を図 13.2 に、様式の項目の説明を図 13.3 に示します。

298

第 13 章　FMEA、SPC および MSA

項　　目	内　　容
目　　的	・製品または製造工程における、潜在的な故障モードと顧客への影響を検討する。 ・潜在的故障モードに対する故障リスク低減のための改善処置の優先順位を検討して、実施する。
レベル	・設計 FMEA には、システム、サブシステムおよび部品レベルの FMEA がある。 ・プロセス FMEA には、プロセス、サブプロセスおよび要素レベルの FMEA がある。
顧　　客	・FMEA では、次の 4 者の顧客について考慮する。 　－エンドユーザ：航空機の利用者 　－直接顧客：航空機メーカーまたは製品の購入者 　－サプライチェーン：次工程および供給者 　－法規制：安全・環境などに関する法規制
FMEA チーム	・FMEA は、製品の設計技術者または製造工程の設計技術者を中心として、設計、技術、製造、品質、生産部門などの関連部門の代表者を含めた部門横断的アプローチで進める。 ・必要に応じて顧客および供給者を含める。
実施時期	・FMEA は、次のそれぞれの時期に実施する。 　－新規設計の場合　　　－設計変更の場合 　－製品の使用環境が変わった場合 ・FMEA は、次の時期に見直す。 　－市場不良など、品質問題が発生したとき 　－定期的な見直し(リスクの継続的低減のため)
FMEA 実施時に考慮すべき事項	**設計 FMEA** ・設計の弱点を工程管理によって補うことは考慮しない。 ・工程能力などの製造工程の技術的な限界を考慮する。 **プロセス FMEA** ・プロセスにおける弱点を、製品の設計変更によって対応することは考慮しない。 ・設計 FMEA でキー特性として考慮した製品特性に影響するプロセスパラメータを、プロセス FMEA で考慮する。 ・プロセス FMEA の部品・材料は問題ないものと見なす。 (部品・材料は別の部品・材料の FMEA で扱う)

図 13.1　FMEA 実施の条件

299

FMEA

☐ DFMA　☐ PFMEA

会社名：

会社所在地：

設計情報／プロセス情報：

輸出管理区分：

その他の規制：

DFMEA／PFMEA 情報：

☐システム　☐サブシステム　☐部品　／　☐少量生産　☐生産

プログラム／プロジェクト：

補足情報（範囲）：　　　　　　　　　発行日：

部品／図面番号：

製品オーナー／プロセスオーナー・メール：

DFMEA 番号（改訂版）：

部品／図面番号：

DFMEA／PFMEA 幹事・メール：

改訂日：

部品／図面番号／ファミリー名称：

部門横断チームメンバー・部門名：

順序	品目／工程	機能	要求事項	故障モード	故障影響	S	故障原因	予防管理	O	検出管理	D	S×O	RPN	種別	推奨処置	担当	期限	改善処置	発効日	S	O	D	S×O	RPN

図 13.2　FMEA 様式の例

［備考］　品目：DFMEA、工程：PFMEA

［出典］　IAQG SCMH をもとに著者作成

第 13 章　FMEA、SPC および MSA

FMEA 項目	実施事項
FMEA のインプット情報	DFMEA：ブロック図を作成する。 PFMEA：プロセスフロー図を作成する。
品目（DFMEA） 工程（PFMEA）	DFMEA（品目）：ブロック図から、製品を構成する部品名やつながりを記載する。 PFMEA（工程）：プロセスフロー図から、プロセスステップを記載する。－例：部品・材料受入－製造－検査－出荷
機　　能	各品目／工程の機能(役割)を記載する。
要求事項	各品目／工程および機能に対する要求事項を記載する。
故障モード	故障モードとは、要求事項を満たさないこと。 起こる可能性がある潜在的故障モードを検討して記載する。
故障影響	故障が起こったときに、顧客にどのような影響があるかを記載する。顧客には、エンドユーザーの他、直接顧客、社内の次工程や関連法規制も含まれる。
影響度(S)	故障影響の内容にもとづいて、顧客への影響の程度を評価する(10段階)。
故障原因	故障の原因を記載する。一般的には、複数の原因がある。
現在の予防管理	DFMEA：故障原因が起こらないように、設計段階で考慮している内容を記載する。 PFMEA：製造工程で不良・故障の原因が発生しないように行っている、製造工程の管理方法を記載する。
発生度(O)	予防管理の内容にもとづいて、故障の発生度(発生頻度)を評価する(10段階)。
現在の検出管理	DFMEA：設計・開発段階で行う検証・試験の内容を記載する。 PFMEA：製造工程で行う各種検査・試験の内容を記載する。
検出度(D)	検出管理の内容にもとづいて、故障が発生した場合の検出度を評価する(10段階)。
S × O	リスクの程度を表すS × Oの値を計算する。
RPN	リスクの程度を表すS × O × Dの値を計算する。
種　　別	クリティカルアイテム、キー特性など、特別な管理が必要な特性を識別する。
推奨処置	リスクを低減する改善処置案を検討して記載する。
担当／期限	リスク低減処置の担当者と完了予定日を記載する。
改善処置	実際に行った改善処置の内容を記載する。
発効日	改善処置の実施日を記載する。
改善処置後の	S/O/D	改善処置後のS／O／Dの値を記載する。
	S × O	改善処置後のS × Oの値を記載する。
	RPN	改善処置後のS × O × Dの値を記載する。

図 13.3　FMEA の項目

301

13.1.2　FMEA の実施

(1)　設計・開発と FMEA

設計・開発と FMEA の関係を図 13.4 に示します。設計 FMEA は製品設計・開発の早い段階で開始し、設計・開発が終了する前に完成させます。同様にプロセス FMEA はプロセス（製造工程）設計・開発の早い段階で開始し、プロセス設計・開発が終了する前に完成させます。

(2)　FMEA のインプット

設計 FMEA は、製品を構成する部品と、各部品間のつながりを示したブロック図（block diagram）をもとにして行うと効果的です。図 13.5 のブロック図

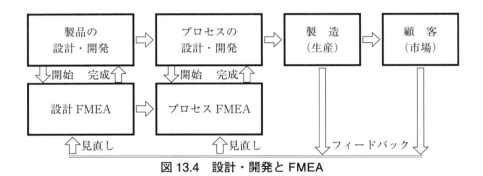

図 13.4　設計・開発と FMEA

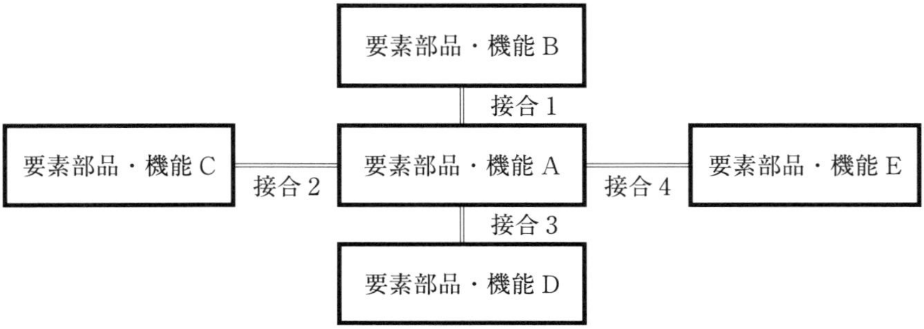

図 13.5　ブロック図

第13章 FMEA、SPC および MSA

に示した、各部品とそれらのつながりを、設計 FMEA 様式の"品目"欄に記載して、設計 FMEA の検討を開始します。

一方プロセス FMEA は、製造のプロセスフロー図をもとにして行います。プロセス FMEA 様式の"工程"欄に、プロセスフロー図のプロセスステップを記載して、プロセス FMEA の検討を開始します。

(3) FMEA における予防管理と検出管理

設計 FMEA における予防管理と検出管理の関係を図 13.6 に示します。製品の設計・開発において、故障が起こらないように設計するのが予防管理で、試作品を作って種々の評価を行うのが検出管理です。試作品を作って種々の試験を行っているから予防管理であるということではありません。

プロセス FMEA における予防管理と検出管理の関係を図 13.7 に示します。製造工程において不良が発生しないように製造工程を管理するのが予防管理で、製造工程で発生する不良を検査で検出するのが検出管理です。

(4) 改善処置の優先順位

FMEA では、一般的には危険度(リスク優先数、RPN、risk priority number)の値の高い故障モードがリスクが高いため、改善すなわちリスク低減の優先度が高いとして扱われています。しかし JIS Q 9100 箇条 8.1.1 運用リスクマネジメントでは、"航空・宇宙・防衛産業では、リスクは、発生度(発生確率、O)および影響度(結果の重大性、S)で表現される"、すなわち RPN(S × O × D)ではなく、S × O で評価することを述べています。

図 13.8 に示した例の場合、自動車の(A)ブレーキ故障と(B)カーナビ故障で、どちらがリスクが高く改善処置の優先度が高いでしょうか。RPN と S × O で、リスクの大きさが替わっています。この場合は、ブレーキ故障のほうが、カーナビ故障よりもリスクが高く、改善処置の優先順位が高いと考えるべきでしょう。すなわち、RPN 評価よりも S × O 評価のほうが、実態に合っていると考えることができます。

リスク低減対象となる S × O の値は、組織が決めることになりますが、顧客から FMEA の実施を求められている場合は、顧客と相談するとよいでしょ

303

う。また、リスク低減が必要な故障モードに対しては、リスク（S×O）を下げるための改善処置の検討を行う必要がありますが、改善処置にはリソースが必要となるため、その処置を実施するかどうかの決定は、組織が総合的に判断することになります。

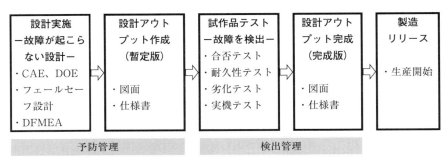

図13.6　設計FMEAにおける予防管理と検出管理

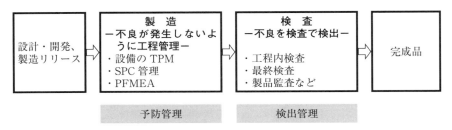

図13.7　プロセスFMEAにおける予防管理と検出管理

故障モードの例	影響度S	発生度O	検出度D	S×O	RPN
(A)ブレーキ故障	10	2	4	20	80
(B)カーナビ故障	4	4	6	16	96

図13.8　改善処置の優先順位の検討（自動車）の例

第 13 章　FMEA、SPC および MSA

13.1.3　FMEA の評価基準

　FMEA における故障の影響度（重大度、厳しさ、S、severity）、故障の発生度（発生頻度、O、occurrence）および故障の検出度（検出可能性、D、detection）の評価基準の例を、それぞれ図 13.9 ～図 13.14 に示します。評価基準表右端の "例" の欄は、組織の製品を考慮した場合の事例を記載する欄です。

DFMEA 影響度（S）				
S	区　分	影響度の基準		例
10	安全性に影響、法規制に違反	安全性に影響する。法規制に違反する。	事前警告なし	
9			事前警告あり	
8	本質的な主機能に影響	主機能が動作しない。（安全性は損なわれない）	顧客の重大な不満または混乱を引き起こす。	
7		操作性に深刻な影響がある。主機能が劣化する。		
6	二次機能（利便性）に影響	操作性が大幅に低下する。二次機能が動作しない。顧客の大きな不満または混乱を引き起こす。		
5		操作性への中程度の影響がある。二次機能が劣化する。顧客の不満を引き起こし、運用の中断につながる。		
4	機能要件を満たさない。不快	操作性への中程度の影響がある。ほとんどの顧客が気づく顧客の不満を引き起こし、修理が必要となる。		
3		操作性への軽微な影響がある。多くの顧客が気づく軽微な顧客の不満を引き起こし、次回のオーバーホール（点検修理）で修理を必要とする。		
2	認識される。	操作性へのわずかな影響がある。少数の顧客が気づく顧客の迷惑が発生し、追加のオーバーホールコストが発生する可能性がある。		
1	影響なし	認識される影響はない。		

［備考］　"例"：組織の製品を考慮した場合の事例を記載する欄（以下同様）
［出典］　IAQG SCMH をもとに著者作成（以下同様）

図 13.9　DFMEA 影響度（S）評価基準

305

第Ⅲ部　APQP/PPAP、AS13100 および関連技法

O	区 分	原因の発生度の基準			例
		設計技術の実績	アプリケーション	設計検証・再設計	
10	発生は避けられない。inevitable	この技術の基礎となる設計指針の実践事例は存在しない。	このアプリケーションではじめて適用される、どの業界でも成功した実績のない新技術である。	設計検証の後に再設計が必要となる。	
9	発生はほとんど避けられない。almost inevitable	他の業界におけるこの技術の限定的な実施が、設計の基礎として利用できる場合がある。	他の業界でのアプリケーションが限られている新技術である。	ほぼ確実に不十分な設計結果となり、検出活動後に再設計が必要となる。	
8	発生の可能性が高い。highly likely	この技術のいくつかの標準的な手法は、設計の基礎となる他の業界から入手できる場合がある。	適度な量の関連するアプリケーション実績のある新技術である。	高く、検出活動後に再設計が必要となる可能性がある。	
7	発生の可能性がある。likely	既存の標準的な方法は、現在の設計に、適用できない。	既存技術であるが、デューティサイクル、動作条件、またはアプリケーションが、大きく異なる。過去の実績とは関連性がない。	設計プロセスの最初の試行で、不十分な設計結果となる可能性が、あり、検出活動後に再設計が必要になる可能性がある。	
6	発生の可能性がある。possible	既存の標準的な方法は、現在の設計に、部分的に適用できる。	既存技術であるが、デューティサイクル、動作条件、またはアプリケーションが、大きく異なる。過去の経験は部分的に関連している。	設計プロセスの最初の試行で、不十分な設計結果となる可能性が、あり、検出活動後に再設計が必要になる可能性がある。	
5	発生するかも知れない。plausible	既存の標準的な方法は、現在の設計に、適度に適用できる。	既存技術であるが、デューティサイクル、動作条件、またはアプリケーションが、中程度の違いがある。過去の経験実績は中程度の関連性がある。	設計プロセスの最初の試行で、不十分な設計結果となる可能性が、あり、検出活動後に再設計が必要になる可能性がある。	

図 13.10　DFMEA 発生度（O）評価基準（1/2）

DFMEA 発生度（O）					
O	区 分	原因の発生度の基準			例
		設計技術の実績	アプリケーション	設計検証・再設計	
4	発生はありそうもない。 unlikely	既存の標準的な方法は、現在の設計に、／かなり適用できる。	既存技術であるが、デューティサイクル、動作条件、またはアプリケーションに、／わずかな（slight）違いがある。過去の経験は関連性が高い。	低く、検出活動後に再設計が必要となる可能性はほとんどない。	
3	発生の可能性は低い。 highly unlikely	設計の実践と選択を導く同様の成功した過去の経験がある。	わずかな（minor）違いがある。過去の経験は関連性が高い。	設計プロセスの最初の試行で、不十分な設計結果となる可能性は、／ほとんどなく、検出活動後に再設計が必要となる可能性はほとんどない。	
2	発生は非常にありそうもない。 extremely unlikely	設計エラーの可能性は、予防管理を適用することで大幅に最小限に抑えられる。設計事例につながる、同一で、関連性が高く、成功した過去の経験がある。	既存技術であり、デューティサイクル、動作条件、またはアプリケーションに、／違いはない。過去の経験との関連性は中程度である。	非常に低く、検出活動後に再設計を必要となる可能性は非常に低い。	
1	発生は予防できる。 prevented	設計エラーは、物理的に起こらない、または予防管理を適用することで排除される。設計事例につながる、広範で、同一で、関連性が高く、成功した過去の経験がある。	違いはない。	設計プロセスでは、かなりの程度で、過去の経験と完全に関連しており、最初の試行で不十分な設計結果となることはほぼ確実になく、検出活動後に再設計を行う必要はない。	

図 13.10　DFMEA 発生度（O）評価基準（2/2）

第Ⅲ部　APQP/PPAP、AS13100 および関連技法

DFMEA 検出度（D）			
D	区　　分	設計管理による検出度の基準	例
10	故障は検出されない。	現在の設計管理は存在しない。設計管理では、潜在的な故障の原因／メカニズムを検出できない。	
9	故障は生産開始後に検出される可能性は低い。	設計分析／検出管理では、故障の原因／メカニズムを検出する可能性は低い。テストは生産開始後に行われ、仮想分析は確実性が低く、実際の製品の動作条件と相関していない。	
8	故障は設計完了後、生産開始前に検出される。	故障の原因／メカニズムは、生産開始前に、製品の検証／妥当性確認テストで検出される。	"合格／不合格"テストまたは相関のない詳細分析によって検出される。	
7			"耐久性"テストまたは部分的に相関する詳細な分析によって検出される。	
6			"劣化"テストまたは相関する詳細分析によって検出される。	
5	故障は設計完了前に検出される。	故障の原因／メカニズムは、設計完了前に検出される。	"合格／不合格"テストまたは相関しない詳細な分析によって検出される。	
4			"耐久性"テストまたは部分的に相関する詳細な分析によって検出される。	
3			"劣化"テストまたは相関する詳細分析によって検出される。	
2	故障は確実に早期に検出される。	障害の原因／メカニズムは、設計分析／検出管理によって検出することが保証されている。仮想分析は設計の早い段階で実行され、実際のまたは予想される動作条件と高い相関がある。	
1	故障は予防管理されている。検出は実施されない。	予防設計管理によって完全に防止されているため、故障の原因／メカニズムは発生しない。・例：実証済みの設計基準／ベストプラクティス、実証済みの共通材料	

図 13.11　DFMEA 検出度（D）評価基準

第13章　FMEA、SPC および MSA

PFMEA 影響度（S）						
S	区分	顧客（製品）への影響		区分	製造工程への影響		例

S	区分	顧客（製品）への影響		区分	製造工程への影響		例
10	安全性に影響／法規制に違反	安全性に影響する。法規制に違反する。	事前警告なし	安全性に影響／法規制に違反	作業者、機械、アセンブリが危険	事前警告なし	
9			事前警告あり			事前警告あり	
8	主機能の喪失／低下	主機能が喪失する。・製品の動作不能・安全な動作に影響		重大な混乱	製品の100％を廃棄ラインの停止または出荷停止		
7		主機能が低下する。・製品は動作可能・パフォーマンスは低下		大きな混乱	生産の一部を廃棄ライン速度の低下人員の追加		
6	二次機能の喪失／低下	二次機能の喪失。耐用年数は大幅に短縮。利便性の喪失	製品は動作可能 顧客は不満	中程度の混乱	生産の100％を、	オフラインで修理	
5		二次機能の低下。外観に影響。利便性は低下			生産の一部を、		
4	不　快	外観、フィット感、仕上りに問題	ほとんどの顧客（＞75％）が欠陥に気づく。		生産の100％は、	処理する前にステーション内で修理	
3			顧客の約半数（50％）が欠陥に気づく。		生産工程の一部は、		
2			限られた顧客（<25％）が欠陥に気づく。	軽微な混乱	プロセス、操作、オペレーターにわずかな不便		
1	影響なし	認識できる影響はない。		影響なし	認識できる影響はない。		

図 13.12　PFMEA 影響度（S）評価基準

第Ⅲ部　APQP/PPAP、AS13100 および関連技法

<table>
<tr><th colspan="9">PFMEA 発生度(O)</th></tr>
<tr><td></td><td>J1739</td><td colspan="4">AS 13004</td><td>AIAG</td><td>J1739</td><td></td></tr>
<tr><td></td><td></td><td colspan="2">少量生産</td><td rowspan="2">製造工程の不良率(ppm)</td><td rowspan="2">時間ベースの例</td><td colspan="2">大量生産</td><td rowspan="2">例</td></tr>
<tr><td>O</td><td>故障の発生可能性</td><td>原因の可能性生産割合</td><td>時間ベースの例</td><td>原因の可能性</td><td>ユニット当りの発生</td></tr>
<tr><td>10</td><td>非常に高い</td><td>生産の100%</td><td>シフトあたり≧1回</td><td>500,000</td><td>シフトあたり≧1回</td><td>1/10</td><td>≧100/1000</td><td></td></tr>
<tr><td>9</td><td rowspan="3">高い</td><td>生産の50%</td><td>1日≧1回</td><td>50,000</td><td>1日≧1回</td><td>1/20</td><td>50/1000</td><td></td></tr>
<tr><td>8</td><td>生産の20%</td><td>2-3日ごとに≧1回</td><td>20,000</td><td>2-3日ごとに≧1回</td><td>1/50</td><td>20/1000</td><td></td></tr>
<tr><td>7</td><td>生産の10%</td><td>1週間に≧1回</td><td>10,000</td><td>週に≧1回</td><td>1/100</td><td>10/1000</td><td></td></tr>
<tr><td>6</td><td rowspan="3">中程度</td><td>生産の5%</td><td>月に1回</td><td>5,000</td><td>2週間に≧1回</td><td>1/500</td><td>2/1000</td><td></td></tr>
<tr><td>5</td><td>生産の0.5%</td><td>年に2回</td><td>1,000</td><td>四半期ごとに≧1回</td><td>1/2,000</td><td>0.5 /1000</td><td></td></tr>
<tr><td>4</td><td>生産の0.1%</td><td>年に1回</td><td>100</td><td>半年に≧1回</td><td>1/10,000</td><td>0.1/1000</td><td></td></tr>
<tr><td>3</td><td rowspan="3">低い</td><td>生産の0.05%</td><td>5年に1回</td><td>10</td><td>1年に≧1回</td><td>1/100,000</td><td>0.01 /1000</td><td></td></tr>
<tr><td>2</td><td>生産の0.01%</td><td>10年に1回</td><td>1</td><td>1年に<1回</td><td>1/1,000,000</td><td>≦0.001 /1000</td><td></td></tr>
<tr><td>1</td><td>非常に低い</td><td>生産の<0.01%</td><td>10年に<1回</td><td>0</td><td>0</td><td>予防管理により故障は発生しない</td><td>予防管理により故障は発生しない</td><td></td></tr>
</table>

［備考］　J1739：SAE の FMEA 規格

　　　　AS 13004：SAE の PFMEA 規格

　　　　AIAG：AIAG の FMEA 規格

図 13.13　PFMEA 発生度(O)評価基準

第 13 章　FMEA、SPC および MSA

PFMEA 検出度（D）						
D	区分	基準：プロセス管理による検出の可能性	ポカヨケ	測定器検査	官能検査	例
10	検出不可能	現在工程管理は存在しない。検出できないか、コンプライアンス分析が行われていない。				
9	検出困難	欠陥(故障モード)またはエラー（原因）は簡単に検出されない(例：ランダム監査)。				
8	後工程での欠陥検出	後工程での、限度見本のない視覚的／触覚的／聴覚的手段による作業者による欠陥(故障モード)検出				
7	発生時点での欠陥検出	視覚的／触覚的／聴覚的手段による作業者によるステーション内での欠陥(故障モード)検出、または限度見本のない属性ゲージ(go／no-go、手動トルクチェック／クリッカーレンチなど)の使用による、後工程での検査		手動ゲージ使用	人の感覚による全数検査	
6	後工程での欠陥検出	後工程での、可変ゲージを使用した作業者による欠陥(故障モード)検出、または限度見本を使用した属性ゲージ(go／no-go、手動トルクチェック／クリッカーレンチなど)を使用したオペレーターによるステーション内での検査				
5	発生時点での欠陥検出	可変ゲージを使用するか、不適合を検出して(ライト、ブザーなどで)作業者に通知する自動制御による、ステーション内の欠陥(故障モード)またはエラー(原因)の検出。ゲージング(目盛定め)は、セットアップと部品のチェックで実行される。		自動測定／管理		
4	後工程での欠陥検出	後工程で不適合を検出し、それ以降の処理を防ぐために欠陥部品をロックする、自動制御による欠陥(故障モード)検出				
3	発生時点での欠陥検出	不適合を検出し、それ以降の処理を防ぐためにステーション内の部品を自動的にロックする自動制御によるステーション内での欠陥(故障モード)検出	製造工程におけるミス防止管理			
2	エラー検出または欠陥防止	エラーを検出し、矛盾する部品が製造されるのを防ぐ自動制御によるステーション内でのエラー検出				
1	検出なし	治具設計、機械設計または部品設計の結果としてのエラー防止				

図 13.14　PFMEA 検出度（D）評価基準

第Ⅲ部　APQP/PPAP、AS13100 および関連技法

13.1.4　FMEA の動向

　リスク低減処置の優先度を示す一般的な指標として、RPN(S × O × D)がありますが、これに代わる新しい指標として、影響度(S)、発生度(O)および検出度(D)を総合的に判断して、リスク低減処置の優先度を示す、処置優先度(AP、action priority)という指標が開発されました。この方法は、航空・宇宙・防衛産業の FMEA の基礎となっている SAE J1379(2021 年 1 月改訂版)にも含まれており、航空・宇宙・防衛産業の FMEA も、今後はこの方法に置き替わって行く可能性があります。

　処置優先度(AP)評価表を図 13.15 に示します。この表は、設計 FMEA とプロス FMEA の両方に適用することができます。

S (影響度)	O (発生度)	D(検出度)			
		10-7	6-5	4-2	1
10-9	10-6	H	H	H	H
	5-4	H	H	H	M
	3-2	H	M	L	L
	1	L	L	L	L
8-7	10-8	H	H	H	H
	7-6	H	H	H	M
	5-4	H	M	M	M
	3-2	M	M	L	L
	1	L	L	L	L
6-4	10-8	H	H	M	M
	7-6	M	M	M	L
	5-4	M	L	L	L
	3-1	L	L	L	L
3-2	10-8	M	M	L	L
	7-1	L	L	L	L
1	10-1	L	L	L	L

［備考］　H：高(high)、M：中(medium)、L：低(low)

図 13.15　FMEA の処置優先度(AP)

第 13 章　FMEA、SPC および MSA

13.2　SPC 統計的工程管理

13.2.1　SPC とは

（1）　SPC とは

　JIS Q 9100 および APQP/PPAP では、安定し、かつ能力のある製造工程を求めています。SPC（統計的工程管理、statistical process control）には種々の技法がありますが、製造工程の管理に使われるものとして、製造工程が安定しているかどうか、すなわち統計的に管理状態にあるかどうかを判断するための管理図（control chart）と、製造工程が製品の規格値を満たす能力があるかどうかを判断するための工程能力指数（process capability index、C_{pk}）があります（図 13.16 参照）。

（2）　安定した工程と能力のある工程

　安定した製造工程では、製品特性のばらつきの中心および幅が変わりません。製造工程が安定しているかどうかは、管理図を描いて評価します。安定した工程は、管理図ではランダムな（特徴のない）パターン（点の推移）として表されます。また不安定な工程は、管理図では管理限界を超えた点、あるいは管理限界内の特徴のあるパターンとして表されます。管理図の異常判定ルールの例を図 13.17 に示します。

　一方、能力のある製造工程とは、製品検査でほとんど不良が出ない製造工程です。その評価は、工程能力指数（C_{pk}）を算出して行います。

項　目	内　容	評価方法
安定した製造工程	製品特性のばらつきの中心および幅が変わらない（いつも同じ結果）。	管理図
能力のある製造工程	製品検査で不良が出ない。	工程能力指数 C_{pk}

図 13.16　安定した工程と能力のある工程

313

第Ⅲ部 APQP/PPAP、AS13100 および関連技法

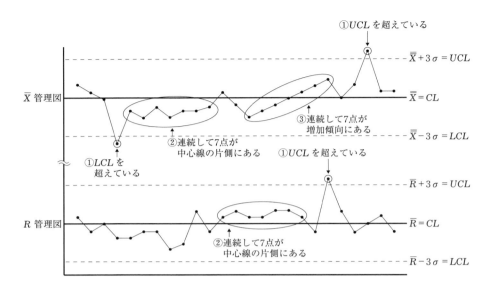

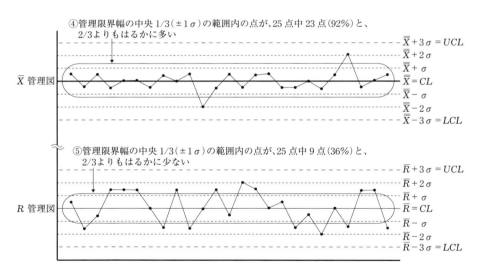

図 13.17 管理図の異常判定ルールの例

13.2.2　工程能力

（1）　工程能力指数と工程性能指数

　製造工程が製品規格を満たす程度を工程能力（process capability）といいます。工程能力は、製品規格幅（W）を製品特性データの分布幅（T）で割った値で示されます。

$$工程能力 = \frac{製品規格幅（W）}{製品特性データの分布幅（T）}$$

　工程能力を表す指数としては、工程能力指数（process capability index、C_p または C_{pk}）と工程性能指数（process performance index、P_p または P_{pk}）があります。

　工程能力指数は、安定した状態にある製造工程のアウトプット（製品）が、製品規格を満足させる能力を表し、製造工程が安定している生産時の工程能力指標に利用されます。一方工程性能指数は、ある製造工程のアウトプット（製品サンプル）が、製品規格を満足する能力を表し、製造工程が安定しているかどうかわからない場合、例えば新製品や工程変更を行った場合などに利用されます。工程能力指数および工程能力指数は、$\overline{X} - R$ 管理図と同様のデータから求めることができます（図 13.18 参照）。

　製品特性データの分布の中心を考慮しない場合、あるいは製品特性データの分布の中心が製品規格の中心に一致する場合の、製品規格に対する工程変動の指数（工程能力）を C_p または P_p で表し、一方、製品特性データの分布の中心が製品規格の中心に一致しない場合の工程能力を C_{pk} または P_{pk} で表します。図 13.19（a）は、製品特性分布の中心が製品規格の中心と一致する場合、または製品特性の中心と製品規格の中心のずれを考慮しない場合の例（C_p）を示し、（b）は、製品特性分布の中心が製品規格の中心と一致しない場合の例（C_{pk}）を示します。（b）の場合は、製品特性分布の中心の右半分と左半分について、それぞれの工程能力指数（C_{pu} および C_{pl}）を算出し、その小さい方を工程能力指数 C_{pk} とします（図 13.20 参照）。

| | 規格に対する工程能力の指数 ||
	製品特性の中心値のずれを考慮しない場合	製品特性の中心値のずれを考慮した場合
工程能力指数 安定状態にある工程のアウトプット（製品）が規格を満足する能力	C_p	C_{pk}
工程性能指数 ある工程のアウトプット（製品サンプル）が規格を満足する能力	P_p	P_{pk}

図 13.18　工程能力指数と工程性能指数

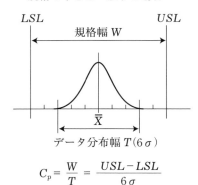
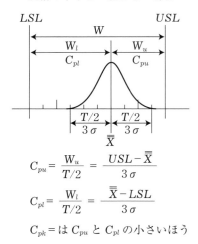

図 13.19　C_p と C_{pk}

第13章　FMEA、SPC および MSA

サブグループ内変動 標準偏差　σ		$\sigma = \overline{R} \, / \, d_2$	注1
全工程変動標準偏差　s		$s = \sqrt{\sum \dfrac{(X - \overline{X})^2}{n-1}}$	注2
工程能力指数	C_p	$C_p = \dfrac{USL - LSL}{6\sigma}$	注3
	C_{pk}	$C_{pk} = \min\left(\dfrac{USL - \overline{\overline{X}}}{3\sigma}, \ \dfrac{\overline{\overline{X}} - LSL}{3\sigma}\right)$	
工程性能指数	P_p	$P_p = \dfrac{USL - LSL}{6s}$	
	P_{pk}	$P_{pk} = \min\left(\dfrac{USL - \overline{\overline{X}}}{3s}, \ \dfrac{\overline{\overline{X}} - LSL}{3s}\right)$	

（注1）　$\overline{R}$ はサブグループ内サンプルデータの範囲 R の平均値、d_2 は係数
（注2）　$\overline{X}$ は各サンプルのデータ X の平均値、n はサンプル数
（注3）　USL は上方規格限界、LSL は下方規格限界
　　　　　$\overline{\overline{X}}$ はサブグループ内サンプルのデータの平均値（$\overline{X}$）の平均値

図 13.20　工程能力指数と工程性能指数の算出式

　ここで、C_{pk} の "k" は、データ分布の中心と規格の中心との "偏り" を意味します。"k" は日本語の "かたより（katayori）" に由来します。

(2)　工程能力指数と不良率

　工程能力指数と不良率の関係を図 13.22 に示します。ここで ppm（parts per million）は、100 万分の 1 を表します。$C_{pk} = 4\sigma/3\sigma = 1.33$ のときの不良率は 63ppm、$C_{pk} = 5\sigma/3\sigma = 1.67$ のときの不良率は 0.57ppm となります。

　航空・宇宙・防衛産業では、APQP において C_{pk} は 1.33 以上が要求されています。これは、不良率に換算すると 63ppm に相当します（図 13.21 参照）。

　ちなみに自動車産業では、特殊特性などの重要な特性の C_{pk} は、1.67 以上を要求しています。要求される C_{pk} の値は、自動車のほうが航空・宇宙・防衛産業よりも厳しいですが、自動車では C_{pk} ＞の場合は、製品の全数検査は行わなくてもよいことになっています。いわゆる作り込みの製造です。

317

(a)　$C_{pk} = 1.33$　　　　　　　　　(b)　$C_{pk} = 1.67$

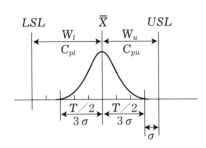 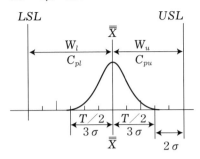

$$C_{pk} = C_{pu} = \frac{W_u}{T/2} = \frac{4\sigma}{3\sigma} = 1.33 \qquad C_{pk} = C_{pu} = \frac{W_u}{T/2} = \frac{5\sigma}{3\sigma} = 1.67$$

図 13.21　$C_{pk} = 1.33$ と $C_{pk} = 1.67$

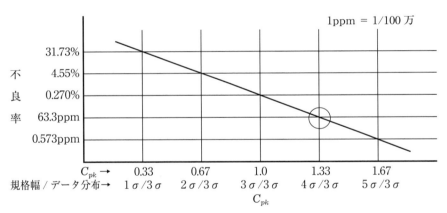

図 13.22　工程能力と不良率

13.3 MSA 測定システム解析

13.3.1 MSA とは

　APQP/PPAP(先行製品品質計画／生産部品承認プロセス)では、測定システムの変動(ばらつき)を評価するために、少なくとも管理計画で識別される(製品および工程の)キー特性の測定方法において、測定システム解析(MSA、measurement systems analysis)を実施することを求めています。

　13.2 節 SPC 統計的工程管理では、製造工程が変動しその結果、製品特性の測定結果も変動することを述べました。一般的に測定結果は正しいと考えられていますが、測定結果には、製品の変動だけでなく、測定システムの変動も含まれています。測定器、測定者、測定方法、測定環境(例：温度)などの測定システムの要因によって、測定データに変動が出るのが一般的です。

　したがって、製造工程の変動にくらべて測定システムの変動が十分小さくなければ、測定結果に対する信頼性はなくなります。測定システム全体としての変動がどの程度存在するのかを調査し、測定システムが製品やプロセスの特性の測定に適しているかどうかを判定することが必要となります。この測定システム全体の変動を統計的に評価する方法が、測定システム解析(MSA)です(図13.23 参照)。

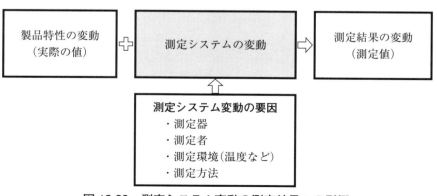

図 13.23　測定システム変動の測定結果への影響

13.3.2　測定システムの変動

　ある製品サンプルの特性を、何度か繰り返して測定したときの測定結果には、中心の位置の変動(ばらつき)と幅の変動があります(図13.24参照)。測定システム変動は、次のようにわけることができます。
- データの位置に関係するもの…偏り、安定性、直線性など
- データの幅に関係するもの…繰返し性、再現性、ゲージR&R(GRR)など

　これらの測定システム変動のうち、偏り、安定性および直線性などの位置の変動に関しては、測定機器の校正や検証で対処することも可能ですが、繰返し性、再現性、ゲージR&R(GRR)などについては、測定機器の変動だけでなく、図13.38に示した、測定者、測定環境などの種々の変動の要因を考慮した、測定システム全体としての評価が必要となります。

　これらの測定システム変動の種類を図13.25に、またそれらを図示したものを図13.26に示します。

　測定システム解析方法の詳細については、ASTM E2782「測定システム解析の標準ガイド(MSA)」、および拙著『図解IATF 16949よくわかるコアツール【第4版】』をご参照ください。

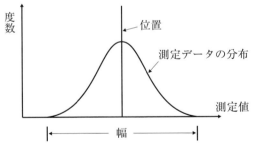

- 測定データの分布は、位置と幅で表される。
- 製品特性自体の変動(ばらつき)だけでなく、測定システムの変動(誤差)によっても、測定データ分布の位置と幅が変わる。

図13.24　測定データ分布の位置と幅

13.3.3　繰返し性・再現性の評価(ゲージR&R)

　測定システム解析のなかで、最も一般的に利用されているものが、測定システム変動の繰返し性と再現性を組み合わせた、繰返し性・再現性の評価(ゲージ(gage)R&R)です。繰返し性(repeatability)とは、図13.25に示すように、一人の測定者が、同一製品の同一特性を、同じ測定機器を使って、数回にわたって測定したときの測定値の変動(ばらつきの幅)です。そして再現性(reproducibility)とは、異なる測定者が、同一製品の同一特性を、同じ測定機器を使って、何回か測定したときの、測定者ごとの平均値の変動です。

区　分	変動の種類	内　容
位置の変動	偏り bias	・測定値の平均値と基準値(参照値、真の値)との差。測定器の精度(accuracy)のこと
	安定性 stability(drift)	・一人の測定者が、同一製品の同一特性を、同じ測定器を使って、ある程度の時間間隔をおいて測定したときの測定値の平均値の差
	直線性 linearity	・測定機器の使用(測定)範囲全体にわたる偏りの変動
幅の変動	繰返し性 repeatability	・一人の測定者が、同一製品の同一特性を、同じ測定機器を使って、数回測定したときの測定値の変動 ・変動の原因が主として測定機器にあることから、装置変動(EV、equipment variation)といわれる。
	再現性 reproducibility	・異なる測定者が、同一製品の特性を、同じ測定器を使って、数回測定したときの、各測定者ごとの平均値の変動 ・変動の原因が主として測定者にあることから、測定者変動(AV、appraiser variation)といわれる。
	繰返し性・再現性 repeatability & reproducibility	・繰返し性と再現性を組み合わせたもの ・測定器と測定者の変動を評価できることから、最もよく使われている。

図 13.25　測定システム変動の種類(1)

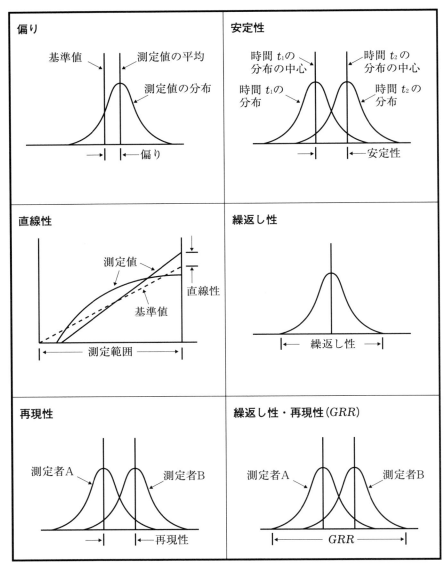

図 13.26 測定システム変動の種類(2)

第 13 章　FMEA、SPC および MSA

　繰返し性は、装置変動(EV、equipment variation)、再現性は、測定者変動(AV、appraiser variation)ともいわれます。繰返し性・再現性(ゲージ R&R、GRR、gage repeatability and reproducibility)は、これらを組み合わせた評価方法です。

　GRR は、次の式で表されます(図 13.27 参照)。

$$GRR^2 = EV^2 + AV^2$$

　GRR の評価方法には、平均値 − 範囲($\overline{X} - R$)法、範囲法、および分散分析(ANOVA、analysis of variance)法などがありますが、本書では、最も一般的に使われている平均値 − 範囲($\overline{X} - R$)法について説明します。

　製品特性の測定結果の変動(TV、total variation)は、製品特性の実際の変動(PV、part variation)と GRR を加えた結果となり、次の式で表されます(図 13.28 参照)。

$$TV^2 = PV^2 + GRR^2$$

　GRR の判定基準としては、GRR を、TV で割った %GRR が使用されます。

$$\%GRR = 100 \times GRR/TV = 100 \times GRR/\sqrt{PV^2 + GRR^2}$$

　図 13.29 に示すように、%GRR は 10% 未満すなわち GRR の変動が、測定データ(TV)の変動の 10 分の 1 未満であることが求められています。

　また、測定システムのもう一つの評価指標として、ゲージ R&R の識別能(分解能、resolution)を示す知覚区分数(ndc、number of distinct categories)という指標があります。これは、PV の幅を GRR の幅でいくつに分割できるかという値です。すなわち、PV を GRR で割り、次の式から求められます。

$$ndc = 1.41 \times PV/GRR$$

　ここで係数 1.41 は、統計の 97% 信頼区間を考慮した係数で、ndc は小数点以下を切り捨てて整数とし、5 以上であることが求められています。

　GRR データシートおよび GRR 報告書の例を、図 13.31 および図 13.32 に、係数表を図 13.30 に示します。この例は、サンプル数 10 個、測定者数 3 人、測定回数 3 回のものです。

　なお、ゲージ R&R や直線性などの評価には、ミニタブ(minitab)社から発売されているソフトウェアなどを利用することもできます。

第Ⅲ部　APQP/PPAP、AS13100 および関連技法

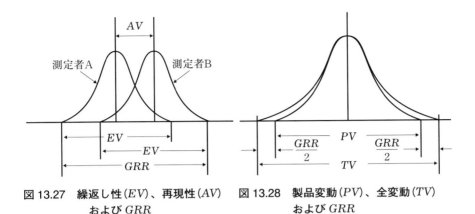

図 13.27　繰返し性(EV)、再現性(AV) および GRR

図 13.28　製品変動(PV)、全変動(TV) および GRR

	%GRR < 10%	10% ≦ %GRR ≦ 30%	30% < %GRR
評価基準	合　格 ・測定システムは許容できる。	条件付合格 ・測定の重要性、改善のためのコストなどを検討の結果、許容されることがある。	不合格 ・測定システムは許容できない。 ・問題を明確にし、是正努力を要す。

図 13.29　繰返し性・再現性（%GRR）の判定基準

数＼係数	2	3	4	5	6	7	8	9	10
K_1	0.886	0.591	0.486	0.430	0.395	0.370	0.351	0.337	0.325
K_2	0.707	0.523	0.447	0.403	0.374	0.353	0.338	0.325	0.315
K_3	0.707	0.523	0.447	0.403	0.374	0.353	0.338	0.325	0.315

［備考］　K_1、K_2、K_3：それぞれ測定回数、測定者数、サンプル数によって決まる係数
［出典］　森口繁一、日科技連数値表委員会（代表：久米均）編：『新編 日科技連数値表－第2版－』、2009 年をもとに著者作成

図 13.30　GRR 評価で用いられる係数表

GRR データシート

特性 XXXX	規格 200.00 ± 5.00 mm	データ 測定値から規格値の 200 を引いた値

サンプル数 $n = 10$	測定者数 $m = 3$	測定回数 $r = 3$

測定者	測定回数	サンプル										測定者平均値 X_m
		1	2	3	4	5	6	7	8	9	10	
A	1	2.00	2.00	5.00	-2.00	-5.00	1.00	-4.00	5.00	0.00	-1.00	
	2	2.10	2.10	5.10	-1.90	-4.90	1.10	-3.90	5.10	0.10	-0.90	
	3	1.90	1.90	4.90	-2.10	-5.10	0.90	-4.10	4.90	-0.10	-1.10	
	平均	2.00	2.00	5.00	-2.00	-5.00	1.00	-4.00	5.00	0.00	-1.00	0.300 $\overline{X}_a$
	範囲	0.20	0.20	0.20	0.20	0.20	0.20	0.20	0.20	0.20	0.20	0.200 $\overline{R}_a$
B	1	2.10	2.10	5.10	-1.90	-4.90	1.10	-3.90	5.10	0.10	-0.90	
	2	2.20	2.20	5.20	-1.80	-4.80	1.20	-3.80	5.20	0.20	-0.80	
	3	2.00	2.00	5.00	-2.00	-5.00	1.00	-4.00	5.00	0.00	-1.00	
	平均	2.10	2.10	5.10	-1.90	-4.90	1.10	-3.90	5.10	0.10	-0.90	0.400 $\overline{X}_b$
	範囲	0.20	0.20	0.20	0.20	0.20	0.20	0.20	0.20	0.20	0.20	0.200 $\overline{R}_b$
C	1	1.90	1.90	4.90	-2.10	-5.10	0.90	-4.10	4.90	-0.10	-1.10	
	2	2.00	2.00	5.00	-2.00	-5.00	1.00	-4.00	5.00	0.00	-1.00	
	3	1.80	1.80	4.80	-2.20	-5.20	0.80	-4.20	4.80	-0.20	-1.20	
	平均	1.90	1.90	4.90	-2.10	-5.10	0.90	-4.10	4.90	-0.10	-1.10	0.200 $\overline{X}_c$
	範囲	0.20	0.20	0.20	0.20	0.20	0.20	0.20	0.20	0.20	0.20	0.200 $\overline{R}_c$
製品平均値 X_n		2.00	2.00	5.00	-2.00	-5.00	1.00	-4.00	5.00	0.00	-1.00	0.300 $\overline{X}$

総平均値	$\overline{X} = (\overline{X}_a + \overline{X}_b + \overline{X}_c) / m = (0.300 + 0.400 + 0.200) / 3 =$	0.300
製品平均値範囲	$R_p = X_{n\,max} - X_{n\,min} = 5.00 + 5.00 =$	10.00
範囲の総平均値	$\overline{R} = (\overline{R}_a + \overline{R}_b + \overline{R}_c) / m = (0.200 + 0.200 + 0.200) / 3 =$	0.200
測定者間範囲	$\overline{X}_d = X_{m\,max} - X_{m\,min} = 0.400 - 0.200 =$	0.200

図 13.31　GRR データシートの例

第Ⅲ部　APQP/PPAP、AS13100 および関連技法

GRR 報告書		
製品名称・番号　XXXX	測定器名　XXXX	日付　20xx-xx-xx
特性　XXXX	測定器番号　XXXX	作成者　XXXX
規格　200.00 ± 5.00 mm	測定器タイプ　XXXX	
サンプル数　$n = 10$	測定者数　$m = 3$	測定回数　$r = 3$
GRR データシートから （図 13.46 参照）	範囲の総平均値	$\overline{\overline{R}} = 0.200$
	測定者間範囲	$\overline{X_d} = 0.200$
	製品平均値範囲	$R_p = 10.00$

項　目	計算式	計算結果
繰返し性（装置変動）（EV）	$EV = \overline{\overline{R}} \times K_1$	$EV = 0.200 \times 0.591 = 0.118$
再現性（測定者変動）（AV）	$AV = \sqrt{(\overline{X_d} \times K_2)^2 - EV^2/nr}$	$AV = \sqrt{(0.200 \times 0.523)^2 - (0.118)^2/30}$ $= 0.102$
繰返し性・再現性（GRR）	$GRR = \sqrt{EV^2 + AV^2}$	$GRR = \sqrt{(0.118)^2 + (0.102)^2}$ $= 0.156$
製品変動（PV）	$PV = R_p \times K_3$	$PV = 10.00 \times 0.315 = 3.15$
全変動（TV）	$TV = \sqrt{GRR^2 + PV^2}$	$TV = \sqrt{(0.156)^2 + (3.15)^2} = 3.15$
繰返し性・再現性の全変動比（% GRR）	$\% \, GRR = 100 \times GRR/TV$	$\% \, GRR = 100 \times 0.156 / 3.15 = 4.95\%$ （10% 未満であるため合格）
知覚区分数（ndc）	$ndc = 1.41 \times PV/GRR$	$ndc = 1.41 \times 3.15 / 0.156 = 28.5 \rightarrow 28$ （小数点以下切捨て） （5 以上であるため合格）

図 13.32　GRR 報告書の例

13.3.4 計数値の測定システム解析

　ここまで説明してきた測定システム解析の方法は、いずれも計量値に対する測定システム解析です。これに対して、計数値に対する測定システム解析方法があります。

　選別検査、すなわち規格内にある製品は合格とし、規格外の製品は不合格とするための計数値ゲージ(通止ゲージ、go/no-go ゲージ)が使われることがあります。計数値ゲージは、計量値測定器とは異なり、製品がどの程度良いかまたはどの程度悪いかを示すことはできず、単に製品を合格とするか不合格とするかを判断するものです。目視検査も、go/no-go ゲージと同様計数値測定システムに相当します。

　このような計数値測定システム解析の方法として、クロスタブ表(分割表、cross-tab)を用いたクロスタブ法による評価方法があります。

　例えば外観検査に関して、良品・不良品を含めた計 50 個の製品サンプルを準備し、それを検査員に何度か測定してもらい、検査員の判定能力(外観検査の測定システム解析)を行うものです。クロスタブ法による測定システムの判定基準の例を図 13.33 に示します。

　なお、クロスタブ法による測定システム評価の詳細については、拙著『IATF 16949 よくわかるコアツール【第 4 版】』をご参照ください。

項　目	計算式	判定基準		
		合　格	条件付合格	不合格
有効性	$(c + d) / (a + b)$	$\geq 90\%$	$\geq 80\%$	$< 80\%$
ミス率	$e / (b \times r)$	$\leq 2\%$	$\leq 5\%$	$> 5\%$
誤り警告率	$f / (a \times r)$	$\leq 5\%$	$\leq 10\%$	$> 10\%$

［備考］　a：良品数、b：不良品数、c：良品を r 回とも良品と判定した個数、d：不良品を r 回とも不良品と判定した個数、e：不良品を良品と判定した回数、f：良品を不良品と判定した回数、r：測定回数

図 13.33　クロスタブ法による計数値測定システムの受入判定基準の例

参考文献

[1] JIS Q 9100：2016『品質マネジメントシステム－航空、宇宙および防衛分野の組織に対する要求事項』、日本規格協会、2016 年

[2] （一社）日本航空宇宙工業会発行 SJAC 規格

　a） SJAC 9110B『品質マネジメントシステム－航空分野の整備組織に対する要求事項』、2016 年

　b） SJAC 9120A『品質マネジメントシステム－航空、宇宙および防衛分野の販売業者に対する要求事項』、2016 年

　c） SJAC 9101G『航空、宇宙および防衛分野の品質マネジメントシステムの審査実施に対する要求事項』、2022 年

　d） SJAC 9102B『航空宇宙　初回製品検査要求事項』、2015 年

　e） SJAC 9103A『航空宇宙　キー特性管理』、2013 年

　f） SJAC 9145『航空宇宙　先行製品品質計画および生産部品承認プロセスに関する要求事項』、2017 年

　g） SJAC 9068B『品質マネジメントシステム－航空、宇宙および防衛分野の組織に対する要求事項－強固な QMS 構築のための JIS Q 9100 補足事項』、2021 年

[3] AS 13100『AESQ Quality Management System for Aero Engine Design and Production Organization』、SAE、2021 年

[4] IAQG：『Supply Chain Management Handbook』，2021 年

[5] 日本規格協会編：『対訳 IATF 16949：2016　自動車産業品質マネジメントシステム規格－自動車産業の生産部品及び関連するサービス部品の組織に対する品質マネジメントシステム要求事項』、日本規格協会、2016 年

[6] JIS Q 17021-1：2015『適合性評価－マネジメントシステムの審査及び認証を行う機関に対する要求事項－第 1 部：要求事項』、日本規格協会、2015 年

[7] AIAG：Reference Manuals

　a） 『Advanced Product Quality Planning（APQP）and Control Plan』2nd edition, 2008

参考文献

    b ）　『Production Part Approval Process（PPAP）』4th edition, 2006

    c ）　『AIAG & VDA FMEA Handbook』1st edition, 2019

    d ）　『Statistical Process Control（SPC）』2nd edition, 2005

    e ）　『Measurement System Analysis（MSA）』4th edition, 2010

[8] 　青野比良夫著：『JIS Q 9100：2016 の解釈』、（一社）日本航空宇宙工業会、2016 年

[9] 　宇佐見寛、門間清秀著：『JIS Q 9100：2016 航空・宇宙・防衛品質マネジメントシステムの解説』、ティ・エフ・マネジメント、2016 年

[10] 　古郡秀一、松田一二三、早川幹雄編集、門間清秀監修：『JIS Q 9100：2016 航空宇宙 QMS 実務ガイドブック』、ティ・エフ・マネジメント、2019 年

[11] 　ティ・エフ・マネジメント：『JIS Q 9100：2016 規格解説セミナーテキスト』、名古屋品証研(株)、2021 年

[12] 　岩波好夫著：『図解新 ISO 9001 －リスクベースのプロセスアプローチから要求事項まで』、日科技連出版社、2017 年

[13] 　岩波好夫著：『図解 IATF 16949 よくわかるコアツール【第 4 版】　－APQP・CP・PPAP・AIAG & VDA FMEA・SPC・MSA』、日科技連出版社、2020 年

[14] 　岩波好夫著：『図解 IATF 16949 要求事項の詳細解説－これでわかる自動車産業品質マネジメントシステム規格』、日科技連出版社、2018 年

索　　引

[A-Z]

AESQ	258、286
APQP	229、234、252、286、292
AS 13100	257、261、270
C_{pk}	243、316
FAI	49
FMEA	298
IAQG	16
IATF 16949	86、99
ISO 31000	66
JAQG	16、19
JIS Q 9100	16、21
MSA	266、319
M-SHEL	192
Nadcap	46、48
PDCA	64、118
PEAR	22、26
performance	124
PPAP	247、286、288
RPDCA	64
SAE	257
SCMH	19、20
SJAC	18、19
SJAC 9068	57
SJAC 9101	21
SJAC 9102	49
SJAC 9103	19
SJAC 9110	69
SJAC 9120	81
SJAC 9145	230、286、292
SPC	313

[あ行]

インフラストラクチャ	132
運用	150
運用リスクマネジメント	32、157

[か行]

外部提供	178
監査員	267、268
監視機器	135
管理計画	245
キー特性	39、40
旧式化	53
教育訓練	140
記録	61、148
クリティカルアイテム	40
クロスタブ法	327
継続的改善	225
形態管理	36、159
ゲージ R&R	321
検証	172、194
工程性能指数	315
工程能力	243、315
工程能力指数	315
購買管理	42

索　引

枯渇	53
顧客満足	212
故障モード影響解析	298
コミュニケーション	143、163
コントロールプラン	245
コンプライアンス	57

[さ行]

作業環境	134
識別	196
初回製品検査	49
処置優先度（AP）	312
生産部品承認プロセス	230、247
整備組織	69
製品安全	160
製品実現	153
是正処置	223
設計・開発	167
先行製品品質計画	229
測定機器	135
測定システム解析	319
ソフトウェア	192

[た行]

タートル図	65
妥当性確認	172
知識	138
適用範囲	113
統計的工程管理	313
統計的手法	214
特殊工程	27、46、193

特別採用	204
特別要求事項	39、40
トレーサビリティ	135、196

[な行]

内部監査	215、269
日本航空宇宙工業会	19
認識	141
認証審査	21

[は行]

パフォーマンス	209
販売業者	81
引渡し後の活動	202
ヒューマンエラー	191
品質計画書	155
品質方針	122
品質目標	128
不適合	28、206、223
不適合製品	206、208
プロジェクト	153
プロジェクトマネジメント	155
プロセス	115
プロセスアプローチ	23、63、117
プロセス評価マトリックス	23
プロセス分析図	65
文書	59、144
保存	200

[ま行]

マネジメントレビュー	217

索　引

模倣品	53、161	リスク	34、63、66
		リスクマトリックス	66
［ら行］		リスクマネジメント	32、157
利害関係者	112	リリース	204
力量	139	レビュー	172

著者紹介

いわなみ よしお
岩波 好夫

経　歴　名古屋工業大学 大学院 修士課程修了（電子工学専攻）
株式会社東芝入社
米国フォード ECU 開発プロジェクトメンバー、半導体 LSI 開発部長、米国デザインセンター長、NASDA（現 JAXA）ロケット用 LSI 開発メンバー、品質保証部長などを歴任

現　在　岩波マネジメントシステム代表
JRCA 登録 ISO 9000 主任審査員（A01128）
IRCA 登録 ISO 9000 リードオーディター（A008745）
AIAG 登録 QS-9000 オーディター（CR05-0396、～ 2006 年）
日本品質管理学会会員
現住所：東京都町田市
趣　味：卓球

著　書　『図解 新 ISO 9001』、『図解 IATF 16949 の完全理解』、『図解 IATF 16949 よくわかるコアツール【第 4 版】』、『図解 IATF 16949 よくわかる FMEA』、『図解 IATF 16949 VDA 規格の完全理解』（いずれも日科技連出版社）など

図解　JIS Q 9100 の完全理解【第 2 版】
航空・宇宙・防衛産業の要求事項、APQP/PPAP、AS13100

2021 年 11 月 30 日　　第 1 版第 1 刷発行
2024 年 1 月 15 日　　第 1 版第 3 刷発行
2024 年 12 月 1 日　　第 2 版第 1 刷発行

著　者　岩　波　好　夫
発行人　戸　羽　節　文

検　印
省　略

発行所　株式会社 日科技連出版社
〒 151-0051　東京都渋谷区千駄ヶ谷 1-7-4
渡貫ビル

電話　03-6457-7875

Printed in Japan

印刷・製本　河北印刷株式会社

© *Yoshio Iwanami 2021, 2024*
URL https://www.juse-p.co.jp/

ISBN 978-4-8171-9809-9

本書の全部または一部を無断でコピー、スキャン、デジタル化などの複製
をすることは著作権法上での例外を除き禁じられています。本書を代行業者
等の第三者に依頼してスキャンやデジタル化することは、たとえ個人や家庭
内での利用でも著作権法違反です。